中国现象学文库
现象学原典译丛

现象学与家园学
塞普现象学研究文选

张任之 编

靳希平 黄迪吉 等译

商务印书馆
2019年·北京

Hans Rainer Sepp

Phänomenologie und Oikologie

Hans Rainer Sepp is member of the Faculty of Humanities at Charles University, Prague, Czech Republic.

《中国现象学文库》编委会

(以姓氏笔画为序)

编　　委

丁　耘　　王庆节　　方向红　　邓晓芒　　朱　刚
刘国英　　关子尹　　孙周兴　　杜小真　　杨大春
李章印　　吴增定　　张　伟　　张　旭　　张再林
张廷国　　张庆熊　　张志扬　　张志伟　　张灿辉
张祥龙　　陈小文　　陈春文　　陈嘉映　　庞学铨
柯小刚　　倪梁康　　梁家荣　　靳希平　　熊　林

常 务 编 委

孙周兴　　陈小文　　倪梁康

《中国现象学文库》总序

自20世纪80年代以来,现象学在汉语学术界引发了广泛的兴趣,渐成一门显学。1994年10月在南京成立中国现象学专业委员会,此后基本上保持着每年一会一刊的运作节奏。稍后香港的现象学学者们在香港独立成立学会,与设在大陆的中国现象学专业委员会常有友好合作,共同推进汉语现象学哲学事业的发展。

中国现象学学者这些年来对域外现象学著作的翻译、对现象学哲学的介绍和研究著述,无论在数量还是在质量上均值得称道,在我国当代西学研究中占据着重要地位。然而,我们也不能不看到,中国的现象学事业才刚刚起步,即便与东亚邻国日本和韩国相比,我们的译介和研究也还差了一大截。又由于缺乏统筹规划,此间出版的翻译和著述成果散见于多家出版社,选题杂乱,不成系统,致使我国现象学翻译和研究事业未显示整体推进的全部效应和影响。

有鉴于此,中国现象学专业委员会与香港中文大学现象学与当代哲学资料中心合作,编辑出版《中国现象学文库》丛书。《文库》分为"现象学原典译丛"与"现象学研究丛书"两个系列,前者收译作,包括现象学经典与国外现象学研究著作的汉译;后者收中国学者的现象学著述。《文库》初期以整理旧译和旧作为主,逐步过渡到出版首版作品,希望汉语学术界现象学方面的主要成果能以《文库》统一格式集中推出。

我们期待着学界同人和广大读者的关心和支持,藉《文库》这个园地,共同促进中国的现象学哲学事业的发展。

《中国现象学文库》编委会

2007 年 1 月 26 日

目　录

第一编　现象学思想史

胡塞尔论改造
　　——科学与社会性之交融视域中的伦理学 …………… 3
价值与可变性
　　——舍勒有超出相对主义和普遍主义的对立进行思考吗？
　　……………………………………………………… 26
自我与世界
　　——舍勒对自然世界观臆想特性的确定 …………… 37
阻力与操心
　　——舍勒对海德格尔的回应以及一种新此在现象学的可能性
　　……………………………………………………… 53
施泰因在观念论与实在论之争中的立场 ……………… 73
存在、世界和人
　　——芬克《第六笛卡尔式的沉思》中对现象学还原的内在批判
　　……………………………………………………… 88

第二编　对现象学的反思

现象学是如何被动机促发的？ ………………………… 103
世界-图像：边界现象学的要素 ………………………… 118

有限化作为危机的深层结构 ………………………………… 134

借剥夺（Ent-eignung）以获得（Aneignung）
　　——现象学还原的悖论 …………………………………… 151

同化作用没有暴力吗？
　　——一种沿胡塞尔而来的交互文化性现象学 …………… 170

禅与悬搁 …………………………………………………………… 181

第三编　现象学的家园学

现象学作为家园学 ……………………………………………… 199

现象学家园学的基本问题 ……………………………………… 223

大地与身体
　　——从胡塞尔现象学出发探讨生态学的场所 …………… 254

人格
　　——戴着面具的自我 ……………………………………… 271

法律与世界
　　——格哈特·胡塞尔与他父亲的对话 …………………… 291

给予与暴力
　　——一门在身体理论意义上锚定的人类学之构想蓝图 …… 314

第四编　现象学的戏剧

富有阴影的国度
　　——胡塞尔与海德格尔关于时间、生存与死亡的对话 …… 333

汉斯·莱纳·塞普教授访谈录 …………… 黄子明、张任之　378

文献来源 ………………………………………………………… 387

编后记 …………………………………………………………… 392

第一编

现象学思想史

胡塞尔论改造

——科学与社会性之交融视域中的伦理学[①]

第一次世界大战结束近两年后,即1920年夏天,胡塞尔给他以前的加拿大学生温斯洛普·贝尔(Winthrop Bell)写道:现在需要"对人类进行伦理和政治方面的改造",这一改造是"清楚确定的最高伦理理念所要求的、对人类进行普遍教育的一门艺术,是一门具备强有力的、富有教益的组织形式的艺术,是一门对人类进行启蒙、教导人类不断求真的艺术。"[②]

胡塞尔在这句话中已然表达了他对改造的理解,之后没几年,他又对此进行了系统阐述,而先前的理解仍然有效[③]:"改造"(Erneuerung)这一标题对胡塞尔而言指示着这样一项教育规划,这项规划应当以被证明了的真理为基础,并且应当引领人们去过一种以证明真理为导向的生活。在1922和1923年的冬天,胡塞尔忙于创作明确地以改造为主题的系列文章;这些文章是为日本杂志《改造》(*Kaizo*)而作的,"Kaizo"一词本身便意味着"改革"、"改造"。在这些文章中,胡塞尔将改造这一主题域当作对象、当作伦理学的核心主题来处理,正如他在上面所引的写给贝尔的信中同样已经点明的那

[①] 感谢鲁汶胡塞尔档案馆的主任萨穆埃尔·艾瑟林(Samuel IJsseling)教授博士,感谢他允许我在本文中引用胡塞尔尚未出版的文稿。

[②] 1920年8月11日的书信(引自《胡塞尔全集》第27卷,第XII页)。

[③] 参见《欧洲科学的危机与超越论的现象学》第一部分,《胡塞尔全集》第6卷,第1—17页。

样("伦理-政治方面的改造")。① 因而,在胡塞尔提出改造这一难题时,值得注意的是,他将伦理学的规定性与应当有利于真理之发现的普遍规则系统的科学的规定性相对照,并且将二者,即伦理学和科学,与社会性相关联;通过这种方式,理论性的哲学思考活动与实践性的哲学思考活动之间的关联在胡塞尔的著作中被建立起来。

下面我们要标识出胡塞尔在伦理学、科学和社会性的视域下对改造的规定(一),并且要追问胡塞尔在提出相关主题时所展示的几个本质性的视角,这些视角在时下的哲学讨论中具有指导性意义(二)。

一

胡塞尔在"改造文"中,从个体伦理学和社会伦理学的角度,对改造这一主题进行了伦理学分析。按照胡塞尔的说法,个体伦理学以个体与其他个体以及与集体之间的关系为研究对象;而社会伦理学则处理诸集体之间的关系,因而是一门"集体之为集体"(《胡塞尔全集》第 27 卷,第 21 页)的伦理学。

"改造文"中对个体伦理学和社会伦理学的考察是从目的论的视角出发的。特别需要强调这一点,因为只有这样才能清楚认识到胡塞尔较晚时期的伦理学与他的其它著作之间的关联。关于胡塞尔的构想,引人注意的是,个体伦理学与社会伦理学并不是无关联地相互并列;反而是,由于一种起支配作用的目的论,个体伦理学终究必然

---

① "人的改造……是所有伦理学的最高主题"(《胡塞尔全集》第 27 卷,第 20 页)。关于胡塞尔伦理学的概览,可参阅梅勒(U. Melle):"胡塞尔伦理学的发展"(The Development of Husserl's Ethics),《现象学研究》(Études phénoménologiques)第 13/14 期,1991 年,第 115–135 页。

延伸到社会伦理学。如何理解这一点呢？

为回答这一问题，我们关注一下胡塞尔在人类学方面的基本主张。胡塞尔将人的本质理解为不断深入展现的过程；人作为这样的存在物在其全部行为中致力于实现所确立的目的和目标。在竭力追求始终不断翻新的目标过程中，人不断改变着自身，其习性通过经验与失望、获得与丧失而不断增长。胡塞尔的这一人类学主张本身建基于他对所有主体所具有的根本性的本质特征的规定，亦即建基于主体具有意向性这一规定。对胡塞尔而言，意识的意向性不仅仅意味着，所有的意识都与对象相关联，所有的意识都具有被意识物；而且还意味着，意识与对象的关联特别表现在如下方面：所有拥有着世界的意识，比如人的意识，都超出自身而指向那些意识所意图获得的对象；也就是说，意识虽然还未拥有这些对象，但却能够在一定程度上将其收入眼帘。通过意识的意向性结构，意识在更为深入的预先把握中始终就已经"在"对象那里；正因如此，在实践上预先把握某个对象才得以可能。胡塞尔将这种奠基性的先行看成是意识的本质特征，看成是意识构造超越性的对象、施行超越的能力。在此，超越这一概念囊括了所有那些"超出"意识的单纯内在领域的意义内涵。与之相关联，胡塞尔在根本上认为，思想与存在之间的关系这一古老的认识论问题只有通过回溯到意识的内在领域才能得到解决。也就是说，只有在方法上暂时取消与一切超越束缚在一起的众多存在认定所具有的效力，才能解决古老的认识论问题。因为，否则的话，本来需要向意识去证明其可能存在的东西，或者说这种超越性，却总是已经被预先设定了。在方法上去关注内在领域使胡塞尔认识到，超越物的意义和存在认定是特定的意向性过程的相关物，正是在这些过程中超越物的意义和存在认定自身"形成"了；也正是在这些过程中，超越本身的意义和存在认定以及所要求的对所有超越设定的预先把握造就出自身、"构造"起自身。

预先把握某个对象的能力属于意识的纯粹内在领域。这一能力,对于胡塞尔而言,正是人之所以能够在理论上和实践上追求某种目标的根据,正是人能够以这种方式生活于世的根据。因而,一门探讨人的实践规则问题的伦理学科——胡塞尔将这一学科视作实践学,视作对价值学说、价值论的补充——必须在以上所谈的人的规定性的基础上并且着眼于人的这一规定性而开展工作。当然不止于此:根据胡塞尔,作为实践学的伦理学的可能性条件在于人类实践本身的目的论规定。胡塞尔谈到,生命并不单单始终追求着某物,而是最终追求着积极的价值(《胡塞尔全集》第 27 卷,第 25 页);这也就是说,生活之追求的实践意义在于,生活为其自身追求着持久而可靠的满意和幸福。追求是对满意的追求,这样说的根据同样在于实践生活作为预先把握着对象的生活所具有的超越论结构:这样一种生活始终是有所求的,必定始终操心于实现它的目的。[1]

实践生活最初碎片式地趋向着去实现幸福,这一状况是胡塞尔个体伦理学进路的起点。此外,人还具有在整体上俯视、评判他的生活并相应地为其生活设定目标的理智能力(出处同上);这也被胡塞尔纳入他的个体伦理学。这种理智能力构成了对碎片式地求得满意予以反思、在现实化道路上对其加以调整的基础,构成了有意识地将生活塑造得"令人满意、充满幸福"(出处同上)这样一种能力的基础。

---

[1] 胡塞尔手稿 E III 4("目的论"),写于 1930 年夏季学期:"预先操心着的生活,始终为未来而操心的此在,为满足周期性的需求而重复地经验着某个(或同一个)对象,并由此而展开。"(第 2 页)"人的生活是投身于广阔未来的生活,是预先操心着的生活,而这种预先操心就成了对整个未来生活的普遍操心。整个生活,在其作为未来之可能性的整体性上,成为了主题,成为了普遍操心的主题;正如生活能够预先为个别的烦恼、个别的满意与失望而操心那样。"(第 3 页)胡塞尔手稿 E III 6("共同体的生活与'生存'"),写于 1933 年五月至六月,第 2 页:"怀有希望的全部生活就是为生存而操心的生活,反之亦然;为生存而操心正[是]对如何去生存的方式的操心,而并非对生存的一般状况的操心。"

因为，对生命之目的的设定造就了一种整体上的意志品性，指出了"能够有意识地贯穿于全部生活的规则"（第27页）。不过，对胡塞尔而言，对个体生命目标的设定还只是一种前伦理学的自身规范形式。胡塞尔将这种前伦理学的形式区别于"真正全体人性"（第33页）的伦理学层次。

在笔者看来，胡塞尔实践学中最为重要的方面在于，他并没有把接受前伦理学的和真正伦理学的自身规范形式看成是对具有明见力的个别人的一种警醒；他反而对目的论的总体过程进行了现象学分析，在这一总体过程之中，作为自身规范的诸目的分处于不同层阶的动机中且互相涵容。这一分析确立了先验的事态，而并未描述事实过程，也并未要求在现实中将所分析出的洞见予以实施。让我们进一步考察前伦理学层阶的和伦理学层阶的自身规范。

克制自己被卷入情绪旋涡，并且促进在自由的能动性中俯瞰自己的生活的能力——所有这一切之所以可能的"原始动机"（第25页），对于胡塞尔而言，在于进行否定、进行怀疑的经验。这些经验正是"现实地或可能地去打破进行判断、进行评价以及具有实践倾向的意见的'经验'；这些经验在可能的情况下也将放弃业已自由进行了的考量和决断，只要这些考量和决断同样需要重新被怀疑、被批判"（第26页）。人在开始追求并持续跟进其目标的过程中争取着持久而可靠的满意；因此，人的意向的不断落空将促使人转而批判他的目标。

对胡塞尔而言，这也就意味着个体生活中的转折点。因为，随着这样一种批判性态度，在树立生命目标方面起决定性作用的不再只是主观因素；而那些无疑能够完全有利于私己利益的客观考量也将发挥作用。在这一情形下，胡塞尔还另外指出了：目标并不能仅仅通过批判行为、通过评判而被确立，反而是首要地通过对客观状况的透彻把握才能被确立。比如,任何一个否定性经验都不只是对意向性地被臆指物予以削除的否定性行为,也就不只剔除了所要求的目标,反而同时展示了一种其本身并非某项要求的客观状况:这一客观状况随着某项要求被否定而一道出现,并且在其明见的当下中否定着单纯地被要求的目标:"并非这样,而是应该那样。"

胡塞尔认识到,所有引导着实践的规则最终都来源于明见的自身所予物;他认为,这些自身所予物的元形式正是感知体验:在感知行为的原初被给予物那里,每一个与之相关的要求都得到证实,得到其合法性证明。每一个意向都内在地要求着"充实",要求着对其所意向的意义进行确证。然而,事实性的自身被给予物独自决定着,意向性的预先规定是被确证还是被否定。因而,每一个自身被给予物都是合法性证明的试金石,都造就着合法性的标准(出处同上)。

从这里就可以看出,胡塞尔对理性这一概念的用法有别于传统。对胡塞尔而言,理性与自身被给予物,亦即与明见物互相关涉着:理性特征归属于所有那些明见地被给予之物;在这种情况下,理性特征是富有洞见的,而不是只通过预计、通过预先把握来提出某项要求。在明见性中所展示的一切也都被设定为明见的存在。这就是说,理性特征同时是这样一种理性设定,这种理性设定的元形式也就是感知信仰中的设定。就此而言,胡塞尔有理由说,不仅理性与真理依据着所显明的明见物而互为相关项,理性与现实也同样如此(参见《胡塞尔全集》第3卷第1分册,第314[282]页及以下)。明见物因而是——如胡塞尔在《纯粹现象学与现象学哲学的观念》一书第一卷中所写道的那样——"理性设定与本质地促发着理性设定的东西的统一"(同上书,第316[284]页);而本质地促发着理性设定的东西正是在确证与否定相交织中的意向性的预先规定。

因而,所有自身被给予的、合乎理性的存在都不是被个体-主观的随意性所决定的。尽管私己的利益此时也可能排挤着被给予的状况，可能通过主观的解释掩盖着、歪曲着被给予的状况，或者可能阻碍着被给予状况的进行；但是自身被给予的状况本身在其保有明见性时并不会向主观的利益妥协。在其它情况下——这一点在人对客观物的批判性态度中是显而易见的——人能够以明见性为基础而自觉地接受某个洞见所具有的规范性力量，并将其追求提升为一种"理性的追求"（《胡塞尔全集》第27卷，第26页）。所谓"理性的追求"，也就意味着，"每当在生活中进行判断、评价或采取某个实践性主张时，应当使人富于洞见，并因而在相应的程度上使人的生活合乎法则、合乎理性"（出处同上）。

当人就像这样摆脱掉个体-主观的目标设定的局限性时，人在始终可能的对其全部生活的俯瞰中也就能够担负起——如胡塞尔所表达的那样——"种种的无限性"。通过理性的考量，这种种的无限性作为使命而落在了人的肩上。"无限性意味着人本身所可能采取的行为，就其所具有的实践上的种种可能性而言，是无限的；与之相一致，也意味着世界的进程，就其所具有的实践上的种种可能性而言，是无限的"（第31页）。但是，在能够被理性地考量和判定的种种可能性的这种无限性中，也注定同时存在着无限可能的失望和贬斥（第32页）。因此，先前通过自由的理性考量这一可能性而业已靠近了的目标看来反而比以前更远了；也就是说，对持久可靠的满意和幸福的原初追求的实现过程中断了。但正是这一状况能够促发理性追求的新的层次，胡塞尔将这一新的层次看作真正的伦理学层次：所有的行动，通过富于洞见的理性考量的奠基性作用，而"预先获得了其正当性辩护"（出处同上），真正的伦理学层次由此而得以达到；胡塞尔将此称作对"理性的责任意识"的训练或"伦理上的良知"（出处同上）。根据胡塞尔，只有比个别的和偶然的理性考量更为坚决的、排除所有主观随意性的态度才能最大程度地保障持久而可靠的满意。

胡塞尔以定言令式来表达要求去进行这种富于洞见的、应当能够包揽式地预先规范所有行动的理性考量的义务。这一定言令式要求着在任何情况下都要"按照最好的知识和良知"来行动，要求着去追求那些具体的、符合客观理性考量这一标准的最好事体（第33页）。定言令式这一形式在其相关应用中符合人的此在的有限性。人的此在是有限的，其原因却在于此在的种种无限性、种种不可测性，在于此在无法预见的诸般厄运以及此在杂多的抉择可能性。这看起来不无吊诡。因而，胡塞尔就这一令式所谈的是一种"相对的完善性理念"；而"相对的完善性理念"从绝对的理性生活的绝对完善性这一极限理念中——这一极限理念在上帝理念中达至顶点——获得它的意义（出处同上）。胡塞尔通过这一定言令式的构想而与康德相衔接，但他同时又试图脱离康德：在1914年夏季学期的讲座稿"伦理学和价值学说的基本问题"中，胡塞尔就已经批评说，康德的定言令式尽管受限于它的形式性，但应当作为在伦理学上评判每一个行动的充分标准。① 胡塞尔的令式实际上只提供了一个形式框架，这一形式框架必须要通过具体的理性抉择而被补足。

不过，胡塞尔的定言令式不仅要求去做当前情景下的最好事体；而且同时还包含着进一步的要求，即要变得越来越好（《胡塞尔全集》第27卷，第36页）。根据胡塞尔，完善状态的极限理念意味着"人在其发展过程中"渐趋完善这样一种理念。胡塞尔的这一思想想必符

---

① "尽管这一原则是'形式的'，尽管它全然排除了康德意义上的质料，但它仍是积极决断的原则，在被给予的、完全具体而个别的情形中仍是完全充分的原则。也就是说，这种符合定言令式的形式上的正确性不会容许质料上的任何非正确性。"《胡塞尔全集》第28卷，第43页）

合费希特的准则,即"人必须成为他应该是"①的样子。因此,决然去实现一种高尚人格也就有着两方面的要求:一方面要习惯于选择最佳行动;另一方面,要同样练习着去促使选择最佳行动这一观念遵从于无限的"理性成长"(出处同上)这一理念。

敦促着去承担这些理念,对于胡塞尔而言,也就意味着促成"新人",意味着"改造"。改造因而并不是一蹴而就的,"改造"这一标题在本质上所标识的正是永不终结的理性成长过程。定言令式无条件地约束着人自身的生活,只有最初创建这一定言令式的举动以及承负这一定言令式的决心是一次性的、意义重大的。而这毅然去承负定言令式的决心是在"持续的改造中"(第43页)得到兑现的。这"持续的改造"在开放的发展过程中愈加完善着可以作为普遍的行为指南的理性洞见。

因此,胡塞尔的个体伦理学构想中最引人注目之处在于这一事实,即他并没有为伦理决断提供任何预先规定,严格来讲,从未对之提供框架性的预先规定。他所展示的毋宁是一门现象学的形态学;也就是说,他先验地分析了个体在成长为"理性人"(第33页)的过程中所可能呈现出的诸多动机环节。在这一动机序列中,值得注意的是,正是每一个个体内在而坚定地对幸福的追求所具有的意义要求着超越私己利益的束缚。情况正是如此,因为——如胡塞尔所说——一种普遍而统一的追求,通过意识作为意向性的意识所具有的规定性,而得以可能;这种普遍而统一的追求以最大可能的生存保障为其目标,而相形之下,那些在私己动机基础上的特殊追求不过是一段插曲,而且其所包含的所有意向性追求最终将萎缩殆尽。与之

---

① 《自然法权基础》(*Grundlagen des Naturrechts*),小费希特(I. H. Fichte)编:《费希特著作集》(*Fichtes Werke*)第3卷,第80页。

相反,意向性的统一在其自身中朝向着这样一些目标,它们在永不终结的过程中的逐步实现保障着胡塞尔借助理性洞见这一传统概念所标明之事能够被兑现。

初看起来,似乎胡塞尔仅仅把社会伦理学当作与个体伦理学完全适配的类似物来设计着:在此,胡塞尔的主要问题也指向着生存的形式,此处即共同体的生存形式;而正是在共同体中孕育着真正全体人性的理念。作为普遍科学的哲学之理念最初创生于公元前七世纪的希腊,正是在这一理念中胡塞尔看到了对真正全体人性的首次厘定(《胡塞尔全集》第 6 卷,第 331 页及下一页)。[1] 而第二次厘定发生于这一理念逐步成功实现的过程中:真正全体人性的理念在共同体的生存形式中才能够实现,而这种共同体的生存形式应当是处于"哲学文化"[2]中的"文化系统,即哲学"(《胡塞尔全集》第 27 卷,第 54 页)。

在此,首先要注意两个方面。一方面,这一构想要求着,哲学作为普遍的科学,就知识社会学的角度而言,并未映射在天才式的个别人物那里,而是映射在研究者共同体的成就之中;胡塞尔认为,普遍的科学只有在共同体的形式中才能作用于这一共同体,促使它在构造真正全体人性的过程中揭开实现共同的终极目的的序幕。因此,普遍科学的实践也就成为了社会伦理学的主题。如前所说,社会伦理学,在胡塞尔看来,将共同体的行为规范作为其研究对象。另一方

---

[1] 在 1935 年的维也纳讲座稿中,胡塞尔写道:"'哲学'——在此我们必须区分处于各个时期的作为历史事实的哲学和作为观念、作为一项无限使命之理念的哲学。各个历史时期中的现实的哲学曾尝试着去实现无限的引导性理念,尝试着一并去实现真理之大全,其成就或大或小。"(《胡塞尔全集》第 6 卷,第 338 页)参阅黑尔德(K. Held):"胡塞尔与希腊人"(Husserl und Griechen),载《现象学研究》(Phänomenologische Forschungen)第 22 辑,1989 年,第 137 – 176 页。

[2] 参阅胡塞尔 1924 年的文章:"哲学文化之理念"(Die Idee einer philosophischen Kultur),《胡塞尔全集》第 7 卷,第 203 页及下一页。

面,这里清楚表明了,对真正全体人性之理念的这一社会伦理学规定从其自身出发淡化了个体伦理学与社会伦理学之间的界限:个人的理性追求从其自身出发,凭借其开放的无限性而超越了个别主体的有限生活实践,并且只是在构造科学的过程中才最终得到满足。因为,对胡塞尔而言,只有具备完善性形式的科学才能够最为完善地造就一种理性生活——胡塞尔试图反向地证明这一论点:他力图指明,科学起源于生活世界中的存在设定活动,而这一活动就其自身而言是在单纯被动的意识成就基础上进行的。普遍科学能够在一种全新的层次上提升理性的洞见;正因此,它才被胡塞尔视作"具备实践理性的人类与世界的基础"。① 由此而来的结果是,为普遍科学奠基本身成为了共同体必须承担的伦理要求,成为了"普遍的定言命令"②;而它也同时要求着,以新的理论工具来推动个体的伦理行为的理性进程。这就意味着,社会伦理学——从理性进程的目的论角度来看——是通过某种方式而对个体伦理学考察方式的直接的、内在必然的推进。

胡塞尔认为,实现理性的终极目的所主导的生活,最终有赖于特定的文化形式的实现,即在某个特定的历史文化中有其意义来源的科学这一文化形式的实现。因此,与个体伦理学的考察方式相对的社会伦理学的考察方式被具体化了,亦即在自身中吸纳了本质性的历史要素。在此反映出第一次世界大战之后几年里胡塞尔哲学运思的总体趋向,即转向历史。不过,历史成为主题同时意味着对历史的

---

① 参见胡塞尔手稿ＡⅤ19,第40页。"在普遍的人类交往中,只有受绝对的观念性所引导的实践理性的行动能够符合绝对的理性;而这预设了普遍而完满的科学。"(出处同上)"就此而言,哲学、科学就应当是普遍的、'天赋'于人的理性张显自身的历史运动。"《胡塞尔全集》第6卷,第13页及下一页)

② 参见胡塞尔手稿ＢⅠ21 Ⅱ,第20页。

超越论诠释。因为,对胡塞尔而言,只有科学彻底地成长为超越论的现象学和哲学,最初创立的普遍科学的理念——作为实现目的论的理性进程的条件——才得以实现。胡塞尔的以下论点众所周知:哲学和科学在其实际发展中并未能够将这一最初理念的意义付诸实践,并未能够遵循着这一理念而行动,因而错失了这一理念所内在预见的目的论进程。就此而言,超越论的哲学不应是,如黑格尔所展示的,哲学史的终结[①];相反,哲学史真正开端于最初创立的普遍科学之理念"成真"之时。

因此,理性在其中不断开显的目的论进程就延伸到超越论现象学的创生;而这样一门超越论现象学向胡塞尔标识出普遍科学开放而无限的研究方式的开端。社会伦理学是对个体伦理学考察的推进;因为,从内在的目的论角度来看,个体生活的伦理观念业已要求在所孕育的普遍科学中得到奠基。[②] 对胡塞尔而言,这一新生意义上的普遍科学因而成为了一切改造的保障;也正如在普遍科学中,一切改造的原则以及理性的普遍发生过程,就其自身来看,变得完全显而易见了。

这里难道不是要把生活的所有领域彻底地科学化吗?对此,一种唯科学主义指责难道不是合理的吗?这一指责在形式上的确是合理的:至少那种能够担负起伦理责任的生活要依赖于最终成形的普遍科学。但是,这一指责在内容上该会意味着什么呢?没有看到这里所谈的是怎样一种类型的科学性,就去提出这种指责,这可行吗?

---

① 参阅扬森(P. Jansen):《历史与生活世界:关于胡塞尔后期著作讨论的一篇论文》(*Geschichte und Lebenswelt. Ein Beitrag zur Diskussion von Husserls Spätwerk*),海牙,1970 年,第 107 页及以下。

② 胡塞尔在维也纳讲座稿中指出:"人类此在的层阶和无限的使命所要求的理想规范的层阶,即具有永恒形式的此在层阶,只有在绝对的普遍性中,在起初便包含于哲学理念之中的绝对普遍性中才是可能的。"(《胡塞尔全集》第 6 卷,第 338 页)

这一指责不是想当然地将科学理解为我们所熟悉的现实中的科学了吗？但是，胡塞尔所说的科学恰恰不是这种现实中的科学；现实中的科学，在他看来，是真正科学的扭曲形态。需要注意到：胡塞尔认为，生活和科学在其目的论的共同意义内涵中，彼此并未分离；二者的分离在现实中所产生的科学这里才发生。对于胡塞尔而言，理论应属于实践，理论本身就是一种特殊的实践；非但如此，理论与实践还与一个第三者相关，即关联于超越论主体性的生活——它构成了实践生活的深层维度。因此，对胡塞尔来说，科学只有在全面而具体地揭示超越论主体性的过程中窥见到它的理论行动的最终目的和最终规范，才能够赋予自身以合法性。

胡塞尔对科学的社会伦理学的追问使得科学本身成为了伦理-实践视角下的对象。但是，只要科学，对胡塞尔来说，必然地具有着超越论的向度，那么在胡塞尔的伦理学分析与超越论现象学分析之间就因而存在着某种关联，即使胡塞尔在其伦理学——胡塞尔将其伦理学规定为一门前超越论的学科，规定为一门区域存在论——中并未论述其间的关联。这一关联的基础在于作为超越论哲学的普遍科学这一理论理念与它在促进理性生活方面的功用这一实践理念之间的关系。换言之，科学在伦理实践方面的使命预设了科学在理论上的成熟形态。

二

上面阐述了胡塞尔关于伦理学、科学与社会性之间互相涵容的思想。接下来，笔者想要展示胡塞尔所构想的科学之实践功能中蕴含的三个紧密相关的方面。这三个方面，在笔者看来，对于哲学的讨论意义重大。

1. 一方面是胡塞尔对理论与实践之间关系的规定,这可以与先前所谈相衔接。如前所略述过的那样,在胡塞尔的构想中,理论与实践的基础是作为交互主体性的超越论主体性所具有的普遍理性之生成过程的统一,并且理论与实践处于辩证的紧张关系中:理论对胡塞尔而言同样也是实践,是一种特殊的实践;理论源于生活世界中的实践,并且在实践的视域中拥有着它的最终目的意义。胡塞尔同时强调,只有纯粹地被构想的理论,亦即那些随着一门建立在现象学基础上的超越论哲学的形成而满足着原初动机的理论,才能承担起服务于实践的功能。但是,如胡塞尔一再指明的那样,纯粹地构想一门理论就要求清除所有带有实践倾向的意见和态度。理论一方面建基于实践,一直着眼于实践;但为了建构自身,理论显然又必须忽略所有的实践要素;其间的张力必须在理论自身中得到化解。这之所以可能,乃是因为理论在实践中的奠基原本就与实践所具有的超越论基底,即与超越论的理性成长关联着。如我们已经看到的那样,超越论的理性成长因而也就成了在前超越论的、世间的理论和实践之外的第三者。借助于揭示这一超越论基底的能力,理论所具有的理论性的目的意义也就实现了;因此,理论之所以能够作用于实践的先决条件也同时实现了。[①]

通过理论、实践以及超越论模式之间的辩证关系,胡塞尔就摆脱了将近代目的理性的科学与一个"完美"生活世界简单对接的思维定式。胡塞尔指出,所有的理论,片面的唯理论学说的成功样式或不充

---

① 对此可参阅笔者的论文:"实践的超越论还是超越的实践论?超越论现象学的认识之世界化的问题"(Praktische Transzendentalität oder transzendentale Praxis? Zum Problem der Verweltlichung transzendentalphänomenologischer Erkenntnisse),载博伊默(A. Bäumer)、贝内迪克特(M. Benedikt):《学者共和国-生活世界:现象学运动危机中的胡塞尔与舒茨》(Gelehrtenrepublik-Lebenswelt. Edmund Husserl und Alfred Schütz in der Krisis der phänomenologischen Bewegung),维也纳,1993年,第189–207页。

分样式,都与实践相关联,都原本地归属于实践;由此胡塞尔就避免了为使实践"不受科学约束"而诋毁科学的危险。他反而指明,所有出自科学的危险最终都来源于实践本身,最终都是因为没有完全清除掉理论中所混入的实践因素。因此就可以从一个全新的视角来看待科学与技术之间所张裂开的鸿沟:这一鸿沟最终是由实践本身所导致的;实践本身因此抗拒着自身,威胁着要吞噬自身。

由此而产生的以下条件,在笔者看来,对于处在为科学所铸就的文化之中的所有改造目标而言,具有重大的社会政治意义:改造的成功依赖于对科学所做的充分而可靠的元科学理解,而不只依赖于知识在现实构想基础上的不断累积。

2. 第二个视角涉及到胡塞尔对科学的批判,这一批判首先表现在两个方面。一方面是伦理学的批判,另一方面是超越论现象学的批判。胡塞尔对科学的批判的独特之处,在笔者看来,特别在于这两种立场之间的关系。

伦理-实践方面的批判表明,现实中的科学错失了理论为服务于实践所应该具备的功能意义。胡塞尔在其"改造文"的附录中就已经表达了这一批判[①];十五年后,在其最后著作《欧洲科学的危机与超越论的现象学》一书的引言部分,胡塞尔又重述了这一批判。即使个别科学不断成功,"普遍的世界科学"这一原初目标也并不随之必然

---

① 比如,胡塞尔在1922年有如下表述:"我们通过无线电而能够在数千公里外通话聊天,因此就比我们的先人们更幸福吗?后辈们若是将能够与火星或天狼星上的居民交谈,就会比我们更幸福吗?如果地球上自一万年以来的所有语言都被研究透彻了,如果我们根据文献资料确知了这一万年以来所有国王的名字、所有战役的名字以及所有庙宇城市、所有艺术家等等的名字,那么我们将会更幸福吗?我们将人的力量提升至无限伟力,我们强化每一个人的力量,以使人能够钻研每一时期的科学以及所有全部科学,甚至使人能够论证任何时期的任何定律,使人能够仿效所有已达到的技术成就或者同类的技术成就,我们人将在这些方面更为强大。但是,这会使人幸福吗?"(《胡塞尔全集》第27卷,第112页及下一页)

实现,"通过纯粹科学而可能的真正'启蒙'时代"也并不随之必然到来(《胡塞尔全集》第 27 卷,第 117 页)。欧洲人因此将偏离他们"天赋的终极目的"(第 118 页)。"改造文"断定了科学在确立其实践功能方面所犯的错误,但由于这些文章局限于伦理学的分析方法,它也就并不能澄清这一错误。

也许恰恰只是实践的束缚才阻碍着科学朝着其所预见的终极目的而发展;但伦理学,作为一门与实践相关且致力于阐明实践的目的动机的普遍科学,并不能够认识到这一点,它必定在此止步,因为它无力指出其中的真正原因。但伦理学却以此而向超越论的研究提供了很多启示。这就使得,在胡塞尔的晚期著作中,其超越论哲学在某种意义上是对伦理学的进一步发展,是对伦理学的"扬弃"。因为,如果伦理学的目的论分析最终能够提供科学本身的行为规范的话,那么在伦理-实践方面对这一规范的追问就将进一步指向科学在理论上的目的意义;而这一目的意义正是科学本身的行为规范的基础,并且就其自身而言只能通过超越论的理论而得到阐明。伦理学所呈现的这种关于目的论的意义内涵的形态学由此而推进到了超越论的领域。

伦理学在超越论哲学中之所以能够被扬弃,其实际的内在先决条件主要有三个:1.因为超越论的理论也是一种实践方式,并因此在整体上与伦理学相关联;2.因为超越论的理论也拥有着服务于实践的目的意义,并因此而在伦理上富有重大意义;3.因为只有超越论的理论才能够洞见到所有理论上的和实践上的目的意义,洞见到主体作为交互性的主体所具有的全部目的论存在,并且只是就此而言,超越论的理论才扬弃了理论与实践之间的对立。

在出版于 1929 年的《形式逻辑与超越论的逻辑》一书,以及在其著作《危机》中,胡塞尔明确指出,尽管危机是由实践所导致的(由于实践偏离了实现科学的原初意义的轨道),是在对科学的"绝对价值"

(《胡塞尔全集》第17卷,第9页)之信仰不断消逝过程中形成的,但这一危机却不能通过实践本身,也不能通过理论性的实践本身,因而也就不能通过局限于实践视域中的伦理学而得以解决;相反,解决这一危机必须从能够在某种确定的意义上超越于实践的立场出发。这一解决方式,在胡塞尔这里,常常以最终奠基的面貌出现。这里所说的最终奠基"只是"意味着彻底地澄清:科学也清楚它本身是什么,它在做什么。这里的"最终奠基"并不是寻找着超越论的奠基策略的某种玄想;对于胡塞尔而言,只有在"彻底沉思"的道路上才能实现最终的奠基,而这无非意味着"彻底地批判"和"原初地阐明"(参见《胡塞尔全集》第17卷,第13页及下一页)那些作为主体性的"构造成就"而包含于诸科学之中的意义内涵。这一阐明系统地回溯着目的论的构造过程,它由此而以"回顾"的方式、再造的方式进行;这一阐明尝试着使业已在具体的构造过程中被预见的终极目的能够被付诸实践,而这些被预见的终极目的以尚不明确的方式为实际的发展敞开了自由空间。这一阐明同时也以构造的方式进行,因为它并不考虑已经现存的东西,而是必须通过本真的方法来预见将来之事;与终极目的的关联之前从未像现在这样被发现。[1] 这一阐明既以再造的,又以构造的方式进行,同时又具有前瞻性;这意味着,那些具备了实践意义的目的论结构现在能够作为具有调节作用的观念而规定理论性的和非理论性的实践。在此,通过阐释来指明与终极目的的关联这一点本身就属于目的论的总体发展过程;这意味着,每一次这样的指明都具有独特的、奠基于实事本身之中的前后一贯性,即朝向明见性——这一明见性决定着目的论的总体过程——的内在趋势。我们

---

[1] 胡塞尔明确区分了"原初阐明"以及"重复着明见性的复原活动"。前者带有"新的意义形态之特征",后者"只是充分地完成之前已经被确定的、被划分的预先规定","只是已经获得的明见性所带来的次级结果"。(《胡塞尔全集》第17卷,第14页)

在个体的和社会的伦理学范围内就已经能够观察到这一趋势,而它最终指向超越论的领域。对于胡塞尔而言,如果这一趋势本身变得愈加显明,并以这种方式始终追求着去造就明见性的话,那么这一趋势在自身中就朝向着理性。① 明确地把握这一过程,亦即澄清它的目的论内涵,这正是需要被阐明的任务,正是胡塞尔意义上的"最终奠基"。

胡塞尔已经提到的、在其伦理学中就已经提出的核心批评如下:哲学作为普遍的科学未曾能够使其所提出的终极目的可被付诸实践,未曾使自身受这一终极目的的引导。对于胡塞尔而言,欧洲科学的实际发展过程——特别是在近代以来——终究未能按照先行制定的规划来进行,反而是受到实践方面的利益强迫而盲目地、偶然地进行着。因此,各专门科学——科学的分门别类是追随各个确定的实践利益而进行的,其目的在于提高科学的方法在理论和实践方面的效益,也为了提高科学的研究成果就其可用性而言所具有的单纯实践效益(参见《胡塞尔全集》第17卷,第6页)——只是更多地展示了一门以"来自实践活动的实践经验"为基础的"理论技术"(第7页);在此,科学的方法构架的基础尚不清楚(第6页),各专门科学尚缺少对其"原理上的根源"(第7页)的认识。②

---

① "因此,明见性就是一种普遍的、与全部意识生活相关联的意向性方式。通过明见性,全部意识生活就具有了一个普遍的目的论结构,具有了朝向'理性'的趋向,甚而在这种趋向中具有了一个持续不断的趋势。"(《胡塞尔全集》第17卷,第168页及下一页)

② 胡塞尔在"改造文"中就提出了质疑:完善那种获取单纯累积式的知识的方式,不可实现科学的实践功能(参见上文第13页注释中的引文)。他在《形式逻辑与超越论的逻辑》中继而将这一思想与科学所具有的理论性的目的意义相衔接;因为他注意到,"收集式地将诸科学统一化并据有"科学,这并不能解决科学的"理论根源"的问题(《胡塞尔全集》第17卷,第7页)。对科学的"理论根源"的追问之后同样引导着《危机》这一著作的前期工作(参见《胡塞尔全集》第27卷,第184页以下,第240页以下),并深入到《危机》这一著作本身所呈现的哲学史问题视角中,因为《危机》一书正是将"哲学的危机"理解为"所有近代科学,作为普遍哲学的分支,所面对的危机"(《胡塞尔全集》第6卷,第10页)。

为了在各门科学各自的意图之统一中一般地澄清科学的根源，那么科学的现实状况就是阐明科学之来源所依赖的线索(第13页)。对科学之根源的追问将诸科学的诸意图之统一回溯到了超越论的主体性；这一追问必将展示科学活动的"原初"动机以及在这一动机中所包含的、以意向性的方式而被预先规定的意义，即普遍科学这一终极目的。胡塞尔在《形式逻辑与超越论的逻辑》中便通过以下方式而展开了上述工作：他检验了使得所有欧洲科学得以可能的工具，即形式逻辑；这一检验活动通过挖掘执行着构造功能的主体性所具有的超越论基底，从而尝试阐明逻辑对象的意义来源，并由此阐明"科学一般的真正意义"(第14页)的基础。在《危机》中，胡塞尔将"主体性之谜"(《胡塞尔全集》第6卷，第3页)看作是科学与生活世界之危机的表现和原因，并且要求对主体性与世界之间的普遍关系加以研究(世界之问正是这一关系中的"所有谜中之谜"[第12页])。

胡塞尔的核心论点是：科学之所以偏离于它为其自身所设立的终极目的，其原因在于主体在一种先行的、普遍的自身统握中将自身设定为是处于世界实践之中的凡间主体。对于胡塞尔而言，将主体"自然化"导致了——这里只能略加说明——世间生活中的所有目的追求都变得可朽，因为这些目的追求都局限在自然化的自身统握所设定的、无法被逾越的世界视域之中。由于这一原因，所有关于世界的科学，因而也包括作为区域存在论的伦理学，都不能够揭示科学之危机的原因：因为凡世间的目的追求在其自身中就指向着超越论的领域。这就表明，超越论的思考是对伦理学思考的推进；尽管如此，超越论哲学却不能够替代伦理学。胡塞尔已经看到了这一点，尽管他没有继而对此加以具体说明。因此，《危机》一书第一部分中所要做的思考显然包含着伦理学的面向，尽管胡塞尔没有反思到这一点。在经历了超越论的阐明之后，在"不折不扣地"承担起普遍科学的目的追求之后,就必须继而思考,现在如何能够在所赢得的科学的全部理论性的目的意义的地基上着手—并去实现科学在世间生活的视域中的实践目的。而这一点也必须通过理论性的反思进行——人们或许将这一理论性反思称作"伦理学"。由于《危机》这一著作并未完成,人们或许最多只能够在欧根·芬克(Eugen Fink)计划续写《危机》这一著作时所提到的对世间心理学的重新奠基中找到对这样一种伦理学之领域的某些提示(参见《胡塞尔全集》第6卷,第515页及下一页)。

3. 胡塞尔区分了现实中的、与原初设立的理念相比完全不充分的科学与合乎这一理念的、必须重新被造就的普遍科学之构想。这一区分使胡塞尔不仅仅认识到两种可选取的态度:肯定现实中的科学合乎理性,或者否定其合乎理性。胡塞尔区分了两种基本的、性质各异的科学构想,由此他也就至少区分了合乎理性的两种方式:一方面是工具理性在现实中的合乎理性,另一方面是一个包含着全部面向的理性概念。在这一全面的理性概念中,所有对理性的窄化都应当被驳回;这一全面的理性概念知道自己只服务于在普遍科学中达至顶点的理性目的论。

需要再次提醒,胡塞尔现象学的理性目的论并不需要着眼于引导着理性行为的理念所面临的状况而首要地创造这些引导性的理念本身,并不需要在此意义上同时为科学提供最终的根据。以再造和构造的双重方式进行的现象学-目的论的分析回溯到业已隐含的被构造物;这一分析以再造的方式重复先前的明见物并以此展开,进而以构造的方式揭示先前所隐含的内容,但所揭示的恰是先前的内容。因此,这一分析通过敞明并检验或明显或隐含地超越实际状况的要求,就迫使现实中的系统状况去面对这一要求。这一分析因此不仅使得更为宽广的理性概念与对它的窄化之间的区分成为可能,而且也提供了相应的办法，从而使得对理性的窄化这样一种剥夺性形式的谱系能够被理解，使得能够驳回这种剥夺性形式所带有的片面性。因此，理性能够透彻地认识到：只要理智不能够通过批判性阐释而明见地确定它的界限，亦即确然把握它的范围以及科学一般的范围的话，那么理智，就其作为"相对的、片面的"理智来讲，就因此包含着一种"全然非理智"（参见《胡塞尔全集》第17卷，第21页）；只要理智认为它通过对现实的把握而能够符合于全部现实状况的话，那么理智也就转变为非理智。

这一被拓宽的理性概念同时不再是一个一元论的理性概念，因为理性，对于胡塞尔而言，不只是那样一种——比如康德所认为的——基于原则而先验地进行认识的能力；而且理性也与所有明见地被给予物相关联，也就是说，首要地与胡塞尔试图去阐明的明见存在的三个巨大领域相关联：自然-事实的领域、自然-观念的领域以及超越论-事实的领域（后者在其观念性中被把握）。这含括了所有的存在区域，在此富有洞见的理性认识方式的多重性与意识方面的这些区域的多重性相符合。理性认识的这些方式正是如所周知的现象学"态度"：每一个区域都要求在相应的态度中得到把握，也只有在这相应的态度中每一个区域所具有的理性意义才被经验到。

胡塞尔以这样一种见解而成为了今天人们讨论以下科学构想时的焦点：这一科学构想一方面弘扬工具性的理智，另一方面又主张通过后现代的方式"克服理性"。七十年以前，胡塞尔在尝试指明改造的道路时，就已经选取了第三条独立的、与当前的一些立场相近的道路。七十年代中期，美国的电脑科学家和科学批评家约瑟夫·魏岑鲍姆（Joseph Weizenbaum）就写道：

我支持理智地运用自然科学和技术，但不支持将其神秘化，尤其反对它的野心。我要求将伦理学的思考引入到自然科学的规划之中。我反对工具理性的肆意扩张,但不反对理性本身。[1]

魏岑鲍姆也同样强调要在实践方面约束科学;他同样要求人们不应当毫无担保地、毫无反思地、因而不负责任地将科学应用于实践,而是应当负责任地将科学付诸实践。如果说科学没有被负责任地应用于实践,那是因为:1) 就其出发点而言,科学的假设并未保持价值中立;[2] 2) 就其所设定的目的而言,科学的发展总是受到特定利益的引导,甚至被认定的知识就其自身而言也不过是掩饰私己目的的标语。[3] 而负责任地将科学付诸实践,这也就意味着在预先设定并选取某些价值诉求时要去承担责任;因而也就意味着,不只是要按照各专门科学的规矩来决断,而是要超出这些规矩的束缚而自由选择。[4]

然而这里就出现了如何为自由选择确定标准的问题。决断者在决断时发现自己要重新审度该如何实践,决断者敦促自己去坚持正义,而这并不能够保证在决断时将私己的动机完全排除在外;甚至那些怀有善意的好心人在决断时也并不具备充分的知识素养。魏岑鲍姆所指出的对于"固有价值"[5]的经验为此提供了一条道路,但他只是对此做了简略说明。

---

[1] J. 魏岑鲍姆:《计算机功能与人类理智:从判断到运算》(*Computer Power and Human Reason. From Judgement to Calculation*),1976 年;伦纳特(U. Rennert)德译本:《计算机的能力与理性的无力》(*Die Macht der Computer und die Ohnmacht der Vernunft*),1978 年,第 334 页。

[2] 参阅同上书,第 342 页及下一页。

[3] 同上书,第 345 页及下一页。

[4] 参阅同上书,第 338、345 页。

[5] 人"只有通过对其自身固有价值的经验,亦即对那些不会作为工具而被'应用'的价值的经验",才可能"认识到那些超越于人自身的目标;而正是这些目标最终赋予人以自身认同感,并且作为至高的目标而最终赋予人的认识以有效性"(同上书,第 348 页及下一页)。

胡塞尔却在很多具体的方面检验了这一道路。他一方面将科学本身早已创建的目的意义当作尺度接受下来；但另一方面又试图以再造的和构造的方式来阐明这一目的意义，进一步讲，是从超越所有现实的科学的维度，即超越论的交互主体性的维度来阐明。

（宋文良　译）

价值与可变性

——舍勒有超出相对主义和普遍主义的对立进行思考吗？

在其著作《伦理学中的形式主义和质料价值伦理学》[①]中，马克斯·舍勒提出了价值的主体关联和历史依附性的问题。他对这个问题的回答，以一种初看上去显得悖谬的方式，将价值的与主体相关的存在的设想同价值的超越历史存在的先天性的断言关联了起来。由于舍勒在后期著作中一再（即便是在不同的语境中）将这种所谓的"诸关系中非-相对主义的被给予存在"当作主题并加以深化，而且这也包含着对问题解决进行重构的要求，因此，这个回答就不仅仅是值得重视那么简单了；这个回答尤其需要一种对它进行检验的关注，为了使其在相对主义的解释思路以及与此相对的普遍主义的解释思路之间的争论中的真实位置更富有成果。

我们随后会试着指明舍勒在其问题解决结构之中对可变性和价值问题的解答。尽管在此对问题解决进行重构的要求能够被考虑，但实际上无法兑现。此外，如果我们想用关于相对主义与普遍主义的问题的争论使舍勒的现象学-哲学概念经受一种批判并且想揭露出一条可能的进一步思考之路，那么一开始就让我们把这种重构放在一边。而要真正踏上这条道路，舍勒对那个难题的解决给出的开

---

① 对下面舍勒著作的引用依照1954年及其后在伯尔尼/慕尼黑（随后是波恩）出版的《全集》(*Gesammelten Werke*)本，点前面的数字指册数，后面的数字是指页数。

端首先就要寻求更深刻的证明。

我们将采取三个步骤。首先我们刻画出舍勒对价值之可变性问题的解答。第二步,我们会对这种结构模式展开追问:舍勒一般用这种模式选择对于作为那个问题基础的、关于相对主义与普遍主义之间关系问题的态度。最后,我们会在第三步凸显他的问题解决的具体做法并批判性地追问。

一

对舍勒而言,价值的相对性或非相对性的问题不应在这种意义上被单义地规定:单单两个选项中的一个就能够被证明为是切合的。不如说,一种特殊的相对性以及独立于所有特殊性的存在对于价值来说是同样合适的。如果——如舍勒所做的那样——相对性和非相对性总是关涉不同的东西:如果价值的相对性意指其被给予存在和被给予存在能力的方式,那其普遍性相反就意指着其存在自身;这样,这个明显的悖论就迎刃而解了。

价值的相对性对舍勒来说主要被两个要素所担保:一者通过这种情景——对于我们,价值只是在对其主体性的把捉中才显现出来;另一者则是通过这种情景——它正是由此而经受了历史性的转变。舍勒通过对象及对象在其中显现出来的意向行为的相关性这样一个根本性的现象学命题而对第一个要素,即主体性的查看,进行了论证。在这个意义上,"一种特殊的'对某物的意识'行为,借此它们[诸价值]才被给出"(2.270),也要归属于价值。这种特殊的价值意识被舍勒称为"价值感"(Wertfühlen)。价值感具有——这指向了第二个要素——一种发展能力。价值感在跨文化和历史性的视角中都并非恒常不变的[1]，它具有自身的运行维度，在其中价值能够被揭示并成为可见的，而且也能够被遮蔽。因此，舍勒将价值的这种转变和易变性追溯至特殊行为关联的历史相对性上去，在这种行为关联中价值向我们显现。

对于舍勒，价值显现行为的相对性并不导致价值自身的相对性：在各自历史的-实际的联系之中的一个价值的"显现图像"——舍勒称之为价值的各自的"符号功能"（2.272 f.）——不是价值自身。因此，在不同的历史和文化语境中被理解为"善"或"恶"的东西并不需要完全等同；但相同的是："善"和"恶"本身作为价值得到揭示，这一点无论在哪里都是有效的。如果这种说法成立的话，那么价值本身并不关涉其实际性的被揭示。对舍勒而言，只有在这种意义上，价值存在才独立于当下的经验着的自我以及人的心理的，或者准确地说，心理生理的结构（2.271）。但首先，价值无非还是要在其当下被揭示的主体-相对的显像之中显示出来。因此，一切关于价值的知识都必须从这种视角主义的、历史性的实际性（Faktizität）中取得起点。[2]

舍勒也用"伦理"（Ethos）这个词来称呼有价值之物的被历史地限定的、主体-相对的显现图像。作为价值被历史性地经验的源初方

---

[1] 舍勒对形式伦理学的主要批评是，这种伦理学假定了这样一种恒常：它"误解了本质的历史性，这种历史性已然将伦理自身作为价值及其序级的体验形式而据有，由此它就必然要求这样一个假定：在任何时间，一种完整的、穷尽道德价值及对它进行把握的精神的伦理学必然会是可能的，这种伦理学必然要在一种所谓的绝对道德原则之中，因此也就是在一个命题中达到顶点"（2.308）。参看后面对"功能化"的阐述，舍勒对"理性化"的看法同理性恒常的假定针锋相对。

[2] "作为人的人似乎是……可感的价值、行为及行为法则浮现的地点和场合，但因此它们自身也就完全独立于特殊的种的组织以及种的实存"（2.276）。在质料伦理学这里就已经概括了舍勒后来明确阐释的理解：只有它或者和它类似的事物被揭示给人，存在领域才是可把握的。参看后面对舍勒隐含的解释学的阐述。

式,各自的伦理可以说是价值感的首要的、"实用的"相关项,亦即在其显现方面的实用方式中的价值。舍勒自己也谈及了作为价值的"体验形式"的伦理(2.308)。① 这也再次指明了这一点:对舍勒来说,价值首先只是作为历史-实际的体验行为的相关项而"展开",而且在其中它具有其历史的偶然性以及随之而来的相对性。实际上,对于舍勒而言,价值的可变性因此就是伦理的一个变化序列。②

任何伦理在自身中都带有这样一种倾向——将它所提供的视角之中的有价值之物绝对化。因此,在这个意义上,普遍之物只是绝对被设定的关系的反面。在这里,相对主义同作为独断论的普遍主义一样,都具有同样的根柢。比如说,如果在人本主义中——舍勒常常举这个例子③——价值领域被设定为相对于人的,那么这同样也包含着奠基性伦理的普遍化,即在特定层面上历史性此在的相对规定(的普遍化),例如必须被认为是一个"好人"的规定。④

这个断言——一方面价值是在伦理的体验形式中得到揭示,另一方面伦理形式自身在历史中和在具体的族群、文化圈中发生着改变,因此特定的价值只是在特定族群的特定伦理形式中被看到——对于舍勒而言包含着一种本质性的要求:不仅是关于伦理形式,而且也关于价值自身的自身理解的意愿,以及不仅扩展自己伦理,而且也扩展自己价值直观的意愿,鉴于被各族群所揭示的伦理形式以及在

---

① "伦理自身的内在历史"是"在一切历史之中最为核心的历史"(2.309)。
② 舍勒是按照"五个主要层面"来划分道德之物的相对性,其中只有第一个层面表明了伦理的变化,这些层面涉及这些变化:1.对价值的感觉(伦理的变化),2.在判断以及判断规则范围内(伦理学的变化),3.制度、善业、行为的统一类型,4.实践的道德性以及5.风俗习惯(参看2.303 f.)。
③ 参看舍勒对"人道伦理学"的拒斥(2.275)。
④ "善"是那种"能够由'人的属意识'所运行的东西,也就是说服从于群体本能的东西"(2.276)。

其中被理解的价值,要求着各个族群的一种"合作"。①

二

在第二节,我想要凸显舍勒对价值可变性问题的回答的证明策略。

让我们总结一下上文:舍勒并不将价值本身相对于人的机体、作为类本质的人、先验主体等等,借此,他消解了对价值的相对主义解释。同时,他并不将价值实体化为准实在的现实性,并且主要使对我们来说被揭示的价值的存在独立于它历史-实际的被揭示性。由此,也就避免了单义的柏拉图式的解决措施。但此时,这一对关系还不明晰:一方面对价值的视角主义揭示,另一方面则是独立的持立于自身的视角主义对价值的陈说。

因此,我们要问两个问题:1.什么导致价值成为可经验的,并且,首先虽然始终只是在相对的视角之中,如果另一方面应当存在一个本身不相对于经验的价值领域?2.如何能够思考这种事情,在其中价值就这样步入经验,即它们——在伦理的视域中——作为可变的事物而给出自身,并且对历史性此在具有约束性。

对于第一个问题,舍勒凭借他的被给予对象的"此在相对性"学说予以了回答;对于第二个问题则借助了"本质认识的功能化"的观点。对这两点的阐述散见于舍勒的著作;它们残缺不全,不少都显得偶然;尽管具有这样的特性,它们仍能为一种连贯性奠定基础。在这里,对它们的重构——如已经提及的那样——甚至在开端处就无法

---

① "价值宇宙及其级序的完全和相即的体验,以及因此对世界道德意义的呈现"是"与不同的、符合自身规律地、历史地自我发展的伦理形式之间的合作本质地相关联的"(2.307)。

被实施。我们的任务就只能是指明作为对两个所提问题之答案的核心内容,并由此进一步勾勒出舍勒对相对主义和普遍主义之关系的一般性看法。

第一点,在"此在相对性"的名下,舍勒所理解的是什么?在这个范围内,对象是此在相对的:其被给予存在相对于其行为载体的具体此在。因此对舍勒而言,某个存在者是此在相对的,就是说它相对"于特定的性质以及'分有'着更为首要存在者的另一存在者的世界态度"(《观念论与实在论》[1927/1928年],9.196)。① 同行为载体的此在态度相应,存在着同一对象的此在相对性层级。同时还应当被提出的问题是,在参与着的存在者(人)那里,相关的层面是对于什么而此在相对的:比如说,要么相对于作为躯体一般或作为生物一般,或者作为有限的认识着的精神的人,要么相对于广阔的物体宇宙中的某个地点等等。对象性之物并非直截了当地,而是在依赖于经验着、认识着、感觉着……的主体之此在态度的关系中而被照面的。这个事实就导致:先天内容尽管有其先天性,但首先始终是在相对的视角中被经验的,而且同时其本身多半并未被意识到。

因此,对于舍勒,不管是历史相对主义的立场还是独断论的立场都是站不住脚的。两种立场都定向于一种"历史的物自体"(《知识社会学问题》[1924年],8.149),历史主义否定了那种自在存在的实存,而独断论则肯定了它。共同的错误都源于以前作为一种标准开端的自在之物的开端,而人们对它持肯定或否定的态度则是次要的了。同那种以相对主义方式否认由其所预设的历史自在知识的相对主义不同,舍勒断定了历史存在自身之如在规定性和价值规定性(8.

---

① 质料价值伦理学就已经对此在相对性的思想进行筹划了,亦即正是在同伦理变化难题的关联之中(参看2.306)。关于此在相对性也参看舍勒1913/1914的论文"现象学和认识论"(10.398 ff.)。

151)的一种"本质必然的视角主义"(8.149)。①

第二点,舍勒凭借其在《论人之中的永恒》[1921年]中发展(5.195ff.)的对本质认识功能化的理解说明:以何种方式如在在各自的历史性的境遇性中被视角主义地揭示。功能化在这里指的是这样一种事情:在此在相对的视角中被揭示的如在"功能化"(5.198)自身为指向历史性-实际性事实的知性的应用法则:"先前曾是实事之物,成为了关于实事的思想形式"(同上)。因为对于舍勒来说,价值感如同本质认识一样,是一种认知性的行为,因此人们就可以说:舍勒对于本质认识功能化所做的解释,相应地对于价值的历史性揭示之实行也是有效的。在其被揭示之处,这一点也就生效了:被感觉到的价值功能化为感觉形式,将这样一种伦理构建为一种价值直观的基础。

只要先天内容以接受性的方式被揭示并功能化为应用法则,那么舍勒就不仅能够断言向人敞开的先天所有物的增长,而且也能断言先天功能法则自身的增长。由此,舍勒就与那种独一的或天生的观念的看法,以及对先天范畴和其在一切人类群体中的逻辑同一性的源初被给予的、持续不变的持存的假定分道扬镳了。② 与之相反,在不同的人类群体那里,不同的先天功能形式及这些形式的增长或减少也是能够先行存在的。对先天范畴的同一性和恒常不变的假定是被一种特定的价值直观所影响的,舍勒将其绝对设定称作"欧洲主义"(5.201,203)。由此如下这一点就更加清楚了:舍勒那种所谓的

---

① 在质料价值伦理学中舍勒借助对伦理变化的指明就已经强调那种"道德理想之物自身的转变":"正是这种道德评价的更为彻底的'相对性'对于相对主义来说是隐秘的"(2.305);价值相对主义建基于"对各自特质及相关研究者文化圈的价值评价的一种绝对化"(2.308)。

② 借助对"理性自身的生成和生长,亦即其在先天的选择法则及功能法则方面的财富"(5.198)的指明,舍勒首先针对的是康德(同上;5.195 f.)。

对合作和人类群体①的要求从这样一个证明获得了其合法性——先天性始终只能依照历史性的和受载体约束的方式而被揭示。

因此,就此而言舍勒就超出了相对主义和普遍主义进行思考,虽然舍勒着手于先天之物的一种始终视角主义的被给予存在,但同时明确的是:按照这点引申不出任何相对主义(参看:10.401)。有两个因素说明相对主义是不可能的:a. 视角就其本身而言是必然的关系,这是因为超出它之外在历史视域中不存在任何尺度,在关联中它能够被设定为尺度并且相关于这种尺度它才能被相对化。b. 舍勒假定了一种普遍之物,那些视角正是这种普遍之物的视角,而这个普遍之物不再存在于历史视域之中。

三

然而,在这里就不由得产生了这样一个问题:这种普遍之物的说法如何能够得到辩护。在历史性此在之中,这样一种特殊视角——

---

① 在《论人之中的永恒》中,也有一个听起来和质料价值伦理学(2.307;参看前面第20页注释2)中相似的表述:"庞大的人类文化和认识关联"是"——在先天知识水平的上——相互无可取代的";因此这一点已"存在于理性本质和认识自身之中":"只有在一切至高精神活动中认知的交融、人类的合作……才能提供本质世界的整全认识"(5.502)。这种对合作的把握和舍勒"均衡"论题的实事性关联,在此无法讨论。关于"均衡"可参看:阿维-拉勒芒(E. Avé-Lallemant):"均衡时代的宗教与形而上学"(Religion und Metaphysik im Weltalter des Ausgleichs),载《哲学杂志》(Tijdschrift voor Filosofie)第 42 期,1980 年,第 266 - 293 页,以及莫尔(R. A. Mall):"舍勒的世界主义哲学概念:差异世界观均衡化的诸局限"(Schelers Konzept der kosmopolitischen Philosophie. Grenzen der Vergleichbarkeit verschiedener Weltanschauungen),载《特里尔大学学报》(Trierer Beiträge. Aus Forschung und Lehre an der Universität Trier)第 11 卷,1982 年 7 月,第 1 - 10 页。进一步可参看奥特(E. W. Orth)、普法费洛特(G. Pfafferott)编:《均衡时代中的人:第一届舍勒思想国际研讨会论文集》(Studien zur Philosophie von Max Scheler. Internationales Max-Scheler-Colloquium „Der Mensch im Weltalter des Ausgleichs", Universität zu Köln 1993),弗莱堡/慕尼黑,1994 年。

它使得对那种受缚于视角的此在的超出以及对核心视角的视角性本身的论述成为可能——存在于何处？如果我们观察这样一个地点，我们就会获得这个问题的一个答案，就这个地点舍勒说道：这个地点就是由现象学还原开启的认识领域，[①]而这种还原自身就表明了这样一种特殊视角，在其中受缚于视角的此在在某种特定的意义上被超越了。

这种还原，按照舍勒给出的解释，扬弃了一切此在之受缚性以及与本能有机体的捆绑。总的来说，由此一切此在相对性的层级都被扬弃了，然而这也使得它们本身以这种方式凸显出来并且使得奠基于此在相对的构造中的作为关系的视角成为可见的。[②] 在自然的世界观和科学之中，人持立于诸存在相对性之中，而没有给出它们本身。还原扬弃了关联功能，由此关联本身成为可见的，自身成了一种被给予性。同样，在不同此在相对性层级中的被给予者的如在内容成了一种"绝对"被给予性，这是因为对其进行"相对化"的关系本身不再起作用了，而是自身作为如在规定性被给予(11.94，11.99)。这就是这样一种思路的粗略概要，它将舍勒引向非主体-相对的、先天的如在结构和价值结构的开端。

然而：严格说来，这个还原"仅仅"解除了一种特定的如在内容对

[①] 舍勒那里的现象学还原，参看阿维-拉勒芒："舍勒哲学中的现象学还原"(Die phänomenologische Reduktion in der Philosophie Max Schelers)，载古德(P. Good)编：《当代哲学事件中的马克斯·舍勒》(*Max Scheler im Gegenwartsgeschehen der Philosophie*)，伯尔尼/慕尼黑，1975年，第 159 - 178 页，以及"舍勒的现象概念与现象学经验的观念"(Schelers Phänomenbegriff und die Idee der phänomenologischen Erfahrung)，载 E. W. 奥特编：《现象概念的新进展》(Neuere Entwicklungen des Phänomenbegriffs)，弗莱堡/慕尼黑，1980 年，第 90 - 123 页；亨克曼(W. Henckmann)："舍勒哲学中的意向性问题"(Das Intentionalitätsproblem bei Scheler)，载《布伦塔诺研究》(*Brentano-Studien*)第 3 辑，1990/91 年，第 203 - 228 页。

[②] 参看舍勒的形而上学认识论和方法论的遗稿：11.78。

语境性的依附，这种语境性历史地促创了如在内容，并将如在内容本身呈现出来。在根本意义上，一切超出这种情形而实行的陈述都不再能够现象学地得到证明，而是归功于一种思辨，这种思辨尽管建立于现象学论断之上，但恰恰确是思辨地继续思考下去的。如果舍勒自己以这样的方式——如他在1928年的著作《哲学世界观》所言，那种内容成为了"跳板"，即"通向绝对之物的窗口"(9.80)——指出作为先天如在内容知识的现象学同形而上学之间的界限，那么在某种定理——它对现象学还原的结果加以利用并断定了一种"理智世界"和"价值王国"——的范围内，这会是完全合理的，但它不再是在现象学的意义上可证明的。为了那种定理的构建，现象学的成果已经被超越了，由此，一个跳板就已经在这里被使用了。

这里所涉及的难题是作为相即言说的难题而出现的；但是它指明了建基于其上的本体论位置的疑难，就此可以说：解释学-现象学的分析以可被分析的经验方式和体验方式为尺度，借此它以众所周知的方式试着去解决这个难题。在这个意义上，舍勒的现象学指明——至今还很少被注意——完全是解释学式的，尽管舍勒在对其结果的设想中并没有解释学地贯穿方法本身，而似乎只是从所抵达的终点那里将结果传达出来。舍勒的指明暗示出一种解释学，由此就澄清了这一点：对他而言先天性的陈述产生于体验之实行的视角；但由于他是从被穿过的终点那里做出陈述的，他就置身于一种——解释学看来——空乏的空间之中，相关于此，他的论说不再以现象学和解释学的方式被担保。与此相对，重要的是将现象学分析的结果思考为一种界限，由此出发在解释学策略的帮助下就能够有所陈述。

为什么在舍勒那里似乎暗地里产生出他并不接受而是予以忽视的解释学，这一点的原因可能就在于：舍勒并不只是——像胡塞尔的许多学生那样——对现象学和认识论问题的本体论问题做预先整理

(在海德格尔和英伽登那里情况也是如此)①；他同时——和早期海德格尔相对——还将那种超越论的范式相对化了，而且他并没有以其它方式对这两种措施进行阻拦。在这个过程中，某种程度上悲剧性的东西是，这种眼光——它以这种方式对于这些关联成了彻底自由的了，这些关联脱离了那种唯一的、肯定或隐含的超越论开端——重又被束缚起来了；②亦即，它只是在这种语言态度——它源于传统，而且并不符合事实性的，但本身又保持着沉默的现象学-解释学方式——之中找到了表达。

如果我在这里所简单提出的论点恰当的话，那么就有机会将舍勒的立场同那些首先是康德、胡塞尔和海德格尔的立场相对照，并同时将初看上去显得不相容的实事性的问题域彼此关联起来；这有利于检验舍勒所做出的简略规定，并对之予以继续思考和重新思考。对此，于我们而言舍勒对相对主义和普遍主义问题的回答就像是一个可能的出发点，只要这个答案不再定向于类似超越论主体或准超越论此在的单一例证，但也不陷入相对主义的立场之中。

（罗雨泽　译）

---

① 参看舍勒对作为"微观宇宙"——在其存在中"一切存在的本质世代……相遇相交"（《哲学世界观》[1928] 9.83 及 82）——的人的表述。

② 这里或许只会想到舍勒后期未竟著作《观念论与实在论》中所发展出的存在区域学说（9.194 - 196），想到他对只有通过抗阻才可被经验到的实在性的理解（例如9.208ff.），并因而想到他对观念论与实在论之间的论争所做的贡献。不同存在区域以及此在（相关于实在经验）和如在（相关于意义经验）之对立的出现一开始克服了——尽管存在着在其中包含着的、未被澄清的、本身必须被检验的哲学前提——那种对独一的基本原则的朝向。借助对舍勒哲学而言核心的"参与"概念，通过设置后近代的隐秘解释学开端以及同时追溯到古代哲学的分有思想，我们将会以值得注意的方式从后面抵达近代主体主义哲学。

自我与世界

——舍勒对自然世界观臆想特性的确定

舍勒通过指出自然世界观的臆想特性(Illusionscharakter)——它本来就有可能引起"欺罔"(Täuschungen)——确定了自然世界观的结构。不过,"欺罔"并不因此就得被贬低——就是说——被描画成无非是一种本原行为的私人样式。对于舍勒来说,一定意义上的自然世界观的臆想特性是免不了的,而且这种必然性不仅是一个"最先并尤其是"形成的必要阶段,而且是要克服的阶段。如此一来,这样一种贬低便得以防止。

下面我试图去解释和讨论,舍勒从其思想的中期阶段开始直到晚期的著作,如何描述自然世界观的臆想特性的各种表现;由此指出,舍勒对这种特性的规定,如何也打开了一个进入他的世界概念(Weltbegriff)的入口。

首先,我们回顾一下舍勒所谈论的这个自然世界的基本结构,由此指出,这个基本结构如何通过自然世界观的欺罔形式,具体地表现出来。

一、自然世界观的基本结构

舍勒在使用"世界观"这个词的时候,联系到的是威廉·冯·洪堡。① "世界观"意味着——对舍勒也如此——"'直观世界'当其时

---

① 参见《舍勒全集》(本文后面简称《全集》)第5卷,第76页;也参见第3卷,第126页注1。

的诸事实形式",意味着从直观和价值感受中得到的被给予性而且"就社会整体性来说"的诸划分形式(民族、国家、文化圈[Völker, Nationen, Kulturkreise])(《全集》第 5 卷,第 76 页)。① 由此看出,舍勒是在多种意义上使用"世界观"的。与此相应,他虽然也区分"绝对的自然世界观"和"相对的自然世界观",②但是这种区分显然只是为了这样一种目的,即由此说明现实中并没有一个"绝对恒常的自然世界观"(《全集》第 8 卷,第 61 页);但确实有另一个准则,以便对实际上的世界观的结构形成进行分析。由此说来,"绝对的自然世界观"只是一个加了引号的"常量"(比较《全集》第 6 卷,第 15 页),就是说,是理论抽象的产物,试图揭示自然世界观的共同特征。在这个意义上,舍勒的看法也说明,"绝对一个的"自然世界观只是一个"极限概念"(《全集》第 8 卷,第 61 页),并非强调一个理想的边界,而是突出哲学的知识社会学的任务,即突出一种与多样自然世界观相关却又是不变的意义持存(Sinnbestand)。这种(通过抽象而获得的)意义持存,也许因此可以叫作"绝对的"。好比说,他通过比较每一个具体的自然世界观,从而指出这样一种东西,即自然世界观在单个情况下事实上并没有这样给出,然而作为这样一种自然世界观确实造成这种东西。当舍勒在单个情况下谈论"自然世界观"时,他通常突出的就是这种自然世界观不变的东西。③

---

① 1909 年在讲座手稿"历史科学之基础"中已经这样说:"按我的理解,属于'世界观'的有……某种没有表达出来的思维、感受、意愿,更确切地说,是那种描述把握所有事物的一系列确定的方向和结构的东西,而不是被确定的直观的或被思维的内容,因为这些内容在某种世界观之内还能够继续改变。"(《全集》第 13 卷,第 237 页)
② 相对的自然世界观是一种"绝对自然世界观加上活生生的真正传统的复合物"(《全集》第 6 卷,第 15 页)。
③ 根据舍勒,作为这样的自然世界观还包括,它一向在每个自己的具体表现中给出"绝对的认识"(《全集》第 11 卷,第 47 页;"形而上学")。此外,舍勒确定自然世界观对象那些相对的存在阶段(《全集》第 11 卷,第 48 页)。

二、自然世界观的臆想特性

通过对这种不变东西的分析,自然世界观的臆想特性便在我们眼前显露出来。舍勒总是对这种不变的东西有新的说法,从诸多方面把握它,而没有系统地解释过它。但是,通过看似散乱的论述,我们还是能够勾勒出成体系的思想,它在这里应该预先一步步地加以探明。

作为随后观察的主线,应该说,自然世界观的臆想特性耐人寻味地涉及自我与世界的关系。顺理成章地,舍勒改用"自我中心论"(Egozentrismus)和"人类中心论"(Anthropozentrismus)这样的概念来表达。《同情的本质和形式》这样说:"根据自我中心论我这样来理解臆想,它把本己'周遭世界'作为'世界'本身来把握,即作为'世界'的本己周遭世界的臆想被给予性"(《全集》第7卷,第69页;也参见第5卷,第87页)。这指的并不是本己世界观的意义内涵的唯一优先性,而是指将这些意义内涵分别认作有效的那种体验的优先地位:这样一种经验世界的生活,是从这种体验开始,又往回走向它本身。因此,关于自然世界观的自我中心论的说法,终归是这样的事实:自然世界观的自我本身与世界有关联;同时还说明,与世界本身的关系,在结构上一定是不同于它通过自然世界观而一般有可能与自我中心主义的周遭世界所发生的关系。

舍勒明白,这种自我中心的基本结构会转变为唯我论,因为它以不同于自我本身的方式来把握实在:尽管自然世界观的自我把其他人宣布为此在,但这里的此在却是一个"被遮蔽者",是一个相对地被置于本己自我之上的此在;自然世界观的自我,对舍勒而言,因而是相对的唯我论者(《全集》第 7 卷,第 69 页)。① 正如舍勒自己清楚地解释那样,这并不表明是主观-唯心论的(他人由此只是表象),而是说,他人的真实存在与作为绝对者的本己的真实存在相关,与后者不可以相提并论(参见《全集》第 7 卷,第 69 页及后页)。

自然世界观表现为一种人类中心论的世界观,指明自己的"此在相对性"(Daseinsrelativität)的不同阶段,就是说,指明自己的承担者的真实所在。

舍勒通过"此在相对"指出这样的事实关系(Sachverhalt),即某个参与另一个存在者的此在的存在者是相对的(参见《全集》第 9 卷,第 196 页)。对于舍勒来说,自然世界观的人类中心论由此得以奠基,即周遭世界的存在相对依赖"人的生物学上的特殊器官"(《全集》第 5 卷,第 88 页),就是说,依赖作为"生命机体"、作为一个心理物理的存在者(《全集》第 11 卷,第 48 页)。因此,这种相对存在本身告诉我们,这些自然世界观的主体只是在一个确定方向上,接受世界的应然存在的内容(Soseinsgehalt);就是说,此时这个内容适合它的特别器官,对于最迫切的生命需要来说是具有意义的,正如舍勒已经在自己 1908/1909 年的生物学讲座所描述的那样(参见《全集》第 14 卷,第 293 页及后页)。② 应然存在以此种方式并不作为这样的东西被接受,即并不在其直观的内容中被接受,就此而言,它仅仅表现为人总是对之产生兴趣的那些事物的符号(参见《全集》第 14 卷,第 293 页)。这里,符号指的只是事实和代理作用的方式,使自然世界观中

---

① 舍勒也在这种关联中谈论"自我论"(Egoismus)(《全集》第 7 卷,第 69 页;第 2 卷,第 250 页;第 3 卷,第 263 页)和"自主性爱论"(Autoerotismus)(《全集》第 7 卷,第 69 页)。

② 对于舍勒来说,自然世界观的这种"方向定则"(Richtungsgesetz)使得以机械观点看世界变得理想化和绝对化(《全集》第 14 卷,第 294、299 页;关于自然世界观的"隐力学"[Kryptomechanik],见《全集》第 3 卷,第 272 页;也见第 7 卷,第 133 页;第 8 卷,第 258 页)。

的应然存在的实现囿于兴趣而与事物发生的关系。① 舍勒已经在这个早期的讲座中预先提供材料,由此那种在自然的世界把握中存在着的为了某事而做某事(Um-zu)的指引关系(Verweisungszusammenhang)得以被把握:世界内容的重要性根据其合乎目的性而调整;兴趣针对的并非合乎目的性本身,而只是有意图地针对它,为了使它起作用;而且,通过这种为了某事而做某事,相关主体的展开结构表明它的组织形式。所以,为了某事而做某事的指引(Um-zu-Verweisung),最终往回涉及自然世界观的主体存在,正如反过来在其指引结构(Verweisungsstruktur)方式中所表明的那样。②

舍勒清楚看到,对于自然世界观确定的相对存在阶段来说,不仅与每一单个被给予性的关系是一个标示(Index),而且那张关系网本身也是一个标示。同样,在1908/1909年的讲座中,他已经指出,在自然世界观中占主导的倾向是偏爱认识诸事实状态(Tatbestände),只要它们是关于"同一性和相似性关系"的"承担者或根基"(《全集》第14卷,第295页);之后的不到二十年,他在关于自己的形而上学设计中注意到,对于自然世界观来说,诸对象实际上只是"在自己的关系规定性中,作为对我们出于本能而渴求的抵抗",同样,在其作为人的特殊组织的相互适应而起作用的关系规定性中也如此(参见《全集》第11卷,第96页)。

然而,自然世界观的这个存在阶段恰好由此才成为人类中心论

---

① 根据"关于三种事实的学说",舍勒解释说,自然世界观的事实分有科学事实的特征,只是通过"象征"间接地被给予(《全集》第10卷,第457页)。

② 因此,它是一个当其时的在先决定(Vorentscheidung),不管直观和直观相关物的可能性是否是一种纯粹合乎目的性的派生物(正如在海德格尔那里一样),或者是否不依赖于合乎目的性(就如舍勒那样)。总而言之,应然存在和它在舍勒意义上的相即把握,并非与作为私人东西的方便上手(Vorhandenheit)的结构一样有重要意义,因为后者的指明已经在(本身不会再次被显示出来的)解释学观察方式的前提下被处理。

的,即它被绝对化,由此自我中心论的基本态度才成为这个阶段的事实。因为如果这在于事实上自然世界观把自己的周遭世界的存在与世界本身合而为一,如果这种周遭世界的存在相应于人类的特殊组织,那么,世界根本上(Welt-überhaupt)就保持人化世界的意义。这个只是相对把握世界的绝对化,把如此把握的世界定点,安放在一个"根据此在相对性的阶段等列的错误位置上"(《全集》第11卷,第110页)。舍勒把这种此在相对性的置立,说成是"欺罔",而且是"形而上学的欺罔";又把其对象相关,说成是"形而上学的幻象"(metaphysisches Phantom)(同上;《全集》第9卷,第199页;第10卷,第409页)。这种欺罔是形而上学的,因为形而上学与绝对化相关联;而且这是一种欺罔,因为自然世界观在一种此在相对性中发现自己的绝对东西。在舍勒看来,"形而上学的欺罔"因而一般地表明,那些涉及特定世界地点的主体,首先就造成某个对象域的绝对化,而这个对象域并非属于这种绝对性。在这点上,形而上学的东西关涉的只是诸如此类的绝对化(参见《全集》第10卷,第217页注),而且,欺罔涉及这样一个事实:相对的东西对于正在把握的行为来说,表现为某种绝对的东西。①

在1911年"自身认识之偶像"一文中,舍勒把"欺罔"规定为某种正在呈现的事态,不自觉地②迁移到"某个存在层面,迁移到它并不属于的那个层面"(《全集》第3卷,第224页)。与此相对,错误涉及判断所指的事态与它在直观中形成的关系;与错误相反,欺罔是前逻

---

① 在舍勒看来,与此相对,"认识论的欺罔"关系到臆测行为(Vermeinen),它也许自身被给予某种只能非相即地被给予的东西;而且,"日常的"欺罔关系到某种被给予的对象的充实(Fuelle)(《全集》第10卷,第409页)。

② "'造出对于某种东西来说的呈现',而呈现出的不是这种东西"(《全集》第3卷,第226页)。

辑的,完全处于直观范围中(《全集》第3卷,第225页)。

自然世界观的形而上学的基本欺罔,与欺罔的形式规定相匹配:这确实就是某种正在呈现的东西,移置到一个异于它的存在层面——虽然这个层面是一个相对的层面:只是为人类特殊组织所被给予的层面;处于一个绝对的位置上:一个世界应然存在充实(Soseinsfuelle)的绝对位置。这种自然世界观的形而上学的基本欺罔,与它的自我中心论的臆想特性并非同一回事。相反,后者因而是一种在先的条件,即相对的世界位置的被给予,呈现为某种绝对的东西:因为,没有自我的自然中心位置——世界与自我周遭世界的认同——,正如所指出那样,就不会有一种把握世界的人类学化;而且,如果在作为生命体的人类特殊组织中的人-世界的绝对化是形而上学的欺罔,那么,没有自我中心论的臆想,也许就不会有对恰好这种欺罔而言的"经验基础";没有对回观周遭世界性的界限本身进行统觉,就不会有正在与周遭世界相遇的存在者。

所以,对于舍勒来说,一种形而上学的欺罔不仅是在人类中心论规定中锁定的绝对化,而且涉及自然世界观的全部形而上学内涵——它们尽管是"最终的本质"(《全集》第10卷,第218页),却被规定为绝对真实存在的东西。它们是作为对实在有效的,然而却是不被看透的迷惑的"幻象";它们是"偶像"(《全集》第10卷,第228页),或者如舍勒一次阅读易卜生后所说的那样,是"时代的幽灵"(《全集》第10卷,第229页注)。在舍勒看来,已经提及的唯我论态度的臆想,相应地也意味着形而上学的欺罔,然而它仍然恰好要与这种臆想区分开来。如果说,臆想在于把他者扯上本己存在以及兴趣范围的话,那么,欺罔则是在这种扯上的关系中,看到他者的绝对实在性(《全集》第7卷,第70页)。正是在这里,欺罔也通过以下方式而产生,就是说,他者被移到某个存在层面上,"移到它不属于的那个层面上":这种欺罔与我相关,而且是形而上学的,因为自然的态度把这种转移看成是理所当然的"他者的最后的和绝对的实在性"(同上)。

在"自身认识之偶像"一文中,舍勒想指出内知觉(inneren Wahrnehmung)和自身知觉(Selbstwahrnehmung)的欺罔倾向。在其中,他在爱好中发现的主要的欺罔方向,把源于外在世界的东西转到灵魂世界中(《全集》第 3 卷,第 257 页及以后各页):这种具有自然倾向的态度,基本上是把他者理解为像它自己那样的东西。因此,在自然态度中具有这样的倾向,把时间空间形式以及因果结构,转换为灵魂的多样性(《全集》第 3 卷,第 267 页及以后各页);同样,"语言传统的力量"在本己的心理中,首先并不是让人看到"体验现象本身",而是相反,让人看到"这种通过共同体语言传统的诸解释"(《全集》第 3 卷,第 283 页及后页)。① 这里,舍勒把其说成是欺罔出现的那种形式条件也实现了:某种呈现着的事态向一种存在层面的转移,转移到它并不属于——也就是说它原本不是从那里出来——的层面。

这样一来,外在范围的结构和与料转移到内在范围的倾向不是与这样的断定——自然世界观通过自我中心论的基本特征得以刻画——发生矛盾吗?某种自我中心论态度的提出,也许需要假定说,自我的合法性更是与其世界一起被解释的,而不是相反。②

两种说法很可能是相辅相成的,没错,它们甚至就处在相互依赖的关系中。自然世界观的自我中心,在这里也表明是可能性的一个条件,由此作为这样的条件,自然的世俗生活本身首先并不是从自

---

① 语言"处在外部世界语言的首要位置上"(《全集》第 3 卷,第 257、269 页)。
② 这种倾向在舍勒那里的持守更少得多,并且不符合其基本的爱好(《全集》第 3 卷,第 257 页)。

身、不是在与自身的关系中得以理解。① 因为,唯有某种自我中心论的基本倾向的存在能够解释清楚,世俗生活如何由此根本上使外部与料与自己整合一起。首先,一定预先存在一种关系范围,它给出有所关联的方向;其次,这个范围一定拥有一种正在同一化的力量,把异己者不仅拉向自己,而且转换成本己者,的确本己者由此才全然保留各种内涵。自然态度的自我中心,也许作为根本的结构而归入这个特别的范围,这个范围由于一种陌生的与料而只能朝收编的(内收的和同化的)方向运动。

于是,自我中心的基本特征才由此清楚表明,转换为何恰好不是被接受为那种自在地是自身的东西,而且不是在它之内被把握,在那里它占有自己本来的位置;对异己与料(Fremddaten)的接受和收编重新加强自我中心的倾向:那种通过它自身得以可能的接受和收编的结果,加强了它们的臆想,使对于整体的本己周边得以被把握,就是说,使他者事实上为自己而自身确定的实在性得以被把握。如果是这样的话,舍勒也可以在这种倾向中发现,自然的基础同样支持对于他来说是不恰当地强调内知觉明证性的哲学观点(《全集》第 3 卷,第 215 页)。这种明证性的优势不仅与以下事实相矛盾,即自然的世俗生活本身首先从外部开始理解;而且它让自己从这种欺罔开始理解自身:只是由此,从异己与料转换到本己的东西不会违背自我中心论的基本特征,相反以它为前提,而且只是由此,根据这种自我中心通过转换,他者恰好不会作为这样的他者被假定,对通过这种转换被给予的有效性以及它的被给予方式的有效性的怀疑才根本上能够形成。然后,本己所谓的明证性长处,只不过是对刚好相对于自己的原

---

① 自我中心论的态度也与像自己本身那样的别人有关,正如舍勒向自我论者挑明的那样:这个人的确将目光投向别人那里,他只是不回观自己(《全集》第 3 卷,第 263 页注)。

本世界统觉（Weltapperzeption）的非本己性（Uneigentlichkeit）的反应而已。①

舍勒认为——正如他观察到的那样——空间时间形式是自然的世界把握从物理世界得到的基本与料。② 在他的形而上学研究手记中，舍勒把"作为独立可变体的绝对空间时间的空洞形式"，叫作"幻象"（《全集》第11卷，第48页）。然而，空间时间并不因为它们的形式结构被移置到心灵方面来而成为幻象。它们自身是幻象，在舍勒看来，它们是与本己的确定以及特殊欺罔的相关东西。首先，那个因此被带出的任务也就要表明这种区别：一方面是至此所谈论的这样的欺罔，另一方面是空间时间也应该算入的幻象特征；其次要弄清楚这种情况：作为空间时间的幻象就自己而言成为一种欺罔的基础，由此空间时间的形式被转移到一个它们并不相符的领域——心灵的领域。对这个问题的回答，可以从舍勒援引的概念中看出端倪：空间时间在"人为的虚构"（kuenstlichen Fikta）的意义上是幻象（同上）。但是，如果它们是虚构的话，那么它们的处所点就是主体性。这与如下说法发生矛盾，主体首先从物理的自然中得出空间时间的形式。这个矛盾如何解决？

舍勒晚年作品第三部分《观念论与实在论》的第一章"与空间时间关系中的实在性"，包含与此适应的材料，有助于解决上面提到的两重性问题。在1928年的《哲学世界观》中，与康德一致，舍勒也注

---

① 这只涉及内知觉的明证性的长处，如果它与某个存在论题（观念论与实在论问题）相联的话。舍勒观察到欺罔向相反方向形成的情况，就是说，内知觉的事实被转移到物理的自然对象，作为"病理学的呈现"（《全集》第3卷，第257页），即这样一种损伤性的体验——正常的欺罔倾向成了问题而促成那种反应。

② 值得强调的是，这里涉及的是作为与人类体验相关的时间，不是"绝对的时间"，因为，舍勒把"绝对的时间"作为"世界有机体的生命时间和生命延续"加以论题化，即在自己形而上学框架内处理"上帝肉身化的生成形式"（《全集》第11卷，第145页）。

意到,对空间时间的直观并非来自感觉内容(Empfindungsinhalten),而是早前发生的作为"预先构思和图式"的整个感官方面的可经验行为(《全集》第9卷,第77页及后页);然而,舍勒与康德不同的地方在于,"作为空间时间事实上属于的所有运动变化可能性的整体",服从"只是我们支配实在东西的意志"(《全集》第9卷,第78页)。① 刚刚所说的《观念论与实在论》的那一章就是探究这种运动变化可能性的根源。

在这一章里,舍勒试图指出对于空间时间来说的一种"部分同一的原体验(identisches Urerlebnis)",由此空间时间应该从更替、运动和变化中被推导出来(《全集》第9卷,第231页)。这种原体验或"核心体验"(Kernerlebnis)——正如舍勒也称呼它的那样——是一种特别方式的本能追求(《全集》第9卷,第227页),一种特殊能力的体验——因着空间性,体验便产生诸运动(引起自身运动的能力)(《全集》第9卷,第218页);因着时间性,就有可能具有自身变化(《全集》第9卷,第227页)。

这种由本能所确定的渴望运动变化的能力——舍勒也如此——带来"少见的奇迹,自然世界观的罕见的虚构":就是说,"一种确定的非存在"看来预先就是"完全实证的存在确定(Seinsbestimmten)",正如一种起奠基作用的存在那样(《全集》第9卷,第220页):空间时间的空洞形式。与此相关,舍勒从两个方面阐明空间性的这种虚构特征:一方面,通过在"出窍的"(ekstatisch)(不与我相关的)期待中

---

① 对空间时间的本源造出,即"空间性"和"时间性"(空间性是"那种使每个以某种方式形成的空间成为一个空间的东西"[《全集》第9卷,第216页])指示出,对舍勒来说,空间性与时间性一样是活动形式(Taetigkeitsformen),只要它们成为直观形式(《全集》第9卷,第228页)。因此,那种在"被活生生体验到的对设想的安排"(同上)中开启的东西,就是被叫作"后来的……,将来"的东西(《全集》第9卷,第228页)。

对运动现象的把握,某个范围被预先勾画并由此被绝对化,就是说,它已经包含运动可能的未来地点(《全集》第 9 卷,第 222 页);另一方面,在运动过程中物形和背景的关系如此地绝对化,仿佛存在某种"独一无二的正停顿下来的背景"(同上)。舍勒把这种出窍地预先勾画好的东西和在背景上被固定的东西,叫作"被过度注意的东西"(Uebermerkte),而且,这种东西也许是"空洞"的现象。它也许是虚构,因为它如此地把那事实上一直不过是相对的空洞(作为对某物的空洞)绝对化,即它使诸事物以及它们的延展得以被预先给予(《全集》第 9 卷,第 223 页)。那种被过度注意的东西,作为对现实运动或自身变化的过度看重——正如舍勒自己的论点所说那样——起因于这样的情况:那种造成运动和自身变化的核心体验,本身就是一种不满足的体验(《全集》第 9 卷,第 219 页);它因此只存在于这样的情况——那种得不到满足的要求压倒已经得到满足的要求(《全集》第 9 卷,第 224 页)。①

迄今为止,空间时间的空洞形式只是作为个人体验的产生图式的"周遭世界性"(Umweltlichkeit)——舍勒说的是"'反复体验'的图式"(《全集》第 9 卷,第 226 页)——得以考量。因而舍勒在第二步上指出了,这种周遭世界体验的诸图式如何经历了某种客观化。这种客观化的建立在于,本能的举动遭遇抵抗;那些抵抗着的实体通过自己的关系得以经验,因此勾画出某种客观的游戏空间(Spielraum),使得在其中确立相互作用的效果可能性和运动可能性的位置。又由此在这个过程中,由于这样的转让,空间图式不再依赖个别

---

① "根据自发运动,一种本能渴望的不满足和未充实的体验"(《全集》第 9 卷,第 219 页);"根据自身变化,人类永远无法实现的本能渴望的过度看重"(《全集》第 9 卷,第 230 页)。这种过度看重的程度——正如舍勒所断定的那样——在文化上是可变的(参见《全集》第 9 卷,第 223 页)。

人形成空间性的原体验的对象化:"那个相对地依赖有机器官的'周遭世界'空间,现在成了'世界'空间……"(《全集》第 9 卷,第 226 页)。类似地,那种针对追求自身变化的抵抗体验,导向这种时间性的客观化,由此说明"事物变化的可能存在"(《全集》第 9 卷,第 232 页,另参见第 233 页)。

这种两步走,从核心体验——由此在作为活动形式的空间性和时间性中,空间时间的空洞形式得以形成——到空间时间的客观化,描述出属于主体的转让过程。① 不同于胡塞尔,舍勒通过在这里所提及的文本中的客观空间的建立,考虑的不是如何表达出(expressis verbis)他人的在场。相反,在场仍然"插入在内部";因为,某个本源体验所经验的抵抗,能够而且必须也被看成是这样一些从我的体验产生的他人的抵抗。此外,根据舍勒的看法,抵抗即克制激发出一种反应方面的简单方式。然而,某种最初的反应并非在空间时间的客观化中——就是说,那种我在自己的运动变化本身中曾一度"出窍的""我的"原体验,现在对于我而言变得可见了,而且遭遇在外部的我——那个通过这种客观化本身才被造出的外部,而且那个作为共同参与的激发者的他人就在外部那里。不是这样吗?还有,我自身不是被安置在这个外部中,并由此才得知对于自己来说具有意义的东西吗?舍勒对此的回答是显而易见的,因为他把空间时间的客观化过程,说成是通过世界空间而与机体器官发生联系的周遭世界空间的交替。但是,这其实只是某种替换(Abloesung)吗?或者相反

---

① 这里显然与米歇尔·亨利(Michel Henry)的著作类似,因为它谈论的恰好是,本源的自身情感性(Selbstaffektivitaet)才预先勾画出自己的时间界域和世界界域。参见例如米歇尔·亨利:《"我就是真理":论一种基督教哲学》("*Ich bin die Wahrheit.*" *Für eine Philosophie des Christentums*)的第一章,由屈恩(R. Kühn)从法文翻译(弗莱堡/慕尼黑,1997 年)。

不也是一种掩盖（Ueberdeckung）吗？某种替换就它作为实践-活动的体验来说，现在与客观的世界联系起来了；不过，体验本身并非在世界中消解：按照舍勒的看法，如果客观的空间和时间是已被对象化的虚构，那么，体验仍然作为——如果也是被掩盖的话——那种自在地是纯粹的能力。客观化过程比只是空间时间形式的移出（Hinausverlagerung）更广；它自己反过来造成某个本身正在体验的主体性的虚假张力关系，因为这个主体性自己已经"同时"转让了，而且本来就是通过外部世界开始理解的。

因此，空间时间虚构的对象化开出这样一个过程，通过它自己的一个更进一步的欺罔要素便构造出来，而这个要素已经在自我中心论的语境中见出。如果自我中心论自身在由于自己才被打开的范围内是一种运动形式，那么，这个范围就自己而言也以某种开放的存在为前提。而且，这种开放存在的基础显然在空间时间的对象化中。因为，这种对象化使某种非相关的东西（Nicht-Zusammengehoeriges）匹配起来：那种本己-体验行为（das Eigen-Erleben）和那种从它开始勾画出来的客观性的虚构（那一个在被对象化的虚构的意义上所是的欺罔-世界）。现在，最先制造欺罔的行为（Täuschungsakt）具有这种匹配的作用，而且根据这个匹配，自然世界观把那个只是本己的周遭世界的存在与世界同一起来，成为自我中心论的。因而，自我中心是这样一种运动，它在随后制造欺罔的行为中，把勾画出来的世界与世界自身合而为一，并且往回与自己关联起来。这也就是说，如果自然世界观本身本来就是从外部世界开始理解，那么，它自己就从这种作为世界自身的被对象化世界的混合中得以理解，而这种世界自身作为混合物，同时在自然态度的主体性中具有自己的根源。

因此，我们置身于这样的境地，以回答上面提出来的两个问题：空间时间的幻象如何与舍勒提出来的另一个欺罔相联？此外，如何得以理解,自然的世界把握也从空间时间的形式——其空洞形式自身应该是主体的根源——推知外部世界?让我们首先尝试给出对第二个问题的回答。那种由关涉到外部世界的空间时间形式的自然世界观所推知的东西,恰好并非全等同于人为的虚构,即主体来源的空间时间的空洞形式。自然的世界把握推知已经被外在化的——就是说——被客观化的空间时间形式。它由此也推知这样一种东西,这种东西本身虽然是本源核心体验形式对象化的产物,却不与这个体验相匹配;但很可能通过自然的世界把握本身,它的自我中心论的基本特征才得以被认同。如果空间性和时间性的核心体验的对象化,通过在空间时间客观形式创立中的外部世界的建立,意味着一种最先的转让,那么,这种转让产物的获取,以及它的转让到心灵、同时它的客观化并因此描述了第二个转让。

但是,由此也表明,而且这点回答第一个问题:空间时间空洞形式的幻象是如原幻象(Ur-Phantom)那样的某种东西;从谱系学角度说,所有其它欺罔方式都从它生出,即是说,这种本源形式的客观化以及从自我中心出发对世界的把握,还有在这种对象化和自我中心基础上的倾向——自身本来就是从外部世界开始加以理解,而且把自己的形式结构转移到心灵方面来。

通过返回到这种谱系学,乍一看仿佛出现棘手的困难或者说不可能对有关的欺罔在事实上加以解决。就谱系学上最近的,即"最年轻的"阶段而言,那种在一定意义上(对于舍勒来说在理论的框架内,根据一种作为体验的现象学心理学的现象学,或者事实上通过应用心理学)可充实地呈现出心灵-主体的正在客观化的空间化和时间化的东西,本身对于这里指出的谱系学的第一阶段——关于空间时间的艺术虚构——来说,似乎是不可能的。然而,恰好由此使舍勒确信,这些虚构将能够解决。依他看来,这种东西仿佛是名副其实的同感(Mitfuehlen)，能够消解自我中心论的基本特征；而就空间时间来说，它在舍勒的意义上是现象学还原，事实上取消真实东西的抵抗，由此作为空间时间客观化的条件。但是，在核心体验情况下如何仍然预先存在客观化？那种原主体性的空洞的空间和时间，似乎也由于舍勒的还原，不再可能被涉及，而只是就此而言去"达到"，即它作为客观化的前提而被注意。这后一种只是更多注意所获得的东西——这种最先的欺罔——在所说的情景中，如此而成为一个囚笼，其栅条虽为人所发觉，却没有从之逃逸的可能。这看来并不是这么一个地方，在那里——根据舍勒的看法——有限的东西在其有限性中需要追问。

(张宪 译)

阻力与操心

——舍勒对海德格尔的回应以及一种新此在现象学的可能性

众所周知,舍勒是海德格尔《存在与时间》的最初读者之一。海德格尔本人把舍勒视为理解了其思想之新开端的少数人中的一员。[①] 1976年,在《舍勒全集》第9卷中,编者弗林斯公布了三个直到那时还未发表过的文本,它们记录了舍勒与海德格尔首部代表作的争辩。第一个是名为"情绪的实在性问题"的文本残篇(GW 9,254 - 293),然后是被冠名为"来自讨论《存在与时间》的小型手稿"的附注(同上,294 - 304),这些附注是编者从舍勒的笔记簿中汇聚起来的;第三个文本取自舍勒在《存在与时间》自用书上写下的边注(同上,305 - 340)。

前两个文献围绕的中心点是海德格尔对此在、对操心特征之规定所作的分析论。它们同样涉及到了舍勒本己哲思活动的核心部分;并非偶然地,舍勒曾想把它们附加到他的那个始终作为残篇而存在的研究即《观念论与实在论》上去。[②] 舍勒感到自己受到了海德格尔在《存在与时间》中所提出的批评的挑战,并且撰写了这两个文本

[①] 参见弗林斯:"编者后记",载于马克斯·舍勒:《晚期著作集》(*Späte Schriften*),《全集》(*Gesammelten Werke*)第9卷,伯尔尼/慕尼黑,1976年,第362页。——这一卷在下文中引用时将以缩写符号"GW"以及随后的卷数和页码来表示。来自海德格尔《存在与时间》(*Sein und Zeit*,《全集》[*Gesamtausgabe*]第2卷,F.-W. 冯·海尔曼编,美因河畔法兰克福,1977年)的引文将用缩写符号"SZ"来注明。

[②] 这一研究的残篇同样在 GW 9 中得到了重建(第183 - 241页)。

作为对海德格尔之批评的回应。对于传统的那种关于观念论和实在论的辩论,舍勒和海德格尔一样都采取了否定立场,[①]并且都以同一种策略——在更具奠基性的结构中指出该辩论的那个未被关注的奠基——来试图证明这种辩论的徒劳性:海德格尔凭借的是他对此在之操心特征的筹划,舍勒凭借的是一种指示,对阻力性之体验中的实在性之被给予存在的指示。二人虽然在对"实在论与观念论非此即彼之选择"的拒斥上立场是一致的,但他们在方式上即在他们如何论证这种拒斥的问题上并不一致。然而,舍勒的这些文本的目标并不仅仅在于对海德格尔的阐述展开批判。虽然它们有残篇之特征,但它们还是可以被这样解读的,即,伴随着这些文本,对人之生存的另一种"基础存在论"——不同于海德格尔所拟定的基础存在论——的构思以轮廓性的方式呈现出来了。

接下来首先应被回忆起来的是《存在与时间》第四十三节的诸主题,舍勒主要关涉的就是这些主题(一)。紧接着,舍勒对海德格尔之

[①] 1930 年前后,在现象学语境中发生了一场关于观念论和实在论之关系的辩论,除舍勒和海德格尔之外,胡塞尔本人(《笛卡尔式的沉思》[1931 年],海牙,1950 年,第 41 节)、泰奥多尔·塞尔姆斯(Theodor Celms)("胡塞尔的现象学的观念论"[Der phänomenologische Idealismus Husserls][1928 年],载于《胡塞尔的现象学的观念论及其它著作:1928-1943 年》[Der phänomenologische Idealismus Husserls und andere Schriften 1928-1943],罗森瓦尔德斯[J. Rozenvalds]编,美因河畔法兰克福及其它城市,1993 年,第 31-199 页)、罗曼·英伽登(Roman Ingarden)("对'观念论与实在论'问题的评论"[Bemerkungen zum Problem "Idealismus-Realismus"],载于《胡塞尔七十寿辰纪念文集》[Festschrift. Edmund Husserl zum 70. Geburtstag gewidmet],萨勒河畔哈勒,1929 年,第 159-190 页)以及埃迪·施泰因(Edith Stein)("关于先验观念论的按语"[Exkurs über den transzendentalen Idealismus],载于《潜能与行为》[Potenz und Akt][1931 年],《施泰因全集》第 10 卷,塞普[H. R. Sepp]编,弗莱堡/巴塞尔/维也纳,2005 年)也都参与了这场辩论。也可参见拙文:"施泰因在观念论与实在论之争中的立场"(Edith Steins Position in der Idealismus-Realismus-Debatte),载于贝克曼(B. Beckmann)和格尔-法尔科维茨(H.-B. Gerl-Falkovitz)编:《埃迪·施泰因:主题-关联-文献》(Edith Stein. Themen-Bezüge-Dokumente),维尔茨堡,2003 年,第 13-23 页(该文已收入本文集——编者注)。

回应的系统性的语境关联,应该以舍勒的批判点为导线而得到重建(二)。这一举措也让那些包含在舍勒之开端中的可能性变得清晰起来了,正是它们使得对一种此在分析论的构思有了选择之可能,而这种构思必须在一些分散的研究中得到实质性的发展。

一、海德格尔:此在、世界性、实在性

在《存在与时间》第四十一节中,海德格尔用"操心"(Sorge)这存在论-生存论的概念规定了"此在的存在论结构整体的形式上之生存论的整体性"(SZ,256)。第四十二节分得的任务是,借助于"对此在的前存在论的自身阐释"来证明那种把此在释为操心的解释。众所周知,为了这个目的,海德格尔援引了海基努斯的操心女神寓言。就连第四十三节也追踪着一种保证之功用:在该节中事关宏旨的应是"着眼于追问存在之意义的主导问题以及对此问题的加工呈现"来确保迄今为止的成果(SZ,265)。此节的标题被命名为"此在、世界性和实在性",海德格尔在这一节中以下述断定为出发点,即,"对存在之意义的追问"是以对存在的领会为前提的(SZ,266;参见 § 5)。指示人们去关注传统存在论的存在领会的这一指示乃是这样一个位置,实在性的疑难机制正是在这个位置中运作起来的:那一传统,在具有奠基性作用的实体性之规定中去把握存在的那一传统,意味着:"存在获得了实在性的意义。"(同上)

下述证据应被提出来:把存在规定为一种实在的东西并且将这种实在的东西规定为一种实体性的东西,这种规定不是什么源始的规定,而是一种有根据的规定。在这一意图的开端处,海德格尔援引了先前遇见过的那一论断,即,领会着存在的此在作为"首先和通常为其世界而昏沉恍惚"的此在(SZ,152)是在沉沦的存在方式中生存

的。沉沦有两层意思：其一，此在在存在者层次上定向于世内之物；其二，此在在存在论意义上越过了首先上手之物的存在并把这种存在者把握为"现成在手的物之关联（res[物]）（同上）。在海德格尔看来，这种把存在规定为实在性的存在论规定，就其自身而言乃是奠基于两个并未得到进一步探问的前提中：首先是这一前提，即，那种与实在者之指明相应的理解方式在"直观着的认知活动"中被发现了，其次（因而不可避免地）是这一前提，即，在认知者和应被认知者之间的那种关系得到了彰显：对实在性的指明因而被置为"外在世界"之既有存在的问题，亦即被置为这一问题——外在世界在何种程度上"自在地""独立于认知着的意识"。海德格尔因而指出，与之相应地，在对实在性的传统的、存在论的分析中，始终存在着一种二重性的不清晰之物——其一是认知者的存在方式，其二是，对认知活动的援引是否在根本上适宜于实现所提出的任务（参见 SZ,268）。

只要实在性问题被回引到追问认知者之存在方式和认知活动本身之存在方式的双重问题中去了，海德格尔就能够联系《存在与时间》之前的分析（参见 SZ,79-80）做出这样的断定：认知活动是"一种有根据的通达实在者的方式"，这一方式把问题回置给了"此在的基本机制，在世界中存在"（SZ,268）。因此实在的东西在存在者层次上是作为世内存在者而可通达的，这种通达本身在存在论意义上则奠基于"在世界中存在"，后者具有"更为源始的操心的存在机制"（同上）。倘若"在世界中存在"的存在论结构构成了下述事情的前提，即实在者能够根本地与此在照面，则实在者——正如海德格尔所推断的那样——"只有依据于一个早已开放的世界"才是可发现的（SZ,269）。开放状态（Erschlossenheit）作为世界的开放状态因而变成了下述这种可能性的条件，即在存在者层次上去发现实在者本身并且以之为基础在存在论上去构造实在性的存在意义。

在这个主题性的基础上,海德格尔就狄尔泰和舍勒[①]所持之观点表明了立场,认为实在性是通过对阻力的经验而被给予的。海德格尔在第 279 页第一段中所给出的那些阐述,是这一问题语境中有深远意义的东西。

首先应予关注的是那种特定的方式,即海德格尔是如何理解阻力的。"阻力是在行不通(Nicht-durch-kommen)中、作为对意求行得通(Durchkommenwollen)的阻碍而照面的。"在这里,对阻力的经验不仅完全是在经验者这方面得到阐释的,而且此外也被阐释为对一种意志活动的阻碍。进一步地,海德格尔以下述方式把意志活动锚定(verankert)在其解释学的开端中了,即指出,每一种意志活动都同样地植根于开放之在的一种语境中:伴随着这种意志活动"已经有某种东西开放了,欲求和意志所一味追求的正是这种东西"。对于这一点,海德格尔在下述推论中进行了阐述:这种"一味追求于……——它碰到了阻力,并且能够独一无二地碰到阻力——本身已经寓于一种关系情形整体中"。这说的是:阻力经验这一重要现象,对于海德格尔而言,乃是对"一味追求"的存在论的断定,而这种"一味追求"本身只有在一种关系情形整体中才能出现,这种关系情形整体因而也一并开放了。那种方式,"一味追求"是如何指引我们去关注它的关系情形整体的那种方式,乃是"存在-寓于"(Sein-bei),也就是那种沉沦的方式,即此在"首先和通常"如何发现存在者并在

---

① 海德格尔援引了舍勒在其论文"认识与劳动"(载于《知识形式与社会》[1926 年],《全集》第 8 卷,伯尔尼/慕尼黑,1980 年第三版,第 191 – 378 页)中的阐述。关于舍勒与狄尔泰的批判性的联系,参见拙文"阻力体验:舍勒与狄尔泰的联系"(Widerstandserlebnis. Schelers Anknüpfung an Dilthey),载于内施克-亨奇克(A. Neschke-Hentschke)和 H. R. 塞普编:《哲学人类学与狄尔泰的生命哲学:在舍勒、普莱斯纳、格伦思想中的联系以及对今天的一种哲学人类学的透视》(*Philosophische Anthropologie und die Lebensphilosophie Diltheys. Anknüpfungen bei Scheler, Plessner und Gehlen und die Perspektiven einer philosophischen Anthropologie heute*),诺德豪森,2007 年。

其中理解存在者之存在和它的本己存在的方式。

伴随着这一断定——正是"存在之寓于"的存在方式才发现了这样的实在者并且被提升为基于阻力经验的那种实在性的存在论之基础——海德格尔已经间接地指出，在他看来，就连那种方式，那种对实在性和对实在性的通达做出阐释的方式，也是被这样一裁决所决定的，此裁决即，"此在之基本机制"中的那种未被认出的奠基乃是"在世界中存在"。因为，如同海德格尔进一步指出的那样，在"一味追求"中得以开放的关系情形整体的被发现状态，乃是奠基于"意谓性的指引参照活动整体的开放状态中"。因为对于海德格尔而言，阻力之经验指示了"存在之寓于"的存在结构，这种经验仅仅能够让世内存在者来照面：阻力性因而刻画出了"世内存在者的存在"。这同时意味着，就连这样一种经验的累积也决不能取得世界之开放："并非它的积累才引入了世界之开放，而是它以世界之开放为前提。"倘若阻力经验的这一"反抗"在其"存在论可能性中是被开放的'在世界中存在'所承受的"，则"欲求和意志"也就是"操心之变式"了，并且其中"必然已经预设了开放的世界"。于是下述结论听上去就是合乎逻辑的："阻力经验——这意味着对阻抗性东西的谋求性的发现——只有依据于世界之开放才在存在论上是可能的。"

海德格尔对狄尔泰和舍勒的回应必然显示出这样一种目标，即，就连以阻力经验为基础的实在者之规定也还遗留在传统存在论的存在阐释中并且不能突破这种阐释。海德格尔的论证和他的分析进程在自身中是有说服力的。然而引人注目的是，他的论证和分析进程——就像《存在与时间》的整个构思一样——来自于两个彼此联系的基本假设，这些假设就其自身而言并没有得到证明并且隐匿在"领会着存在的此在"这一标题中。这些基本假设是：

1. 这一分析的开端点和出发点被定位在领会之中：阻力性以显

而易见的方式着眼于其"意谓性"（Bedeutsamkeit）[①]而得到了解释。这一点应合了《存在与时间》的那一基本构思："……唯当此在存在着——这意味着存在之领会的那种存在者层次上的可能性——才'赋有'存在（'gibt es' Sein）。"若没有此在，则对此在之独立性或自在的谈论就"既不是可领会的也不是不可领会的"（SZ, 281）。

2. "实在性"陷入了对操心的依赖中——并且就连这一点也合乎那个基本裁决，[②]因此存在自身处于对存在之领会的依赖中并由此处于对一种此在的存在论的依赖中（参见 SZ, 281）。众所周知的是，海德格尔本人曾试图以"转向"（Kehre）来逾越此在之存在论的那一起点。在他看来，这一转向"并不意味着《存在与时间》之立场的改变"，毋宁说，伴随着这一转向，思想"才抵达了那一维度的整体位置中"，"正是由此而来，《存在与时间》才得到了经验"[③]——但这一事态却指引我们去注意到，第一种假设，"在领会中的定位"，首先并没有得到探问而且此后也始终没有得到探问。

二、舍勒：阻力、实在、世界

在那些已经于《全集》第 9 卷中面世的文本中，舍勒明确地对上述第二种基本假设表明了立场，而且也间接地对第一种基本假设进行了表态。这后一点所要说的是，他虽然没有明确地探问海德格尔的那种把开端锚定在领会中的做法，但却为此命名了一种事态，这种

[①] 此词既可译为"意义"又可译为"意谓性"，后一译名突显了德文原词内在地具有的"关联活动"之寓意，更为契合海德格尔的语境。——译者注

[②] 指前文中的那句话："此在之基本机制"中的那种未被认出的奠基乃是"在世界中存在"。——译者注

[③] 海德格尔："关于人道主义的书信"，载于《路标》，《全集》第 9 卷，F.-W. 冯·海尔曼编，美因河畔法兰克福，1976 年，第 328 页。

事态趋向了这样一终点,即将这一开端作为疑难问题予以提出。然而,在接下来的进程中,阻力经验的整体结构应着眼于它的那些对于实在而言有重大意义的部分要素而首先得到阐述(1),其次才是把那种批评——他对海德格尔的以领会为原则的第一种假设的含蓄批评——的相应的问题语境给重建起来(2),然后阐明舍勒对第二种假设"实在性奠基于操心中"的回应(3)。与之相连的一步应是,指明舍勒是如何在实在性与操心的奠基关系的反转之框架中阐述他的批评的,即对存在问题依赖于此在之存在领会的依赖性的批评(4)。最后一步才是展现舍勒针对海德格尔的此在之"沉沦性"和"本真性"而给出的其它选择(5)。

1. 对阻力和其所予者的经验

关于"real"[实在的/真实的]的谈论,在舍勒思想中可以找到多种多样的区分。他首先使实在(Realsein)与它的实际照面活动的媒介物构成鲜明对比。实在与实在者之照面的这种关系在形式上相应于海德格尔的那种区分——对实在性的存在论的领会和对实在性的存在者层次上的领会之间的区分。对于舍勒而言,"实在"作为哲学概念也指引着人们去关注"能够对立的存在"(gegenstandsfähiges Sein)(GW 9,260),也就是说,他命名了一种在"现成状态"(Vorhandenheit)(海德格尔)的意义上可以抽身而去的事情(abkömmliche Sache)。相反,行为生命(Aktleben)本身是不能对立的,这种行为生命对于舍勒而言,正如他先前就已强调过的那样,[1]始终只是在实行之中(GW 9,260)。具有决定性意义的是,舍

---

[1] 《伦理学中的形式主义和质料的价值伦理学》,《全集》第 2 卷,玛丽亚·舍勒编,伯尔尼/慕尼黑,1966 年第五版,第 386-392 页。

勒把他的阻力经验之分析——他视之为实在性之被给予性的源泉——锚定在某种行为生命的实行中,而不是锚定在某种在存在论意义上被预先烙印了的实在性概念中。

这种在现象学意义上的援引(Rekurs)——对那些相宜于现象的通达方式的援引——在形式上又应合了海德格尔的做法,因为这种现成存在(Vorhandensein)是可以在上手存在(Zuhandensein)中获得奠基的。然而,当海德格尔在《存在与时间》中论辩反对舍勒的阻力经验之理解时,他所凭借的恰恰不是存在者层次上的对实在的理解,而是传统的-存在论意义上的对实在的理解。但舍勒对实在性的看法却有别于后一种理解,因为,如同此前已说过的那样,舍勒和海德格尔一样都与那种传统的对外在世界之实在性的讨论保持着距离,并且是在"实在性之被给予性"——用海德格尔的话来讲即"与实在者的照面"——中取得其出发点的。对于海德格尔而言,在存在者层次上的对实在性的经验并没有提供什么可用的存在论的基础,因为在他看来,这种经验仅仅给出了个别的实在者也就是说世内的存在者。然而这后一种看法却是一种没有得到进一步证明的看法。与之相对,舍勒却持这样一种看法,即,阻力经验使之照面的并不是个别的存在者,而是一种在自身中聚集起来的东西,一种"阻力中心"(GW 9,266),由于存在着一种统一的世界的实在,故这种"阻力中心"必须要让自己被证明为阻力经验的相关物(参见 GW 9,263)。

舍勒在阻力经验语境中对实在者的三重划分的前两种结构要素因而得到了如下展现:1. 一种不能对立的行为实行之存在(1a)在得到经验的阻力(1b)中遇见了一种现象结构(2a),这种现象结构并不仅仅是所照面之实在者的个别现象,而且也作为阻力中心而给出了世界之实在。这种中心的现象性东西的被给予存在(das Gegebensein des Phänomenhaften dieses Zentrums)乃是这样一种方式,即,借此可以弄清,"实在"如何在存在者层次上是可通达的("实在性之被给予性")以及(2b)作为"能够对立的"实在("真实-存在的存在本身"[Sein des Real-seins selbst])在存在论上是如何变得可阐明的(参见 GW 9,264)。对于我们的目的而言,对第 1 部分和第 2 部分的划分就已足够了。那种与此相关联的区分——由于完整性的缘故,它在这里仅仅被提及了——指示出了形而上学的领域。从得到经验的阻力中心的那种现象-图景中舍勒区分出了(3)这种中心本身的运作:这种形而上学的欲求原则(Drang-Prinzip)的运作,在其"生成存在"(Werdesein)中赋予了一种真实生成(Realwerden),但它本身并不是真实的(nicht real ist),既不是在存在者层次上可经验的,也不在纯粹的存在论意义上是可阐明的,而是在形而上学上被设定的。①

2. 基本假设:领会

为了使海德格尔对领会的援引这一做法的界限变得清晰可见,我们应采取这样一种尝试,即至少在开端处阐明阻力经验的行为实行之存在(Aktvollzugssein)。② 在这个问题上面,事关宏旨的首先是对 1a 与 1b(2a)的关系作出更确切的规定。那得到经验的阻力性的主题(1b)内含在舍勒对阻力经验的整体刻画中,但并没有得到明确的分析。

海德格尔在他的实在性分析中不仅预设了这一前提,即照面活

---

① "倘若我在真实存在论的意义上把实在规定为被欲求所设定的幻象存在(Bildsein),我这样做并不是想,又把实在(realitas)给附加到欲求的生成存在中去。"(GW 9, 260)——关于对舍勒后期的形而上学理解的方法上的构思,参见其《哲学世界观》(GW 9, 75-84)。

② 这同时应是下述工作的最初一步,即加工塑形出海德格尔在舍勒那里所通告的"实行"(vollziehen)的存在论规定(参见 SZ,64)。

动是连同其存在者而一起给出的,而且具有典型特征的是,他仅仅关注了实在经验之发生的一个方面,也就是说仅仅关注了这样一个方面——正是在这个方面上,此在在其"一味追求"中为阻力性所关涉。在这个问题上,始终没有得到考虑的是:在"一味追求"的那种中断中,在对"对一种意求行得通的阻碍"[①](SZ,279)的单纯确定之外,是否还有别的某种东西显示出来。海德格尔只是按照"内在"和着眼于受阻碍的意志活动的解释学境来思考这种中断,而没有着眼于这样一种东西——这种东西在此中断中或许表明了,它乃是超越了这种处境的东西——来思考这种中断。这种阻碍不仅展示了"一味追求"的关系情形整体,而且从中还可看出一种三重性的东西:首先是对"能够一味追求"之界限(由 1b 造成)的一种每每都不明确的领会,其次是这样一种东西——这种东西牵引着这种界限并在我的"意求行得通"之活动中阻碍着我——的存在方式(这一点将要求在 1b 的基础上对 2a 做出更进一步的解释)。

第三是展示了一种特殊的、特有的领会,这种领会是特有的,因为它在领会中同时扬弃了自身(这一点关乎 1a)。它是这样一种领会,这种领会关乎领会本身并且是被这样一种压力所促成的,这种压力在对阻力的经验活动中反对着我的"一味追求"。我初步地经验到了这种压力,但这种压力本身对我而言是没有意义的。这并不是说,它有一种其它的、对我而言尚还隐蔽的意义:作为单纯的压力,它就自身来说是完全没有意义的,并且只能在事后才给配备上意义。倘若对这样一种无意义之压力的经验归属于每一种对阻力性的体验,则对领会的援引——况且为此援引的还是这样一种领会,这种领会

[①] 作者在引用这句原文时写作"Behinderung eines Nicht-Durchkommen-wollens",与海德格尔原文不合,疑为作者笔误,译文据《存在与时间》相应原文译出。——译者注

仅仅是按照此在的自身领会而得到衡量的——就不足以去适宜地把握一种像实在(Realsein)这样的现象。毋宁说,对领会的分析必须行至此在之自身领会的界限处,并且还得尝试着从中洞见到,领会活动本身绝对地超越了什么。领会活动遂切中了一种外在,这种外在呈现的是一种对于其自身而言的外在。这种"外在",作为对身体体验活动的断定,具有与传统存在论的"外在世界"完全不同的本性,后者始终已经运作在一种意义框架中了。①

对于舍勒而言,阻力经验并不是在一种已然开放的世界中与个别存在者的照面;毋宁说,作为"对于实在而言唯一有建构性作用的东西"(GW 9,263),阻力经验乃是与这样一种东西的联系,这种东西既让一种"阻力中心"作为世界之实在而得到发现,又同时使得世界本身得以开放。世界开放(Welterschließung)在这里乃是对实在者之纠缠性的回应:唯被体验了的阻力经验才使下述事情得以可能,即,为了体验活动之进程而把作为对其②阻碍——这种阻碍是通过对动力中心的那些给予着实在的动力脉冲所做的外力设定而形成的——之回应的、被体验了的"阻力存在"("阻力中心")给排除掉③(参见 GW 9,264)。在这里,体验活动作为实在者的一种分裂而逃避到了"可能性之划破[Möglichkeitsritzen]"中(GW 9,297),可能性本身如此才得以释放;这所要说的是,体验活动逃避到了一种意义

---

① 为此可参见拙文:"内在-外在:一种跨文化哲学的身体现象学的基础篇章"(In-nen-Außen. Ein leibphänomenologisches Basiskapitel für eine Interkulturelle Philosophie),载于优素菲(H. R. Yousefi)编:《莫尔寿辰纪念文集》(*Festschrift für Ram A. Mall*),诺德豪森,2007 年。

② 这个"其"指的是"阻力经验",即"对阻力的经验"。——译者注

③ 这句话的原文是:"Erst die erlebte Widerstandserfahrung ermöglicht es, als Antwort auf ihre Hemmung 'durch Außerkraftsetzung der Realsein gebenden Triebimpulse des Triebzentrums' erlebtes 'Widerstandssein' (das 'Widerstandszentrum') für den Erlebensfortgang auszuschalten"。——译者注

维度的布置中,逃避到了世界中——逃避到了"一种'世界空间'的开启"中(GW 9,278)。这一维度应合了此在的空间性,正如海德格尔所认为的那样,它是在世界之世界性中开放的,并且恰恰是这一点才标识出了效力于领会的那一位置。[①] 然而舍勒另外又指出,有意义地开放的世界,就它那方面而言,是作为实在的世界而"运作"的(als reale "wirkt"),也就是说,在阻力性中激发起了阻力体验,因为它也只有作为有意义的世界才是存在着的,而这乃是因为,它是实在的。由于世界之开放对于舍勒而言显示出了一种回转着的、源初-反身性的特征,故世界开放并不意味着,体验活动此前是无世界的。在舍勒看来,体验活动始终已经是在一个世界中了,但他所接受的是世界之居有的诸阶段(Stufen der Welthabe),在这个问题上,他特别把一种绽出性世界关联的预备阶段("周遭世界的空间";同上)与世界开放活动的源初反身性的诸形式给区分开来。[②] 顺便要指出的是,体验活动躲入了富有意义的世界创建活动的中介物中,在这一事态中或许存在着这样一个原因,它可以解释,这种行动的那个本源——那个处于与实在的前意义的交道中的本源——为何被遗忘了。

3. 基本假设:实在性面前的操心

在舍勒看来,畏也构成了实在性体验(Realitätserlebnis)的前

[①] 对于舍勒而言,"现成[在手]者"(Vorhandenen)的被奠基性意味着,"存在的现成[在手]存在"作为"'对象性地'形成的实在"乃是奠基于那通过阻力经验而发生的阻碍中(参见 GW 9,278,262)。现成[在手]状态因而并非仅仅奠基于上手状态中,毋宁说,二者都奠基于对世界之"实在"的事先的体验活动中。

[②] 凭借着对世界之居有的质所做的区分,舍勒端呈出了一种工具,这种工具不仅使我们可以把世界特征与那种"动物与人之比较"(海德格尔:《形而上学的基本概念:世界-有限性-孤寂》,《全集》第 29/30 卷,F.-W. 冯·海尔曼编,美因河畔法兰克福,1983 年,第二部分)关联起来,而且使我们可以将世界特征与文化历史的和跨文化的差异关联起来。

提：畏首先是从世界的阻力性中形成的(GW 9,270)。舍勒把畏规定为一种身体感觉状态(Befindlichkeit)，它不仅关系于存在者,而且也是对可能之阻力的畏(参见 GW 9,271)。① 倘若人们想要把舍勒对畏的特性刻画和海德格尔的畏之分析联系起来思考,则就会得出下述结构：畏是一种特有的定调存在(Gestimmtsein),在这种定调存在中,此在在对一切有内容之意义的抽离中被持入了对作为阻力之来源的"世界之世界性"的经验中,也就是说,体验了阻力性——但却是以一种特殊的方式,也就是说,作为创建着世界的东西而体验了阻力性,但同时又是这样发生的,即,世界现在在没有内容上的意义构造活动的情形下就来照面了。伴随着世界之世界性的"锁闭着的空间"(Hohlraum),此在也体验到了阻力存在本身,也就是说,不是遭受了一种直接切中体验活动的阻力,而是仿佛在距离中经验了阻力：将其经验为一种持续地即将来临的东西。然而,与阻力性现象相比,这种相对被敞开了的存在(dieses relative Geöffnetsein),对于那感到畏的人而言,并没有什么用处,因为他的畏"迷住了"他(GW 9,272)并且无论如何都指引着他去关注世界之世界性的那个"在何面前"(Wovor)。

  对于舍勒而言,和畏一样,操心也不是源始的,而是奠基在对阻力的经验上——表面性地看来这处于一种对海德格尔看法的颠倒中。只是在"对实在者之实在的发现之后——在对世界之阻力'的'居有之后"才出现了操心(GW 9,278)。倘若对于海德格尔而言操心乃是理解着存在的此在的基本特征,并且倘若对于舍勒而言一切领会都关系于对无意义的阻力性的事先经验,则由此就可推论出,此

---

  ① 畏并不具有什么客体,"因为在阻力中存在的只是阻力,没有什么对象,也没有什么本质存在被给予了"(GW 9,272)。

在的操心结构奠基于对实在者之阻力的体验活动中。那么也就值得一提的是,舍勒并非仅仅实行了对海德格尔之看法的一种倒转,而且也呈现了一种模式,海德格尔的诸多阐释顶多是在某种程度上嵌入并适宜于这一模式,就此显示出,这些阐释只是对于对整体之阐明而言是不充分的。

在舍勒那里,"操心"这一名称指引着人们去关注"日常人(Alltagsmenschen)的中间状态"(GW 9,276),这种状态,就它那方面来看,仍然被嵌入到"一种非实在性的……本质领域之向度"和欲求原则之向度(GW 9,276-277)的中间去了。① 凭借着这种中间存在(Mitte-Sein),舍勒对中间的世界存在(在世界中存在)进行了特性刻画,这种中间的世界存在是被一种意义性所烙印的,而这种意义性则是在与实在者之阻力性的直接联系中拥有其来源的。这里值得注意的是,以这样一种方式,不仅海德格尔的"常人"(Man),而且那通过操心而得到特性刻画的整个的"在世界中存在"——只要这种存在并没有遭受到这样一种差异,即它与超越着它的那种东西的差异——都遗留在一种褫夺性的状态中了。因此,把在世界中存在的此在之基本特征鉴定为操心的做法,就等同于把一种褫夺动词实体化为一种存在论的基本范畴。

---

① 因此,对于舍勒而言,操心绝不会发现实在者之实在[das Realsein des Realen],而是始终只发现了实在物的存在[das Sein des realen Dinges](作为实在与"偶然的本质存在"[zufälligem Sosein]的复合)(参见 GW 9,278)。——这将意味着,即使海德格尔的基础存在论在根本上也还是具有一种被遮蔽了的、通向这存在论之基础的事物存在论(Dingontologie)。——这个关于"中间状态"的论题令人想起了奥斯卡·贝克尔(Oskar Becker)的模式,他认为海德格尔的历史性世界被绷紧置入了"超历史性的"先天和"历史性之下的"自然的那种外在于历史性的东西中(参见贝克尔:"之旁实存:人的如此存在与如此本现"[Para-Existenz. Menschliches Dasein und Dawesen],载于《如此存在与如此本现:哲学论文集》[*Dasein und Dawesen. Gesammelte philosophische Aufsätze*],弗林根,1963 年,第 67-102 页)。

4. 方法论上的此在分析

舍勒指责海德格尔是一种"此在的唯我论"(GW 9,260)。这指的是海德格尔的这一前提,即,在存在之意义问题上,让存在依赖于此在的存在领会。舍勒在其中仅仅看到了——依照海德格尔自己的措辞——一种"从笛卡尔的'我思故我在'到一种'我在故我思'的纯粹的倒转",①在这个问题上,"笛卡尔的那一基本错误"——即在"存在者之存在的秩序中坚持那最先被给予的、事实上却最遥远的东西",亦即坚持"本己的自我"——即使在海德格尔那里也始终持存着。②虽然海德格尔是从此在的一种世界迷失(Weltverlorenheit)出发的(同上),但他这样做仅仅是为了,由此而来返归于单独自身的存在并在那里与"存在论的出发点"联系起来(GW 9,261)。

舍勒因而所批评的,乃是那个方法论上的开端,即如此这般地——认为此在本身充当了一种存在论的基础——把对存在的追问锚定在此在中了。此在因而始终还是显示出了一种实体性特征——这种实体性特征和近代哲学一起被扬弃到主体中去了——的一种残余。舍勒对海德格尔基础存在论之开端的这种批评在某些情形下看上去是矛盾的,因为舍勒在别的地方也强调说:"一切人之外的存在对于人(作为微观宇宙)的那种依赖性,对我而言所意味的东西,和它对海德格尔而言所意味的东西,或许是同样的"(GW 9,295)。③但

---

① 在海德格尔那里这叫作:"倘若'我思我在'充当了此在之生存分析论的起点,则就不仅仅需要这种倒转,而且也需要一种在存在论-现象学意义上对'我思我在'之内涵的证明。第一句断言遂是:'我在',更确切地说,是在这种意义——'我在一个世界中存在'——上的'我在'。"(SZ,279-280)

② 参见海德格尔:"此在对其自身而言,在存在者层次上是'最近的',在存在论上是最远的,但在前存在论的意义上却不是陌生的。"(SZ,22)

③ 然而这句话却不可以被理解为:舍勒的现象学构思应被归类为一种"实在论的"现象学。

是这种批评也为下述事态给出了一种推定证据：舍勒对这种依赖关系的规定是有别于海德格尔的。舍勒继续写道：每一种依赖性都"不是哲学的出发点，而是它的结果"（同上）。这所要说的是，这种依赖性恰恰不可以是一种方法论上的基本预设，毋宁说，它本身必须是一种哲学审查的结果，因而必须让自身得到证明。这种存在论的询问因而必须在方法论上如此这般地布置自身，即，它面对着它自己的锚定还保持着开放。因为人，如同舍勒所指出的那样，乃是"一种完全'开放的'体系"（GW 9,276）。

这里所指的这种开放性，不是此在之自在和自为的一种规定，而是这样一种规定，即此在自身依然被持入其中去的那种规定。此在因而不仅仅是在"在世界中存在"的"内-在"（In-sein）之基础上、在与它的世界迷失的那种差异中经验到了它的特有东西，而且始终被更为彻底地暴露给了那种差异，即与它的"在世界中存在"本身的差异（或许可以说：处于与"存在论差异"的差异中）；亦即，被暴露给了舍勒所理解的这样一种差异，那种与无意义之实在者的差异，就像与先天者的差异一样。此在因而并不是存在论的那种承受着其开端的根据（即海德格尔所谓的"开放的"体系［同上］），[1]毋宁说，此在在存在论的意义上表明自身乃是一个交点，诸多存在领域正是在这个交点相交的，但这些领域却始终遗留在一种与它们之交点的差异中。舍

---

[1] 恰恰是这种疑难性引领着海德格尔放弃了他的那一计划，即从此在的基础存在论而来开抛出存在问题。但始终可疑的是，转向之后的海德格尔后期思想在何种程度上兑现了舍勒之要求所计划要做的那种东西。在后期海德格尔那里，解释学循环这一形象仅仅是从此在之结构而来移置到关乎存在之开抛和抛置的那种"时间-游戏-空间"的结构中去了；在这个问题上，即便强调了，存在"需用"人（例如见"论存在问题"，载于《路标》，出处如前，第407、411页），并且人也的确把这样一个位置——一切人之外的存在都依赖了人——给完全放弃了，但却没有同时把差异之力（Differenzkraft）予以提升：在后期海德格尔那里，也仅仅是在事关上述结构体系本身的时候才有了差异，这种体系本身尚还没有被置入到一种差异中去。

勒在他的人的"微观宇宙"之观念中做出了这一断定(参见 GW 9, 83;90)。

5. 此在分析和"超-在"

就连舍勒的人[格]概念(Personbegriff)①也处在与这种得到彻底理解的差异的关联中,并且必须由此而来得到把握。在舍勒看来,由于人格存在(Personsein)超越了操心结构的时间性,所以人格存在乃是作为人格的这样一种人(der Mensch als Person),这种人突破了世界的"内-在"并且被持入了那种与世界的"内-在"之诸边缘的差异中。② 人格因而通过一种"超-在"(Über-sein)而得到了特性刻画(GW 9,294;298),并且是"超时间性的"[überzeitlich]③(GW 9,295),然而它又为此注定要与时间性相对待:"人格不是去时间性地存在或者说也没有必要去履行时间性,但人格还是被归派到生命和生命的时间性上去了"(GW 9,296)。这种"归派"意指,它④急需时间,为的是实现自身。舍勒把这种自身实现的进程理解为一种生成,这种生成在遮掩("散射")和揭露("聚集")之间交替着(GW 9,297)。相应于那种彻底的差异——在舍勒看来,人之存在作为人格存在正是处于那种差异中⑤——这种遮掩和揭露要比海德格尔基础

---

① 舍勒文本中的"Person"一词通常被汉语学界译为"人格",但考虑到该词原意和汉语"人"字的复杂意蕴,此词也完全可以考虑译为"人"。下文中仍统一译为"人格"。——译者注

② 人格并"不是'在'世界中;作为每一个生成着的世界的生成着的东西,人格乃是行为中心的关联者;[但]人格也不是世界的部分"(GW 9,266)。

③ 这个德文词的语用意是:"对于一切时间都有效的,不受时间束缚的。"——译者注

④ 指"人格"。——译者注

⑤ 这句话的原文为"in denen Menschsein als Personsein für Scheler steht",疑有笔误或印刷错误,即表复数的"denen"或应改为表单数的"der"。译文按合理意译出。——译者注

存在论之构思中的情形要抓得"更深"和探得"更高"。那种联系,与实在者之阻力性的联系,归属于自身实现,但却位于其"最底层"。只要实在奠基了此在的操心结构,人格存在就在对操心之中间世界(Mitte-Welt)的造就中和对这种中间世界之造就的依赖中自行遮掩起来。于是,操心——处在与世界的那种真实联系中的操心——的本源以及人格存在本身——处在人格中心的那种超时间性的"有效存在"(aktualen Sein)中的人格存在本身——的本源,就都被遮掩了。舍勒同时强调道,对于揭露(Enthüllung)而言,即,对于那种向自身的聚集①而言,遮掩(Verhüllung)乃是一种必要的前提条件(同上)。在这种向自身的聚集中,人格使自身从它的散射中脱离出来进入了操心之中,也就是说,它的有效存在被那种趋向其自身的、实现着的生命欲求给从生效举措中解释出来了。② 因此,作为一种意义发生的客体化活动——这种客体化活动遮盖和歪曲了那种有效的实行——并非是源始的,毋宁说,参与到一种面对着阻力的体验领域中去,才是源始的。"使自身向自身聚集",于是就意味着,"不再随波逐流",不允许实在性联系,"通过忍耐来扬弃痛苦"(GW 9,300),正如它在方法层面上力求达到舍勒意义上的那种现象学还原。③ 舍勒强调指出,聚集并非一种最终目标,而是作为"趋于全心全意的聚集"而是"'通向'新聚集的食粮"(GW 9,297)。唯有这一点才论证了生命的那种交替着的变易特征(Werde-Charakter),因为:"生命意味着:从其存在的独立性而来的那种持续的被运动、被动

---

① 舍勒语境中的这种"聚集"亦可考虑译为"聚精会神"。下同。——译者注
② 也正因为脱离了具体的生效举措,这种"有效存在"才是超时间性的。——译者注
③ 参见本人关于舍勒的现象学还原的文章:"马克斯·舍勒"(Max Scheler),载于屈恩(R. Kühn)和施陶迪格尔(M. Staudigl)编:《悬搁与还原》(*Epoché und Reduktion*),维尔茨堡,2003 年,第 243-248 页。

用和被吸引"(同上)。①

　　引人注目的是,舍勒是从人格存在的那种超时间性的定位出发的,然后又把这一定位在其实现进程中的那种纠缠收入了眼帘。但即便"揭露"是以"遮掩"为前提,人格存在的那种应在现象学意义上得到理解的结构事实上也还是在其沉沦形态中来照面了。因此必须发展出一种现象学的做法,这种做法可以使人格存在的那种整合之力在生命通常进行之处——以沉沦之处境为起点——就已得到证实。这样一种位置,对于那有待着手的分析而言,可能是在其现象学还原的极端形态中的那种聚集,因为这种现象学还原甚至以直接方式"回应"了这种沉沦形态。一种现象学因而有必要恰恰属于这样一种还原,这种还原,如同舍勒对胡塞尔所提出的异议那样(参见 GW 9,206 - 207),不应被理解为一种理论性的还原,而应被理解为一种生存性的还原。在那种生存性的、造就了还原的变化能力中,一种盈余就必然呈现出来了,正是这种盈余将在这一处境中使人格存在的"超-在"在现象上变得清晰可见。由此,效力于另一种此在分析的那一根据才被置下了,这种此在分析超越了对海德格尔之方案的狭隘运用并且一并采纳了舍勒的收获。现在是时候去重新筹划生存的存在论了。

（张柯　译）

---

① 帕托契卡(Jan Patočka)在他的生存现象学中早已发见了一种重要意义,即一种交替着的生命方式对于以尽可能大之强度去"拥有"生存空间的那一做法的重要意义;参见帕托契卡:"平衡中的生命,振幅中的生命"(Leben im Gleichgewicht, Leben in der Amplitude),载于哈格多恩(L. Hagedorn)和 H. R. 塞普编:《扬·帕托契卡:文本-文献-书目》(*Jan Patočka. Texte-Dokumente-Bibliographie*),弗莱堡/慕尼黑/布拉格,1999 年,第 91 - 102 页;同时参见 L. 哈格多恩:"从一种'振幅哲学'到'被震动者的一致'"(Von einer "Philosophie der Amplitude" zur "Solidarität der Erschütterten"),同上书,第 124 - 133 页。

施泰因在观念论与实在论之争中的立场

一、导论

同慕尼黑与哥廷根现象学界的大多数代表人物一样,施泰因(Edith Stein)同胡塞尔现象学及其现象学哲学逐渐分道扬镳。究其原委,施泰因认为现象学不必像胡塞尔所主张的那样,非得转向先验路径不可。但因为对胡塞尔而言,这一先验取向不仅是其方法论特点,更为其理论提供了无所不包的参照系,因此,方法的先验转向便也导致了其整体思想纲领的观念论化。与胡塞尔的这一立场划清界限也就包含一个基本问题,即现象学在观念论与实在论的相互对立中处于什么位置。胡塞尔学生圈子里的观念论与实在论之争始于1905年胡塞尔本人思想的先验转向,并在1914年之前几年达到高潮,这一点众所周知。

一战的爆发虽使论争暂时中断,却无法消解现象学与观念论、实在论立场间的关系问题。多年后,即1930年左右,这一问题重新引起学界更加持久的争论。不仅胡塞尔本人,就连舍勒、海德格尔、塞尔姆斯(Theodor Celms)、英伽登和施泰因也都纷纷对此著文表态。

1931年,胡塞尔在其《笛卡尔式的沉思》中表示,他所主张的现象学乃是一种特殊的观念论。1926年起,舍勒就观念论与实在论的问题撰写专著,因篇幅宏大,在 1927、1928 年分成上下两部出版。①1927 年,海德格尔在《存在与时间》第四十三节也对这一问题进行了清算。胡塞尔在弗莱堡的旁听生塞尔姆斯于 1928 年发表论文"胡塞尔的现象学的观念论"。② 次年出版的胡塞尔纪念文集中,他的学生英伽登发表了"关于《观念论与实在论》问题的几点说明"。③ 施泰因也在其著于 1931 年的《潜能与行为》中专门加入一章"关于先验观念论的附录"。④ 与前面提到的论述不同,施泰因的这一论述当时并未发表。⑤

---

① 舍勒:《观念论与实在论》(Idealismus-Realismus)[1926-1928 年],载于《后期作品》,《舍勒全集》第 9 卷,弗林斯(M. S. Frings)编,伯尔尼/慕尼黑,1976 年,第 183-340 页。

② 塞尔姆斯:"胡塞尔的现象学的观念论"(Der phänomenologische Idealismus Husserls),载于《胡塞尔的现象学的观念论及其它著作:1928-1943 年》(Der phänomenologische Idealismus Husserls und andere Schriften. 1928-1943),罗岑瓦尔兹(J. Rozenvalds)编,美因河畔法兰克福,1993 年,第 31-199 页。

③ 英伽登:"关于'观念论与实在论'问题的几点说明"(Bemerkungen zum Problem "Idealismus-Realismus"),载于《胡塞尔七十寿辰纪念文集:哲学与现象学研究年鉴增刊》(Festschrift Edmund Husserl zum 70. Geburtstag gewidmet. Jahrbuchfur Philosophie und phänomenologische Forschung Ergdnzungsband),哈勒,1929 年,第 1-32 页。

④ 施泰因:《潜能与行为》(Potenz und Akt),弗莱堡,1998 年,第 246-258 页。

⑤ 孔拉德-马修斯(Hedwig Conrad-Martius)也以广播讲演的形式参与过这次争论。她的两次讲演曾于 1931 年 7 月在巴伐利亚广播电台播放,后以"存在哲学"(Seinsphilosophie)为题首次发表于其 1963 年出版的《哲学文集》(Schriften zur Philosophie)第 1 卷(慕尼黑)。文中,孔拉德-马修斯主要评述了胡塞尔和海德格尔的思想。普凡德尔(Alexander Pfänder)和贝克(Maximilian Beck)分别于 1929 年和 1930/31 年评论过塞尔姆斯的论文(普凡德尔:"塞尔姆斯'胡塞尔的现象学的观念论'书评",载于《德意志文献报》[Deutsche Literaturzeitung]第 2 卷,第 2049-2050 页;贝克:"现象学观念论、现象学方法与解释学——评塞尔姆斯'胡塞尔的现象学的观念论'"[Der phänomenologische Idealismus, die phänomenologische Methode und die Hermeneutik im Anschluß an Theodor Celms:"Der phänomenologische Idealismus Husserls"],载于《哲学杂志》[Philosophische Hefte]第 2 卷,第 97-101 页)。参看施皮格伯格(Herbert Spiegelberg)发表于 1940 年的文章"'实在-现象'与实在"(The "Reality-Phenomenon" and Reality),载于《纪念胡塞尔哲学文集》(Philosophical Essays in Memory of Edmund Husserl),法贝尔(M. Faber)编,马萨诸塞州剑桥,第 84-105 页。慕尼黑私人讲师阿维-拉勒芒博士(Eberhard Avé-Lallemant)及乌特勒支已故教授舒曼博士(Karl Schuhmann)为笔者提供了重要信息,特此鸣谢。

上述现象学内部关于观念论与实在论的第二波新的论争,其特殊之处并不在于胡塞尔称自己的立场是观念论立场——哪怕它是一种特殊的观念论,亦不在于年轻一代现象学者一如既往地试图同胡塞尔划清界限。第二波论争的突出特点在于,每位年轻现象学者在此次论争中所持的态度都展示了其自身的哲学立足点。他们的文章不仅通过他们所探讨的课题这一相同媒介绘制出一幅认识图景,更重要的是,这些文章尤其透露了他们考察这一课题时各自的出发点,而出发点不同导致了对同一课题的探讨方式也不尽相同。因此,我们不能只简单比较每位作者得出的结论,而应顺藤摸瓜抓住其立足点,相互对照加以澄清。

若想衡量施泰因对现象学内部观念论与实在论之争的贡献几何,我们就必须将她的论述放在有关这一问题的诸种其它论述的框架下进行考察——不仅由于历史的原因,也出于事实的考量。归根结底,这关系到实际存在的各种现象学流派的语境下对现象学可能性的探讨。而有关这一点,本文仅能做一点前期工作,对其进行最基本的概述。接下来,本文将首先对比胡塞尔的立场及塞尔姆斯、英伽登、舍勒对其做出的回应——海德格尔的延伸回应在此略去不论,然后,在如此拟就的框架下明确施泰因在第二波论争中的立足点,衡量其贡献。

二、胡塞尔

在《笛卡尔式的沉思》第41节中,胡塞尔承认了观念论,用他自己的话说,这是一种"从根本上讲全新的"(《胡塞尔全集》第1卷,第118页)观念论。一切存在都相对于纯粹先验意识,在此意义上,胡塞尔的先验现象学乃是观念论。对他而言,"真实存在的普全"与"可能意识的普全"是"本质上"联系在一起的,它们"在先验主体性唯一且绝对的具体化中是一致的"(第117页)。不过,胡塞尔在其论证中坚持实行现象学还原的必要性,从这个意义上讲,先验现象学观念论是一种新的意义上的观念论。因为只有通过现象学还原,意识才能不再像传统的观念论理论所认为的那样,同超越性(Transzendenz)联系在一起,而仅仅只朝向由现象学还原所揭示出的纯粹意识的内在性(Immanenz)。现象学还原排除了意识与实在(Realität)如何沟通这一经典问题,取而代之提供了在主体内分析其与实在之关联性(Realitätsbezug)的可能。用胡塞尔本人的话说就是:

> 各种形式的超越性都是一种内在的、在我(ego)之内进行构造(konstituierend)的存在特性。我们所能设想的各种意义、各种存在……都在构造着意义与存在的先验主体性范围之中。(同上)

在此背景下,胡塞尔至少没有提出以下两个问题:1."每种意义都是在意识中被建构(konstruiert)的"这一表述是否导致天底下所有的意义存在(Sinnsein)都相对于意识这一后果?2.存在的意义是否因其成为一种先验主体性的构造者而得以穷尽,或如芬克后来所说,存在的意义是否因为存在被消融在存在的有效性中而得以穷尽?[1] 在得出"意义可以在意识中被构造出来"这一论断之后,胡塞尔进而做出了关于存在的两点判断:1.意义的存在相当于意识的存在;2.在意识的存在以外安排别的存在没有意义。如果将"可能意义的普全"这

---

[1] 例如可参见芬克:《切近与间距:现象学演讲与论文集》(*Nähe und Distanz. phänomenologische Vorträge und Aufsätze*),弗莱堡/慕尼黑,1976年,第310-311页。

一存在命题归于意识的存在,那么由此应得出"在其之外"即为"荒谬"的结论(同上)。

按照胡塞尔的理论,现象学还原应揭示并发掘可能意义在意识层面上的普全,[①]而反过来,业已完成的现象学发掘工作应为特殊的先验现象学观念论提供"证明"(参见第119页)。但如果现象学悬搁与还原的目的是将一切存在命题加上括号,并且如果胡塞尔在将意识置于绝对化的过程中应用了其中某项存在命题,那么,这并非该过程中宣扬与使用的方法所产生的必然后果。现象学还原为胡塞尔观念论赋予了无可混淆的特色,但这还远不能表示悬搁与还原就必然导向某种观念论。

三、塞尔姆斯

现象学界对观念论实在论之争问题做出了各式回应。其共同点在于,大家没有在这一争论中选边站,而是希望能够克服这一争论。即便胡塞尔本人所信奉的本质上新型的观念论,其本意仍在于让这场争论成为无源之水、无本之木,只要这种不同的观念论能以现象学的方式被证明,而并非仅被主张。

塞尔姆斯试图论证胡塞尔的观念论并非传统意义上的观念论,便是对该意图的肯定——哪怕他是批判地肯定。塞尔姆斯与此相关的论述没有走胡塞尔对先验的我进行自身阐释(Selbstauslegung)的老路,而是依循传统的康德版"先验观念论",指出胡塞尔的观念论并非康德意义上的先验观念论。为检验这一命题,他举了三个例子(参

[①] 胡塞尔使用了"我的自身阐释"(第118页)和"对构造意向性的系统性揭示"(第119页)的说法。

见前揭塞尔姆斯书,第 189-192 页)。1.对纯的先验观念论而言,现实(Wirklichkeit)在认识论层面上是被建构的。对胡塞尔而言,有关世界的认识仅为意向性存在,而有关自己与他人的纯粹自我(Ich)的认识才能揭示出自在的存在(Sein an sich)。2.先验观念论认为意识不具有现实性。胡塞尔认为纯粹意识具有现实性,而世界-现实性(Welt-Wirklichkeit)消融在意识现实性之中。3.先验观念论只承认唯一一种逾越了经验的意识个体,即超越个体的纯粹意识。而胡塞尔在探讨纯粹单一主体,即单子(Monade)时使用了复数。由此,塞尔姆斯证明了胡塞尔观念论并非传统意义上的先验观念论,他为前者引入了"现象学观念论"这一概念。他所理解的现象学观念论其实就是形而上学,因为对现代先验哲学而言,任何非先验哲学都是形而上学(参见第 193 页)。

该结论包含了一个事实基础,正如塞尔姆斯所指出,胡塞尔哲学因构造世界的纯粹意识之故扬弃了世界之自在(Ansich der Welt),又将纯粹意识在其构造能力及其在内在时间性中的自身构造的层面上"从一切认识及其条件与形式中独立出来"(第 194 页)。塞尔姆斯在此带着批判的目的所描述的,正是胡塞尔自己所说的,纯粹意识乃是一切意义创建(Sinnstiftung)的唯一基地。对塞尔姆斯来说,这便意味着纯粹意识的自在设定(Ansichsetzung)。因此,他认为胡塞尔提出的内在构造问题乃是关于"在先验哲学意义上形而上学存在"的构造问题,并且由此,"形而上学构造"问题以及胡塞尔的现象学的观念论从根本上讲都是"形而上学"的(第 193 页及后页)。

在塞尔姆斯看来,胡塞尔哲学思想的这一内在发展的关键点正在于其现象学方法。作为对超越的一切执态(Stellungnahme)的搁置,严格实行现象学还原意味着放弃"普遍意义"。但若没有普遍意义,哲学便无法存在。塞尔姆斯认为,胡塞尔通过将被还原的领域普遍化,从而达到了哲学所要求的普遍性(参见第 198 页)。换言之,胡塞尔将被还原的纯粹意识视作"可能意义的普全"。

四、英伽登

英伽登也是从弄清楚先验现象学还原所采取的限制方式意义上进行论证的。他认为,现象学还原只能对运用其专门方法可以认知的事物做出说明,而只有被构造的而非超越的存在者才符合这一点(参见前揭英伽登文,第 26 页)。如果全部的问题都被还原为先验问题,那么意向性的对象意义和存在着的对象就被等同起来,这使明确放弃一切存在命题的先验现象学还原变得荒谬(同上)。对英伽登而言,这一事实表明,胡塞尔现象学乃是某种"观念论理论",建立在形而上学——一种因为"被遮掩"所以不好的形而上学基础之上(同上)。对胡塞尔先验现象学还原的上述评价同时也暗示着一种未被英伽登纳入考量的可能性,即我们可以认为现象学还原确实也实现了其给存在命题加上括号的意图,而且也没有传送某种隐蔽的存在命题。但这种可能性却成为施泰因的现象学方法论中至关重要的一环。

塞尔姆斯着眼于胡塞尔观念论与现代先验哲学之间的差别,而英伽登在其"关于'观念论与实在论'问题的几点说明"中则选择了另一条道路。他虽然并没有要去解决观念论与实在论互相争论的问题[①],却涉及了这一争论,因为他的目的是将该争论中所包含的"各种问题组"指明并区分开来(参见第 1 页)。一旦有了这种区分,就有

---

  ① 这一"根本而言形而上学的争论"(第 5 页),即实在世界是否真实存在(第 21 页),乃是建立于实在世界之存在的可存疑性基础之上(第 3 页)。

了一种可资指导的基本框架,好找出探讨这一问题所需的方法路径。英伽登以本体论为首,[①]再以此为基础,(按顺序)进行形而上学与认识论的考察。其具体出发点是,实在对象(reale Gegenstände)相对于意识行为而言是超越的——这一点应作为先天陈述来理解(参见第 4 页)。因此,可以区分"至少两种个体对象性的存在领域",即纯粹意识的存在领域与实在世界的存在领域(参见第 2 页)。英伽登之所以优先进行本体论考察,是为了避免像胡塞尔那样,以一个由认识论驱动的问题——即解释先验意识中超越的被给予性——而强使先验基础被遮掩地形而上学普遍化(参见第 25 页)。

从这个意义上说,英伽登对"'甲是实存着的'和'证明甲的实存从原则上讲是可能的'这两个判断是等值的"这个句子的释义(参见第 27 页)并没有在"实在世界的实存是以纯粹意识的实存为前设"这个意义上进行——亦即"离开纯粹意识实在世界就不能存在"的意义上(参见同上)。关于某事物的可经验性的判断,他其实是从两种不同根基的本体论断定出发的。第一种本体论根基是被经验的自身代现(selbstrepräsentierend),所指涉的是实在世界的对象。第二种本体论根基是对拥有经验保持开放,所指涉的乃是对某事物的意识(参见第 28 页及后页)。[②]

---

① 对英伽登来说,本体论分析(ontologische Analyse)是一种"完全独立于'纯粹意识或实在世界是否真实存在'这一问题"的探讨(第 5 页)。

② 有关英伽登对观念论实在论之争的讨论亦可看其发表于 1949 年("实存之样式及'观念论与实在论'问题"[Les Modes d'existence et le problème "idéalisme-réalisme"],载于《第十届国际哲学大会会议论文集》[*Proceedings of the 10th International Congress of Philosophy*]第 1 卷,阿姆斯特丹,第 347–350 页)与 1970 年("关于超越的四个概念与胡塞尔观念论问题"[Die vier Begriffe der Transzendenz und das Problem des Idealismus bei Husserl],载于《胡塞尔论丛》[*Analecta Husserliana*]第 1 卷,第 36–74 页)的论文。

五、舍勒

舍勒与英伽登一样分析了所争论的问题，但舍勒的目的却在于回答这一问题。他没有选择对立双方的某一方的立场。对他而言，观念论与实在论都建立在同一个错误前设之上，那便是：在"某一对象的'此在(Dasein)或实在'及其'如在(Sosein)'是否'内在于'或是否'能够内在于'知识与意识"这一问题上，认为某一对象的"此在或实在"与"如在"乃是"不可分的"（前揭舍勒书，第185页）。可以看到，舍勒首先把胡塞尔、塞尔姆斯、英伽登定位于对象世界与意识两者间关系的问题转移到了实在的存在与观念的存在两者间关系的问题上。其次，他用"如在"和"此在"这对概念去对照"可意识到"（Bewußthabenkönnen）这一概念。舍勒的主要论题是，在关系到"可能的'思想'存在"时，如在与此在是"可分的"（第186页），并且如在本身是内在于知识与意识的，而此在则不依赖于知识与意识（第185页及后页）。即使不通过知识与意识，此在仍然能够被经验——通过对身体传输的阻力的体验（参见第208页及以后各页）。因此，舍勒认为超越意识这一事实不足以解决实在问题（Realitätsproblem）。如舍勒所言，只要我们无法看出某意向性对象是否具有实在性，实在问题就仍"超然于对象之超越这一事实"（第191页）。

对舍勒而言，不仅意义或从更一般层面上所说的如在与纯粹意识无关——这里说的意识完全可以，甚至必须参与这种不与意识相关的如在，为的是同样能够对非意识相关的如在做出陈述，而且舍勒还认为存在（实在存在本身）乃是超越意识的，但不一定超越经验——这里说的处于如在领域内的存在之意义（此在之如在）对意识而言是一目了然的。

舍勒通过两方面的途径证实了其论题。一方面,他将先于对实在状态之问的问题分离出来;另一方面,他对实在性问题本身进行了展显。整个论证过程十分复杂,此处恕不继续展开介绍。

六、观念论实在论之争小结

塞尔姆斯对于观念论实在论问题所做的贡献一方面在于,他以不同于胡塞尔本人的方式展示了胡塞尔观念论之特殊性所在。另一方面,他还指出胡塞尔观念论有一个形而上学立足点——此处"形而上学"的意思是对其基地与对象领域,也就是纯粹意识进行自在设定。这暗示了塞尔姆斯本人的立足点。很显然,他支持放弃暗含的自在设定这一现象学立场。不过按照其论述,这一现象学立场有至少两种可能性:一是仅限于使用现象学还原、不欲成为哲学的现象学;二是并非建立于对被还原的现象成分的普遍化基础之上的哲学。

英伽登选择的是作为形而上学与认识论考察基础的本体论研究。他对观念论实在论之争的贡献在于,说明这一争论所暗含的本体论、形而上学与认识论问题。但英伽登的研究只关注了这一问题的"意义"层面,用舍勒的术语表示即"如在"层面。并且英伽登的形而上学之问也是针对事实的如在,而非事实(实在)本身——与舍勒对此问题的处理方式相反。在英伽登的论述中,超越的对象作为相对而立的东西(Gegen-Stand)进入课题视野,①由此,英伽登所谓的

---

① 这也是海德格尔理解实在的出发点。他在《存在与时间》第四十三节(第200页以下)中写道:"……把握实在事物的方式迄今为止仍是直观认识。"基础存在论的目标虽然在于"证明[认识]是通达实在事物的有巩固基础的样式",但对海德格尔而言,认识之基础并非对阻力的体验,而是"此在的基本建构",其"在世界之中存在"本身(第202页),亦即某种具有意义的、解释学上可被把握的东西。按照海德格尔的这个思路,"在存在论上,只有依据世界的敞开状态,才可能"获得阻力经验(第210页)。故舍勒的意图是错误的,而海德格尔在舍勒的范式之外提供了一种新的范式。

超越的对象是已经同可以理解意义的意识产生关联的对象,而非本身只能被经验却不能被知道的阻力。英伽登认为,舍勒对观念论实在论问题的论述"背着形而上学前设的负担"(参见前揭英伽登文,第1页注)。不过,我们可以从某种程度上认为,英伽登自己的研究方式也背着这种负担,如果我们把"形而上学"理解为某种基本前设,即本身不需再被证明的工作假设——要么从本体论及与具有对象能力的存在之关联入手,要么从"如在的被给予性与实在存在的被给予性乃是根本不同的"这一区分入手。

而舍勒对观念论实在论之争的贡献恰恰在于,他指出了上述这种区分并论述了其后果,在此我们不再展开讨论。英伽登在其哲学立足点上的决定导致了本体论研究被提升到位于形而上学与认识论之前的哲学基本科目。而舍勒则最终立足于形而上学,依照"精神"与"渴望"对全部现实性做出了极化的立义。

七、施泰因

施泰因"关于先验观念论的附录"是上述各篇文章中产生时间最晚的。然而,除胡塞尔版的观念论以外,她在此篇附录中并未援引这些她肯定都读过的文章。[①] 那么,施泰因对观念论实在论之争的讨论贡献何在?她的哲学立足点又是如何在其中表现出来的?下文将讨论她在这场争论中的三点贡献,在其中每一点上她都比以上介绍

[①] 施泰因曾在1929年5月16日致英伽登的信中谈到她读过他论文后的印象,见施泰因:《致罗曼·英伽登的书信》(*Briefe an Roman Ingarden*),弗莱堡,2001年,第126封信。

的这几位现象学者所得出的结论要走得更远。①

一，施泰因首先概述了对象世界与意识这两个存在领域可能的交会的谱系，她站在意识的角度描述了由事物一直延伸到意识的这一交会过程，在描述中她依据的是胡塞尔式的术语。正如施泰因简短总结的那样，物的世界对胡塞尔而言不过是对主体性给预先规定的感觉材料予意义并建立意向性客体的行为间联系的统称。这里，物性只存在于意向活动与意向相关项之间的相互关系中。而感觉材料以及被施泰因称作"构造能力之事实"则仍旧是"未被解决的"、"非理性的剩余"（参见前揭施泰因书，第246页），是一种胡塞尔在其思想中未能给出令人满意解释的剩余。对意识的先验现象学看法中的这种归因于"感觉与料"(Empfindungsdaten)、无法令人满意的态度在施泰因看来正是物之世界与意识开始产生交会的领域（参见第247页及以后各页）。

施泰因继续论述，导致感觉产生的刺激作为从外部而来者、"逼迫者"向我切近（第247页）。它们引起感觉，而这些感觉又导致随后产生的特殊反应——身体的运动。感觉与料与身体运动之间的经验联系给精神主体创造了一个活动领域，其中某些与料会引起某种意向。由此，精神主体才得以向对象世界"开放"（第248页），并使主体对该世界的"建立，即'构造'"成为可能（第249页）。

二，接下来，施泰因论述了"构造事物的行为过程将独立于这些行为的存在归于事物世界"这一点在整个世界信念(Weltglauben)中

---

① 有关施泰因对胡塞尔的批评亦可参见穆勒(Andreas Uwe Müller)："寻找经验的源头——施泰因对胡塞尔'先验观念论'之批评"(Auf der Suche nach dem Ursprung der Erfahrung. Edith Steins Kritik am "transzendentalen Idealismus")，载于《现象学之变形——自胡塞尔起的十三个阶段》(*Metamorphose der Phänomenologie. Dreizehn Stadien von Husserl aus*)，H. R. 塞普编，弗莱堡/慕尼黑，1999年，第136－169页。

该怎么理解的问题(同上)。她给的回答目的在于展现意识到(Bewußthaben)的依赖关系,即意识到依赖于意识。在感知关联中,意识到乃是"从外部"切近者,亦即——用施泰因的话说——那"落入感性之中"者(第 244、249 页以及别处)。不过即便是回忆与幻想,其标志也并非是完全的自由:保存在我记忆之中的,不仅是我对该事物的意向,也是该事物曾呈现着落入我感性之中的那部分。幻想虽无需以经验过的事物为依据,但完全没有经验材料也是无法产生的。[①]施泰因得出结论:"一切意向生活都可以被证明是受客观约束的,只要它建立起一个物的世界"(第 252 页及后页)。

施泰因进一步将意向生活的这种约束性定义为一种对意识生活过程起作用的规律性。该规律性的存在是"客观的",即"独立于"主体的存在。按她的这种看法,意向生活受到两方面约束:一方面通过其自身规律性,也就是说它本来就具有这种规律性;另一方面因对那"落入[其]感性之中"者的依赖。值得注意的是,施泰因指出,后一种因素正是借助从根本上描述意识生活本身特性的前一种因素得到了证实,并由此与之联系起来。此处她的思路可简单总结如下:感知与回忆中被构造的对象具有可以独立于我而实存的存在特性,这一点不仅不与规定构造的意识规律性相矛盾,而且还必然会落入此规律性自身的可能领域。

三,施泰因所论述的第三点仍从这一思想出发,意在检视其结论。因为由上面的论述也可以导出如下结论,即意识生活的客观规律性乃是物之世界独立性的唯一原因。由此,后者是相对于前者而言的。为了回答这一问题,施泰因考察了有关意识与物之世界的本

[①] 施泰因举例说:"我可以给某个物体赋予任意一种颜色,但它必得有某种颜色。"(第 252 页)

体论陈述中"绝对"的意义。

她的考察结果是：这里就主体而言的"绝对"指的并不是"无条件的第一存在"（第255页），而是一种事态（Sachverhalt），即自我（Ich）的"作为事实的此在"与自我本身"不可剥离"。施泰因写道，正因如此，可以"将事实性上自我的此在称作绝对的"（同上）。从两方面讲，自我乃是"不自由的基础之上"自由的自我：一方面，自我不通过其自身得以存在；另一方面，自我通过被约束在其现时性之中存在。这后一方面又包含了两层意思：一、通过预先的规定；二、通过规定其现时性的法则（同上）。主体之物的这种特殊绝对存在将其自身存在与其它存在区分开来，而前述意义上的这种不自由的存在所引向的，正是那种——用施泰因的话说——"在与其自身不同的意义上绝对的、在原初性以及无条件性意义上的原则"（同上）。这亦表明，它在存在层面上与那预先被规定并落入其感性之中者，即物之世界是区分开来的。因此，如施泰因所述，这样的物之世界不具有"本己此在的绝对事实性"，并且"当然更不会具有第一原则的绝对性"（第256页）。

不过这同时也说明，世界并不是事实此在或先验主体性的结构要素。非精神体无法因自身而存在，并且其此在不能证实自身。对施泰因而言，这一事实情况才是她做出如下判断的真正原因：讨论一种原则上不能被经验的存在是没有意义的，但这并不是因为存在与（可）被经验是同一个意思（参见同上）。正如它向我们显现的，世界依赖于我们这一类主体，但并不能由此得出结论认为世界只是相对于其显现而存在的，正相反，从这种依赖性中可以分辨出与意识的存在种类不同的，并且在此意义上独立于意识的存在种类。

施泰因尝试指出物之世界针对意识而言的存在独立性。这一做法的独到之处在于，她从构造着的意识本身的立足点出发进行证明，尤其对身体性的分析在其中占有特殊地位。施泰因对身体性的阐释虽与胡塞尔截然不同，却仍保持在构造现象学的大框架之下。为此，她还借用了胡塞尔的意识构造理论，但她没有像胡塞尔那样拟定让世界只能相对于意识而存在的存在命题。

施泰因虽与舍勒、塞尔姆斯和英伽登对胡塞尔的观念论版现象学的批评大方向一致，但她进行批评的方式与他们不同。塞尔姆斯认为，现象学还原创立了一种非哲学的科学，在观念论实在论之争的问题上无法引致判断。英伽登认为，还原只针对先验-构造的存在之物。施泰因则试图指出，被还原物也完全能够显明其它并未相对于先验着眼点之物。此外她还强调，胡塞尔现象学中的感觉与料仍旧是未加解释的事实（Faktum）及"非理性的剩余"。其实她是在间接指出，舍勒所谓的事实（Faktische），即那些未进入意义视域或未进入如在范围之物，也是可以作为研究课题的。

施泰因指出，在保留关于纯粹意识的研究视角——但须排除胡塞尔暗示的存在命题——的同时，是可以对现象学考察的结果另作诠释的，即它们在把握物之世界时也证明了一种恰恰不与意识相对而言的存在。施泰因对观念论实在论之争的贡献因而在于，她初步展示了如何在不牺牲构造现象学观念的情况下，从胡塞尔先验现象学出发，扬弃其对观念论的自我定义和其中暗含的存在命题的限制的可能。这也表明了施泰因本人直至写作《潜能与行为》时一贯保持的现象学立场：发展一种放弃对构造一切意义及存在意义的意识进行绝对设定（Absolutsetzung）的构造现象学。

（晏文玲　译）

存在、世界和人

——芬克《第六笛卡尔式的沉思》中对现象学还原的内在批判

现象学还原法构成了胡塞尔先验现象学的核心部分。这种哲学的反思方式应该能超越一开始处于其中的对待世界的立场，超越那种素朴的自然的态度，达到原初性的基础（这种基础使上述的态度成为可能），达到进行构造的先验主体性的结构。现象学家从事的正是这种跨越。这个跨越的第一步就是从事"悬搁"，中止人们在无知觉的情况下悠然生活于其中的自然态度中的普遍适用的存在之有效性。这使他有可能对胡塞尔称之为"普遍性设定"的信念——即相信世界是存在的——加以规定，首先是使其明确化。现象学家首先看到的是："那个统一的世界"的感性的统一性是不可能在感性经验中给出的，世界的结构与其赋予它的普遍的存在的有效性实际上是由先于世界的先验主体构造出来的产物。从一种世界的表象退回到作为先验主体性的成就的"世界现象"，退回到"世界"的意义结构和有效的统一性，这就是还原过程的本质性的第二步，这就是狭义上的现象学还原。通过还原，意识解除了它同众物和世界的固定关系。现象学家认识到，在素朴的自然态度中进行超越之前的自我，世界性的自我，是先验主体性的变式（模式），是他的自我统觉的方式；先验主体把自己领会为"在世界中的人"。通过狭义的现象学还原，分析者不仅对世界现存形式（Gegebenheitsmodi，给定性之方式）做出了解释，而且也对世界内所有的事物、过程、行为、心理的意识活动等等做出了说明,把它们当作先验主体性的意向性构成物,在从事构成研究的现象学领域中,对它们进行意向性分析。

对主体构成物的构成性之生成过程做出先验的澄清,用《第六笛卡尔式的沉思》中的术语来讲,是"先验的基础原理"的任务。胡塞尔为此写了五个"笛卡尔式的沉思"作为这种"基础原理"的导论,因为基础原理研究的课题是从事构造活动的先验自我以及他的相关者——世界的结构(Weltkonstitution),所以芬克在《第六沉思》中接下来的任务就是,把从事现象学研究的自我,即从事构建活动的自我作为基础原理研究的课题,对他加以阐述。进行现象学思考的自我当然就是进行现象学还原的自我,所以《第六沉思》实际上是打算对现象学方法本身进行现象学审查。所以《第六沉思》就是现象学的现象学,或者叫"先验方法论"。因此现象学还原中的问题也就成为《第六沉思》的分析的中心环节。它不仅构成这个研究自己的对象,而且通过它的先验的澄清工作,及先验现象学本身,也就得到它的终结,完成了它的最后的论证。

从外部结构看,现象学还原只构成了方法论的分支,[1]但是现象学还原本身,正如芬克所说,已经是"基础的思考","它是对哲学之所以可能的论证"[2],因为"它作为哲学的基本活动……首先为哲学思考的可能创造了条件,这即是说,一切哲学思考的具体实施都只是还原本身的进一步发展"[3],——它包含着"现象学哲学整个体系的核心"。[4] 而且现象学还原的现象学还包括了整个的先验方法论:"所

---

[1] 芬克:《第六笛卡尔式的沉思》(*VI. Cartesianische Meditation*),《胡塞尔全集:文献编》(*Husserliana Dokumente*)第2卷第1分册,埃贝林(H. Ebeling)、霍尔(J. Holl)、范凯尔克霍芬(G. v. Kerckhoven)编,多德雷赫特/波士顿/伦敦,1988年,第5节。

[2] 同上书,第10页。

[3] 同上书,第32页。

[4] 同上书,第10页。

有后期的特殊方法论反思在原则上无非都是方法论中的分析结果的推广和展开，而这个结果已经在对现象学还原的反思中潜在地得出了。"①

后来，欧根·芬克对代表胡塞尔整个先验哲学的现象学还原的观念进行过多次批评。40 年前，在写作《第六沉思》时他就已经有了对先验现象学方法的直接批评。下面我们把他的最后一篇文章，即1971 年发表的"对胡塞尔现象学还原的反思"，作为评论这种批评的线索。通过这种方式，芬克本人早在《第六沉思》的起草中已经开始描述的、后来一直坚持的思想主线，他自己的哲学立场的基本特征，也将清晰起来。

我们把芬克那篇文章中的批判性问题归纳为三点，也就是说，我们不想对芬克的观点做全面介绍，而只限于展示他的批判的主要特点。芬克反驳胡塞尔的第一个论点是，胡塞尔对存在概念的操作性使用。胡塞尔通过实施悬搁把自然态度中的普遍性设定给保留下来，他称其为"把对存在信仰，即对其有效性的信仰，把普遍设定性特征，即世界存在，放在括弧中"。按芬克的说法，胡塞尔把存在与有效性画了等号。在这种形式中这种设定本身的存在并不曾得到澄清，而且更重要的是，先验主体性的存在，即通过现象学还原揭示出来的存在也未加澄清地保留在上述形式之中。特别是先验主体性的存在同自然生活中的主体的存在的关系、同人的存在的关系并未得到澄清。因为在悬搁活动中，对世界的中止并不意味着对它的实体性取消，不是对世界的否定，而是对存在性信仰的中性化，也就是说，世界的设置仍然作为对象性的东西保留下来了。芬克进一步认为，如果

---

① 芬克：《第六笛卡尔式的沉思》(*VI. Cartesianische Meditation*)，《胡塞尔全集：文献编》(*Husserliana Dokumente*) 第 2 卷第 1 分册，埃贝林(H. Ebeling)、霍尔(J. Holl)、范凯尔克霍芬(G. v. Kerckhoven)编，多德雷赫特/波士顿/伦敦，1988 年，第 5 节，第 32 页。

确实如此,那么现象学家的自我便处于一个自相矛盾的境地:继续信赖(信仰)同时却对这种信赖持保留态度。问题似乎是,应该如何对现象学家的存在进行规定,以便了结这种自相矛盾的局面。①

芬克批判的另一个重点涉及的是世界观念。对胡塞尔来说,"世界"意味着"实存的整体视域"(Totalhorizont des Seienden)。胡塞尔是通过分析个别事物的视域的给定性得到这个世界概念的:空间性的物是镶嵌在诸视域中的,而每一个东西的视域都指示着邻近的视域,以此类推,直至最后指向的无所不包的视域,即整体视域:"世界"。芬克对上述观念的批判是:像世界这样的整体性结构,是否能从内在结构出发,比如空间性事物出发,加以把握呢②:"世界内的环境是否应该被设想为众物之大环境呢?或者,它只是主体与客体的联系均发生于其中的众维度呢?这些都还是悬而未决的问题。"③胡塞尔自己是这样理解他的世界概念的:在上述自相矛盾的方式中,现象学有可能在走出世界的过程中把"世界"对象化。这样先验主体性将成为一种独特的"无世界"的主体,并因此使得现象学家可能把世界作为先验主体性的构造性产物来揭示。这样世界问题和存在问题碰到一起:退出世界的先验主体连同世界现象为一方,自然的生活过程中的世界为另一方,二者对立起来,按芬克的看法,其结果是,现象学恰恰受到胡塞尔先验现象学努力避免的东西的威胁:即先验的领域被实体化,成为与"世界区域"相类似的东西("被驱除的物自体的本体论幽灵","又溜回到进行反思的主体背后,它现在表现为进行先验构造活动的生活的一个'场'")。④

---

① 参见芬克:《切近与间距》(Nähe und Distanz),弗莱堡/慕尼黑,1976 年,第 310 页以下。
② 同上书,第 305 页。
③ 同上书,第 312 页。
④ 同上书,第 320 页。

如果被看作构造性产物的世界统一性变成了纯粹是整体性视域,它的存在只被把握为有效性的话,那么便可以进一步提出问题:在自然态度中的人同世界的关系是不是并没有得到与之相应的规定。芬克提出的问题是:先验主体性自身统觉把自己作为世界内的带着躯体和灵魂的生命实体来把握,这是否真的是一种充分的规定;在还原中消解的不是仅仅是人的自然化的外在面貌吗?也就是说,人同世界的关联仅仅是不再被表述为在经验视域的整体性中的生理心理的肉身躯体的生命。[①]

所有这些在涉及先验自我同世界自我与自然态度中的人之间的艰深莫测的关系时变得极端尖锐。这种关系是还原的实施过程创造出来的一种关系。从事情本身来看,通过中立化的、彻底的反思(现象学活动本身也是这种反思的课题)几乎就可以使这种关系得到说明。这正是《第六沉思》想达到的目的:这个沉思试图对还原揭示出的自相矛盾和难题加以解释,同时又维护先验现象学的"立场"。

《第六沉思》的方法论把自己的工作解释为一种特殊类型的本体论的思考:它贯彻始终的课题(对象)是"从事现象学活动的观察者的存在"。[②] 这种类型的(对象)的"特殊性"基础不在于,这种反思直接涉及对从事现象学工作的自我进行本体论规定,而是在于,在其中——这恰恰是以从事现象学工作的自我为条件的——本体论规定的进程本身成了研究的课题。

在从事现象学工作的自我之存在的规定中,芬克走向何方?整个研究的基本论题是:现象学的观察者的存在方式同进行构造活动的自我的存在方式是不同的,是被一条鸿沟隔开的。这个论题就不

[①] 参见芬克:《切近与间距》(*Nähe und Distanz*),弗莱堡/慕尼黑,1976年,第313页。

[②] 芬克:《第六笛卡尔式的沉思》,第110页。

会再继续导致先验主体性的两极分化吗?不会使通过还原而产生的先验-构成性自我同世界性自我之间的分裂更稳固吗?情况恰恰相反,把现象学观察者本己的存在从进行构造的自我的存在中突显出来、将之对立起来,恰恰使前者有可能对先验自我同世界自我之间的联系进行"思考",在两极之间进行"斡旋"。还原的实施不仅影响到在默默地发生作用的、对其先验出身并无所知的自然性自我同先验-被构造的自我的分离,而且还引起了从事现象学活动的先验生活的自我同通过它而使此生活成为课题的从事构造活动的自我的分化。芬克企图把从事现象学活动的自我同从事构造活动的自我的分化的事件作为一个辩证运动来理解:在这种自身分化中,先验的生活从自身中走出来,但是这种"走-出-自身"又是一种先验的条件:它使先验主体性——它匿名地在自然的世界生活中在还原之前发挥着作用——得以回到自身。① 借此,芬克把这种自身分化认知为是以一种自身坚持的同一性为基础的二元论。这种从事现象学研究的自我与进行构造活动的自我之间的区别,就取决于下述事实:从事现象学研究的自我——正如芬克所描述的——"并没有同那种被简化地揭示的存在处于一种同质性之中"。② 它那种从事构造活动的自我身处于一种区别中:这种区别是一种存在性区别。进行现象学研究的自我并不像进行构造活动的自我那样,身处于"存在性区别"之中,也就是说,它自己不进行存在的构造活动,而是在构造性存在构成过程中揭示世界之存在的生成过程。在这里可以看到芬克的独特的本体论理解。

但是这种断定使对现象学的观察者的存在规定中遇到的问题更

---

① 芬克:《第六笛卡尔式的沉思》,第26页。
② 同上书,第21页。

加尖锐化,使得在何种意义上尚能于此处使用存在这个概念也成了问题,如果从事构造的自我之构造性构成物表明的是另一种"存在"的话。正是从这里的问题着眼,当芬克谈到从事现象学的自我存在时,他给"存在"一词加上了引号。但是因为从事现象学的自我同先验主体性是统一的,存在概念不但用于从事现象学的自我成了问题,而且用于从事构造活动的自我时,甚至用于整个先验主体性时也成了问题。而且很清楚,用先验主体性的构造物,"场"、"范畴"、"区域"、"实体"等也不能直接对此加以规定。

芬克写道:"我们必须清楚,'先验的存在'作为'自然的存在'或'世界的存在'的对立概念并不同存在是同一种类的。……从根本上不可能从形式化了的存在概念出发来把握它。"① 所以先验的存在的存在方式"恰恰是超越了存在的观念的"。②

在对先验主体性的存在的一般性的彻底追问和对从事现象学的观察者的存在的特殊的彻底追问这两个方向上,芬克首先关心的是以现象学观察者为课题的特殊的存在意义。③ 芬克要求实施的是"对存在观念的设定性还原"。④ 胡塞尔对芬克这一要求的批判是极富启发性的。胡塞尔认为,芬克所要求的这类还原是不必要的。因为,通过现象学还原,自然语言"以及它的所有语言意义已经获得了新的意义"。⑤ 因此对自然意义的接受再进一步进行还原,就成为不必要的了。因为如果还原实施之后,作为习惯的立场仍然继续规定着现象学家的活动的话,那么就根本提不出对自然意义接受的问题。

---

① 芬克:《第六笛卡尔式的沉思》,第 80 页以下。
② 同上书,第 84 页。
③ 同上书,第 80 页。
④ 同上。
⑤ 同上书,第 83 页注 241。

但是胡塞尔的反驳并没有切中芬克所提出的问题。芬克关注的恰恰是这个"如果"的确切条件：我们如何确保，新把握的意义联系中的确没有接受自然语言意义的残余并且决定了新的意义关系？和胡塞尔相反，芬克恰恰要把先验态度中使用自然语言时的词、概念、意义的关系作为问题来研究，并怀疑把意义从它生长而成的语言联系中分离出来的可能性。

这个问题在讨论先验课题的陈述问题时变得更加尖锐，特别是考虑到，现象学家在新的环境中只能继续使用自然语言的概念世界这个情况。这个思想构成了《第六沉思》第 94 到 105 页的内容。胡塞尔对这 10 多页文字做了大量评论。我们不可能在这里详细讨论胡塞尔同芬克之间的思想对话。在这里我们只想对两人的对立立场做一个粗略的勾画。在先验洞见的陈述这个问题中，最后芬克看到了本体论问题：尽管从事现象学研究的观察者必须使用自然语言，因为他除此之外找不到其它的语言，但是，它的意义内容却是纯先验的。自然语言的概念是指向实存的，并指向我的实存，相反从事现象学的自我，即把进行构造的自我当作课题加以研究的自我，却用从自然语言中接受下来的语言指向某种"无所是"的东西，即如我们已经看到的，指向某种"非实存"性的东西，指向引申意义上、先验意义上的"先于实存、先于世界的，即从事构造活动的自我构造的结构"。这样，芬克所要求的存在观念的还原，便发展成一种自然语言的还原，以达到下述目的：拆除自然语言同实存的联系，使自然语言变成可以在先验知识的表达中发挥相类功能的工具而加以使用。对于芬克来说，先验语言问题意味着从事现象学的自我之特殊的存在特性的表达，而胡塞尔则认为，这只是语言内部的问题。对这个问题，现象学家可以在实施还原时，始终如一地坚持防止自然生活的干扰、防止倒退到自然态度中去。成功地贯彻还原会同时提供一种将先验性融合在内的说话方式。(比如胡塞尔写道:"自然的习惯一直都在对现象学工作进行'反抗',……现象学家的习惯,他的一般的生活模式一直都在同自然习惯处于紧张的对峙之中。最后这一点对于先验语言也是决定性的。"①)

《第六沉思》的思维模式是一种辩证的运动,这种辩证的运动来源于先验活动的两极性。芬克试图用这种模式来解决先验主体性同世界主体性之间图式性的关系中的疑难。这个图式本身已经指出了一种辩证思维的联系的痕迹:自然人的世界态度在突出先验主体性,即先验主体性在统觉自身中发现了自己的"相对"的扬弃(Aufhebung)。是的,这只是"相对"的扬弃,因为,最终,世界中的人同先验主体仍然对峙着。只是从先验主体性的立场出发,这个扬弃真实地实施了。对现象学观察者自己的存在的反思,为在世界性和先验性二者之间建立联系提供了可能性,因为,只有这样,二者之间的辩证运动才是可想象的。在先验主体性的统一性中,从事现象学的自我同从事构造的自我之间的差异已经给先验性带来了运动,阻止了把它把握为普遍的构造过程的一元性实体的可能。正如芬克指出的,恰恰是因为从事现象学的自我与从事构造的自我处在一种辩证的张力之中,先验主体性才得以创造返回自身的可能性。

从事现象学研究的自我同世间自我之间的辩证关系的方式有所不同。正如芬克指正的,对于从事现象学的自我所进行的还原来说,不存在世界性(世俗)动机。但是,还原也是"受可疑性的增长的直接推动,尽管这种可疑性也可以出现在自然态度中,但是原则上它'超越'了自然态度中的一切可能提问的视域之外"。② 在发展的过程

---

① 芬克:《第六笛卡尔式的沉思》,第98页注310。
② 同上书,第40-42页。

中,通过还原的实施,对从事现象学研究的自我的还原,构成了一个先验的环节,它把从事构造的自我同世界(世俗)自我联系起来。芬克清楚地发现,在现象学观察者重新进入世界性(世俗性)发挥功能时,即在把通过还原获得的知识加以世界化的过程中,这个观察者所扮演的中间人的角色:观察者想要把他的结果用科学的形式向世界之中的同事阐述,此时从事哲学活动的我就是现象学家通常的"有名利的自我"(Interessen-Ich)。在先验获得的知识形式成为理论的过程中,从事现象学的自我发生了向世界(世俗)方向倒转的弯曲。

芬克是如何理解"世界化"的呢?在不损伤与进行构造的自我的存在性区别的情况下,从事现象学研究的自我同从事构造的自我一起共处于先验的生活统一性中。因为从事现象学的自我本身并不从事构造,所以他被动地参与到持续进行构造的自我的构造性工作之中去,这样的结果是:从事构造的自我包围着从事现象学研究的自我,后者为前者所承担,被他世界化;不管从事现象学的自我的现象学知识是否在世界性中形成为一种科学,这都被认为是先验生活之运动的必然性。就世间(世俗)态度而言,作为先验性事件的现象学活动便成为一种"表面现象"(Erscheinung),现象学家的主体也就成为了"表现"(scheinbaren)上的主体。由此现象学活动便成为先验性与世界性的媒介原则:它的主体既非纯先验的自我也非纯世界的自我,而是如芬克所说的:"是在世界中……表现着的(erscheinende)先验主体性",①"这里涉及的只是先验领域同世界领域之间的一种辩证的统一性,这种统一性构成了现象学'活动的主体'的具体概念。"②

---

① 芬克:《第六笛卡尔式的沉思》,第 127 页。
② 同上。

在从事现象学的自我同从事构造的自我之间的辩证法包含着一种"循环运动"(一种"在自身内的循环"[①]),"现象学活动表明自身是一种先验的事件,而且是从事构造的生活之先验的自身运动的事件。"[②]在这个运动中,世界性(世俗)自我(这里指的不仅是在先验性中被中止了的世界自我)也参与其中;从现象学还原出发,一直到先验科学的构成(重新)被世界化,整个发展过程作为一种运动,同时就是构成作为《第六沉思》形式结构之基础的图式。

我们想再次把《第六沉思》中芬克的立场同胡塞尔的立场做一个比较。在其后来的关于《第六沉思》的研究笔记中,[③]胡塞尔简略勾画了他对先验活动状态(Tatbestaende)现象学研究之世界化的理解。因为胡塞尔在心理-生理肉身躯体之时空定位中看到了原初世界化的实施,即把自身作为自然的世界的自我-人来统觉,所以对他来说,人的心灵就是世界先验知识内容的"表现"之所;正是从人的心灵出发,先验的知识成为心理-世界的知识。所以他在心理化实施过程中看到现象学活动的世界化。在世界的存在的意义的不断增长中,在世界化的心理学活动的实施中,胡塞尔尽管清晰地看到了连续不停的变化和变形,但他没有追问,世界化本身是否也会受到这种变形的调节。因此,先验真理及其心理化的定位的理解便滞留在一个僵死的框架之内。胡塞尔只承认发生在这个框架之内的变化。与胡塞尔相反,人们由此出发提出下列问题:通过现象学活动的世界化是不是使世界性(世俗)的世界联系发生了本质上的修正。甚至可以证实,胡塞尔的作为整体视域的世界概念得自于世界(世俗)经验,然后他又对之做了先验的解释,将之当作相对的"局部透视"(Teilaspekt)加

[①] 芬克:《第六笛卡尔式的沉思》,第 125 页。
[②] 同上书,第 124 页。
[③] 同上书,第 243-214 页。

以揭示。这里的相对是指相对于先验性经验的层次。但是,这类问题的形式前提应该是:脱离世界过程/世界化过程被理解为循环过程;这个过程进一步的修正环节,不仅是针对其内容,而且也包括这一过程本身的修正调节,在原则上应该是开放性的、"流动的"。而芬克的《第六沉思》所要思考的目标似乎就是这个前提。

胡塞尔把先验知识的进一步世界化过程把握为走向无穷重复:发挥着功能的(因而自己默默进行的)现象学活动,在新的视线转变中又重新成为课题;而这种反思,可以进一步在起作用的同时又被当作对象,等等。每次表达出来的东西都是通过进一步的心理学化而世界化,不断涌入世界之中。而站在这种看法背后的思想形式,不是一种对于自身的转变以及一切内容的运动都开放的循环性运动,而是一种被设想为重复过程的开放的无穷的直线连续性。这个重复过程可以使从事现象学的自我与进行构造的自我之间的存在的对立得到平衡。

从整体上看,由于上述诸问题的存在,使《第六沉思》一直处在躁动不安之中。后来在芬克对胡塞尔的现象学还原进行批判中充分表现出来。在这个意义上,《第六沉思》不仅是对现象学还原的一种内在(隐含)的批判,而且也是对它的(在批判的最原初意义上的)公开批判。

(靳希平 译)

第 二 编

对现象学的反思

现象学是如何被动机促发的？

一

在多瑞恩·凯恩斯（Dorion Cairns）作于 1938 年的一篇手稿中，他谈到了引导他的老师埃德蒙德·胡塞尔进入先验现象学的两种动机。[①] 从胡塞尔十九世纪九十年代的早期著作开始，这些动机就一直发挥着作用。上述两种动机起源于胡塞尔的两种反感情绪，即：他不仅"厌恶模糊性"，也厌恶那些未能将自身之合理性建立于持此信念者"自己的观察"之上的信念。可见，引导胡塞尔进入先验现象学的第一种动机是要求在关于现实的一切陈述中获得清晰性；第二种动机则要求将此种清晰性建立于自己的观察之上——这两种动机当然是相互关联的。但是在胡塞尔看来，存在着以下问题：由于每一明见的充实都蕴含着一些新的、未被给予的方面，并因此指向更新的、可能的充实，并且这一进程可以一直进行下去，因此观察不足以为世间经验提供完全的合理性，直观也不足以为思想提供完全的合理性。

[①] 该手稿经恩布里（Lester Embree）、克斯滕（Fred Kersten）和赞纳（Richard M. Zanner）编辑后，以"促发先验悬搁的第一个动机"（The First Motivation of Transcendental Epoché）为题，发表于扎哈维（D. Zahavi）和谢恩费尔特（F. Stjernfelt）共同编辑出版的《现象学一百年》一书（*One Hundred Years of Phenomenology*，多德雷赫特，2002 年），第 219－231 页。

凯恩斯指出，先验现象学的发展就是为了解决上述的矛盾境况。为什么这么说呢？这和胡塞尔做出的一个区别有关。胡塞尔在作为现实存在的诸对象和作为意识对象的诸对象之间做出了区分。世间经验不能够建立意识与实在对象间的完满关系，而对象之于意识的被给予性却有其自身的衡量标准。意识，作为一种意指对象的能力，本身就是衡量对象是否明见地被给予的标准。然而，为了能够进达到意指着的，或说，"构造着的"意识这一层次，我们必须摆脱实在对象以及它们与意识的世间关联，而转向作为先验主体性之"所予"（data）的对象与意识之间的关系。换句话说，我们必须通过执行先验悬搁，由自然态度进入先验态度。自然态度中的这样一矛盾性的事实——对世间意识有效的对象不具有完全的合理性——在先验态度看来已不构成矛盾：当这些对象被视作它们在其中被给予的构造性意识进程之成就时，它们就获得了完全的合理性。

但是，仍然存在着一个未解决的难题，即：我如何才能由自然态度出发，找到进入先验领域的道路呢？是否存在着一种促使我去执行悬搁的动机呢？

二

在胡塞尔现象学中，动机引发问题占据着一个核心的位置。不仅世间的一切行动和理论都始于动机，对胡塞尔来说，世间主体性和先验主体性也都有其引发的动机。[1] 从内在时间意识中的被动构造

---

[1] 亨克曼（Wolfhart Henckmann）曾著文分析过动机促发现象的现象学结构，尤其是胡塞尔和普凡德尔对此现象的理解。参亨克曼："动机引发的现象学分析"（Eine phänomenologische Analyse der Motivation），载埃贝尔（Th. Ebers）、梅尔歇斯（M. Melchers）、米歇尔-安迪诺（A. Michel-Andino）编：《对话作为生活形式》（Dialog als Lebensform），科布伦茨，2007年，第305–334页。

到自我及其对象之间各种主动关系的综合,意识都被一种普遍的规律性所统一。这种规律性就是动机引发现象。①

自然主体性的生活是在世界之内的,而先验主体性的生活是朝向世界的,也就是说,后者处身于不间断的世间化过程之中。对应地,自然态度和先验态度各以不同的方式指向世界。但关键问题在于如何理解"先验观察者"这个"第三者"的地位。这里的"先验观察者"指的是从事现象学分析的先验现象学家,他/她所分析的对象是先验主体性所具有的那种始终以世界为其"归宿"的意识结构。从事着现象学的自我不在世界之中,因为他/她是先验悬搁和还原的执行者;同时,他/她也不朝向世界生活,因为他/她并不等同于他/她的分析对象,也就是说,他/她不是那个构造着[世界并以构造世界为目的]的自我。因此就有了以下的问题:现象学家执行先验悬搁的自我行为是否也有其促发之动机?

1931年11月,凯恩斯在他与胡塞尔和芬克的一次对话中已经提出了这样的问题:"在现象学自身尚未得到发展的时候,同时也是现象学悬搁未被执行的时候,有什么令人信服的理由和动机能激发我们去执行现象学悬搁呢?"②显然,这个关于悬搁之促发动机的问题不同于凯恩斯在上文中提到的关于引导胡塞尔进入先验现象学的动机问题。后一问题所关注的是:何种动机促使胡塞尔将先验现象学视作"一门严格科学"来奠基?而前一问题追问的则是:先验现象学本身如何能够被切实地操作和执行?这也恰恰是当时困扰着芬克的问题。

---

① 见胡塞尔:《纯粹现象学与现象学哲学的观念》第二卷,《英译胡塞尔著作集》第3卷,罗伊切维奇(Richard Rojcewicz)、舒费尔(André Schuwer)译,多德雷赫特/波士顿/伦敦,1989年,第56节。

② 凯恩斯(Dorion Cairns):《与胡塞尔和芬克的谈话》(*Conversations with Husserl and Fink*),鲁汶胡塞尔档案馆编,海牙,1976年,第39页。

在以上对话发生数月后,芬克自己在《第六笛卡尔式的沉思》的写作中明确了自己的立场:他否认现象学家的行为需要促发的动机。这是因为作为现象学家的自我既不是世间的自我也不是先验的自我。严格说来,这意味着,至少对世间主体性来说,不存在通达先验层次的促发动机。因为一个存在于世界之内的主体不会去追问:行为的视域为什么就是行为得以展开的可能性?同时,世间主体对这种向视域的指引究竟有何意味也不感兴趣。①

芬克强调,动机最开始只对一个在世界之内的主体有效。执行悬搁的决定之所以不能够通过一个动机被促发,是因为悬搁是对世界视域的超越,而动机作为一种世间现象,却只能从一个世间事实引导向另一个世间事实。在此处,芬克没有考虑这样一种可能性:先验自我在自身之中、并且通过自身去获得执行悬搁之动机。这是因为,首先,现象学自我不是匿名的、进行着构造的先验自我;其次,现象学自我的承载者在世界之内,因此他/她必须将自己的世间性当作出发点。于是我们又回到了前面的问题:生活于世界之中的人究竟受到了何种触动乃至要"摆脱"与世界的自然纽带并执行现象学的还原呢?

胡塞尔在发展他对先验悬搁的构想时,将执行悬搁的决定称作一个具有"完全自由"的行为。② 在这里,"完全"意味着我们可以拒

---

① 见欧根·芬克:《第六笛卡尔式的沉思》第 1 部分《先验方法论的观念》(*VI. Cartesianische Meditation. Teil 1: Die Idee einer transzendentalen Methodenlehre*),埃贝林(H. Ebeling)、霍尔(J. Holl)、范凯尔克霍芬(G. v. Kerckhoven)编,多德雷赫特/波士顿/伦敦,1988 年,第 5 节,第 36 页及后页。

② 胡塞尔:《纯粹现象学与现象学哲学的观念第一卷:纯粹现象学通论》,《胡塞尔著作集》英译第 2 卷,F. 克斯滕译,海牙,1982 年,第 31 节。胡塞尔在其 1910-1911 年的讲座"现象学的基本问题"中,已经强调现象学"可以从悬搁开始,而不再需要追寻进一步的动机"。见胡塞尔:《交互主体性现象学》第 1 卷,《胡塞尔全集》第 13 卷,耿宁(I. Kern)编,海牙,1973 年,第 157 页注 1。

绝相信任一事物。甚至在我们拥有足够的明见性时我们也可以这样做，因为在这里怀疑所指向的是呈示出此对象的信念，而并非此处被相信的对象本身。按这种方式进行，胡塞尔认为我们也可以质疑我们对于所有信念的信任，即：关于世界存在的"总命题"。在胡塞尔看来，这种怀疑就产生于我们的完全自由。

胡塞尔认为任何人在任何时候都可以体验到这种自由。但值得怀疑的是，当关于世界之信仰的总命题应该被"取消作用"的时候，这种自由是否也有效。尽管胡塞尔强调了一般世间信念与关于世界本身的信念之间的不同，但他显然认为对这两种信念实施悬搁的自由是同一种自由。我们总是以各种方式与世间各种事物相关，所以从原则上来讲，对每一种这样的关系我们都可以实施悬搁。但在自然态度中，我们并不与世界本身相关。因此问题就在于：我们如何才能被引导着转向世界本身，从而对关于世界本身之信仰实施悬搁呢？也就是说，在这种情形中，是什么使得我们的自由名副其实呢？事实上，这个问题也就是关于先验悬搁之动机促发的问题。以这种方法提问，我们便与每一种发展着的先验理论之生存论上的先决条件关联起来了。

换句话说，如果我已经知道世界本身是什么，那么胡塞尔所构想的那种完全自由（作为执行先验悬搁的可能性）就有可能存在；但是问题在于：在求助于悬搁之前，我如何获得关于世界本身的知识呢？这明显是一个循环，所以我们的核心任务就在于跳出这个关于世界的循环并进入另一个循环，使我们能够自由地澄清前一循环的性质及其与世界之间的关系。在这两个循环之间——自然态度的循环和先验现象学的循环——悬搁作为生存论上的唯一者（an existential one）扮演着自己的角色。这是一场意义重大的中断，或者说是"光明的间隔"(皮尔·阿尔多·罗瓦蒂语)。① 在这里,生命先要噤声屏息,以期进入先验现象学的"应许之地",那是生命可遁入其中并获得庇护的一个安全地。

关于生活于世界之中的人如何能够受到触动去"摆脱"与世界之间的天然纽带的问题,芬克的答复如下:生命中存在着一些"极端的境况",能够使人对寓身于世界之封闭性中的这一事实产生不信任感。也就是说,对象性关系之整体通常能够激发我们在世界之中的、对世界自身的信任感,但在某些极端境况中,这种信任感将不再产生。② 为了能够以先验现象学为出发点,一种以"极端彻底的问题"为形式的"先验认知"是必须的。③ 因此,促发现象学还原的动机就在于去打开一个独特的值得考问的处境。这种处境之所以被称作是"独特的",是因为它出现在自然态度之中,但却同时超越了一切出自此态度并服务于此态度的问题之总视域。④

这也再次说明以下两个问题是互不相关的,即:(1)如何能够真正开始做现象学?和(2)采取何种理论步骤能使我们走向一门作为哲学科学的现象学?前一问题追问的是现象学理论得以建立的前理论的、生存论的条件。因此,这种关于现象学之实际操作的理论反思不仅仅考量那些将我们引向现象学的、或多或少隐匿着的理论动机

---

① 见罗瓦蒂(Pier Aldo Rovatti):"悬搁之谜"(Das Rätsel der Epoché),载《争论中的现象学:胡塞尔逝世五十周年纪念论文集》(*Phänomenologie im Widerstreit. Zum 50. Todestag Edmund Husserls*),雅默(C. Jamme)、珀格勒(O. Pöggele)编,美因河畔法兰克福,1989年,第277-288页。

② 芬克:《第六笛卡尔式的沉思》第1部分,第38页。伦贝克(Karl-Heinz Lembeck)著文讨论过芬克的关于现象学的现象学,但他没有考虑这一关键因素。参伦贝克:"先验态度有'自然'的动机吗?论现象学的方法问题"("Natürliche" Motive der transzendentalen Einstellung? Zum Methodenproblem in der Phänomenologie),载《现象学研究新刊》(*Phänomenologische Forschungen. N.F.*)第4辑,弗莱堡/慕尼黑,1999年,第3-21页。

③ 同上书,第40页。

④ 参见上书,第40页及后页。

(在前面引述的与凯恩斯和芬克的对话中,胡塞尔的确是如此建议的);它同时也要向我们揭示出以下事态:促发悬搁的真实处境产生自一个完全无法预见的事件,或者说,这是常态的、对世界中之存在的信任突遭袭击的某一时刻。

当胡塞尔看到"反思的动机"通常产生自某种"不和谐、不融洽的经验"时,他也注意到了哲学发展的生存论基础;[1]他还谈到在古希腊时期产生的某种"动机",这种动机引发了关于一个绝对的、超越一切传统的世界的全新的问题,并产生了一种"普遍的好奇心,即所谓的惊异(thaumázein)"。[2] 然而,正如胡塞尔在其《危机》中向我们所展示的那样,正因为这种动机未能直接引向先验现象学,它最终错失了自己的目标。

对于"现象学的现象学"来说,其任务不仅在于去分析现象学如何产生于生存论的实践之中,又如何在实践之中隐藏了自己的根源;它也需要揭示现象学是如何与实践永恒地相关联着的。正如芬克所主张的那样(对此胡塞尔并没有反对),先验态度不可能被一劳永逸地把握住(如果它曾经被把握过);毋宁说,[现象学家]有必要一次次地"回到"世界之中去,并重建世间的态度——从而以一种开放的模式不断地获取先验经验。然而,这种不断地进行着的去-世界化(Entweltlichung)和再-世界化([Wieder-]Verweltlichung)运动恰恰证明现象学与实践之间有着不可割裂的关联。更进一步来说,现象学家当然同时是两个世界的公民——世间的和先验的,他/她不可能消失在先验生活的稀薄空气之中。现象学自我和自然自我之间唯一的、也是最重要的差异在于,对于现象学家来说,[自我的]先验维

---

[1] 胡塞尔:《欧洲科学的危机与先验现象学》增补卷,《胡塞尔全集》第 29 卷,多德雷赫特/波士顿/伦敦,1992 年,第 376 页。

[2] 同上书,第 389 页。

度不再是潜隐的了。

由此,我们也可以得到一些更有趣的结论。其中一个结论就是:现象学关于现象学之诸开端植根于各种存在论的关系之中的洞见不仅有助于我们构想一门先验现象学,同时也有助于我们去发展一种关于人类生存的先验理论,这一理论与早期海德格尔的"基础存在论"截然不同。对先验悬搁之促发动机的追问蕴含着一种爆炸性的力量,这种力量为一门新的生存现象学开辟了道路。在本文中,我们只能够对发展这一新选择的起始点做一番考察。

三

让我们重提这个问题:说在自然态度中不存在促发现象学的动机,究竟是什么意思呢?首先,先验悬搁这一操作无法被任何世间的对象促发。它之所以不能以这种方式被促发是因为它关注的恰恰是一切的(世间)动机:悬搁这一操作的内部规定和目标就在于去抵制一切由各种[世间]动机引发的关系。对所有这些关系所做的这种独特的抵制被胡塞尔称作是先验悬搁的不可分割的整体行为;这一行为不像心理学的现象学还原那样需分步骤执行,而是必须在瞬间被执行,必须"一击成功"。[①] 这一事态和现象学态度不能被一劳永逸地把握住并不矛盾,因为这涉及到一个重要的区别:通过现象学悬搁达到先验层次是一回事(我们要么达到了,要么没达到),而以现象学分析为手段去揭示先验性之不可穷尽的表现是另一回事。

先验悬搁这一行为和它的"对象"——即,世界本身——都是独

---

① 胡塞尔:《欧洲科学的危机与先验现象学:现象学哲学引论》,卡尔(D. Carr)英译,伊利诺伊州埃文斯顿,西北大学出版社,1970年,第40节。

一无二的。当我们将"世界"现象学地理解为一张由无限多的动机构成的网络时,悬搁行为所对应的并不是一个什么新的动机,而是被动机促发这一独特事态本身的出现。这种出现所指的就是这一事态被呈现出来,而且这种出现当然不再出自任何动机,因为任何动机的实事性都是由它本身所规定的。因此,如果我们有机会与世间生活的这种实事性相遭遇,那么上文提到的个人生活中的极端境况就名副其实地可被称作是极端的。之所以如此,乃是因为自然态度通常与世间的各种动机纠缠在一起,而在这些境况中我们被引向了自然态度的界限。它们的"极端性"包含着第一次去体验这种态度的机会——而这是通过执行先验悬搁来达到的。这种悬搁使一种获得洞见的独特的可能性现实化了,也就是说,我们可以洞见到在何种条件下由多种动机促成的多种可能性能够现实化。

这种结构性的关系强烈地暗示着海德格尔对那种极端的、"最终的"可能性的构想。众所周知,在海德格尔那里,这种可能性是通过与死亡的某种特定关系来把握的,即"先行到死"的结构。[①] 对海德格尔来说,这种特殊的关系也是某种独特的可能性的现实化,因为它是一种与在世界之中的所有可能性相关的行为。日常世间的可能性与对象相关,但与死的关系却是独特的:这不仅是因为死是我们生命的最后的可能性,还因为这种关系作为一种"向死存在"[②],将会"开启"一切可能性的可能性。因此,这种可能性既是任何与世间诸可能性产生联系的不可能性,又是所有这些可能性的可能性(因为一切世间的联系之所以可能正是建立在对个人生命最后的可能性之领会这

[①] 海德格尔:《存在与时间》,斯坦博(J. Stambaugh)英译,奥尔巴尼,纽约州立大学出版社,1996年,第五十三节。

[②] 参见同上书,第五十一至五十三节。

一基础上的)。① 海德格尔将那种开启这一独特的可能性的特殊状态称作生存论上的"决心"。②

一方面,我们有这种由决心开启的、作为一切世间可能性之基础的不可能性之可能性;另一方面,先验悬搁自身不出自任何动机,但却为我们提供了理解一切世界动机之机制的基础,从而执行先验悬搁也提供了一种可能性。那么从内部的、现象学结构意义的角度来看,这两种可能性真的是一回事吗?如果不是,我们必须更深入地分析两种复杂结构之间的差异。

对海德格尔来说,"先行"到死是领会的一种模式,它使对所谓的"本真存在"之领悟成为可能。这种存在揭示了此在的一种生存状态——即使此在向来已在、也正处在此状态中,但只要它仍迷失在与世间事物间的诸种关系之中,它就无法知道自己的可能性。这一运动描绘出了理解的循环结构。通过揭示它先前隐蔽的生存模式,此在将自己变成了它真正所是的那种存在——这是通过领悟真实存在的意义来达到的。由此可见,向死存在作为一种极端的可能性划出了一条封闭的、不可跨越的界线。用海德格尔的话说,这种独特的可能性是"不可逾越的"。③

当然,强调人类生存的有限性并不只是简单地意味着我们终有一死;这种强调还意味着人类生存中能够成就的一切变化将会在其开端处终结。在这个开端,下面这两件事其实是一回事:(1)此在知道何为本真的存在;(2)此在是其所是的那个存在。这一生存论上的同义反复也反映在海德格尔的核心命题中,即:极端可能性的开启包

---

① 海德格尔:《存在与时间》,斯坦博(J. Stambaugh)英译,奥尔巴尼,纽约州立大学出版社,1996年,第五十三节。
② 参见同上书,第六十节。
③ 参见同上书,第五十三节。

含了生存论上对此在之整体存在作先行把握的可能性。① 在生存与对象世界之间的联结被解除后,一个人才有可能赢得自己存在的整体。

相比于先验悬搁,这里有一个巨大的差异。尽管凯恩斯曾经说过"现象学悬搁关涉存在之整体",②但执行悬搁的过程使界线变得无用。先行到死像是进入到生命的一个更深的层次,目的是为了最终能把家忘记;而先验悬搁则是可与越狱相比的一种极端的断裂,没有人知道在这个过程中会遇到什么,这是完全不确定的探险进程中的一跃。

先验主体性不会因为执行了悬搁就简单地把自己交付出来。任何时候它都不会被完全地揭示,因为它在连续的构造中不断地实现自己,甚至在现象学旁观者的潜在行为中它也在起着作用。与此相关所产生的问题倒并不是重复的问题,即,每一个匿名的揭示行为自身也需要被揭示。芬克在有关论述中指出,此处并不存在无限的重复关系,因为从第三层次开始,所发生的只是一种简单的重复,而不再有更新更高的层次出现。换言之,对现象学行为的反思从原则上讲与对此反思的反思是相同的(即:它们都不再受存在命题的影响)。更高层次的反思之性质亦可依此类推。③ 先验主体性无法被"捕获"这一事实意味着在此主体性与一切试图捕获它的努力之间存在着一种在原则上无法逾越的差异。我们可以说这一洞见正是芬克在《第六笛卡尔式的沉思》中分析得出的核心结论。去-世界化与世界化的相继序列标志着一个无穷尽的过程,因为每一次悬搁都依赖于一个

---

① 海德格尔:《存在与时间》,斯坦博(J. Stambaugh)英译,奥尔巴尼,纽约州立大学出版社,1996 年。
② 凯恩斯:《与胡塞尔和芬克的谈话》,第 12 页。
③ 参见芬克:《第六笛卡尔式的沉思》第 1 部分,第 29 页。

它在其中被执行的处所和时间。而且,每次进入先验境域都是一次丰富化的过程,在这个过程中,认知的世间特性"流入"(Einströmen)了世间性,其生存论的地位也改换为世间性。此外,即使一个现象学家完全孤独地执行着悬搁,他/她也不是一个独一无二的自我。与现象学主体相对应的是现象学自我的复多性。

我们已经认识到先验悬搁之发生有赖于某些特殊的生存境况,而不依赖于任何世间的促发动机。这一认识也给我们带来了如下洞见,即:尽管通往先验境域具有独一无二的内在意义(在与任何世间的存在的关系中保持一种极端的地位),通往先验境域的道路却是多样的,因为先验境域的开启有赖于其开启的处所和时间。由于先验态度在人类实践活动中有其根苗,所以,塑造此实践的诸要素也渗透进了先验态度的特殊的发展过程。同时,由于先验主体性只能通过复多性体现出来,在由此复多性回返到先验主体性的过程中,不是所有的先验起源之踪迹都能够被揭示出来。尽管如此,那些与此具体主体性的特殊模式相关的先验踪迹仍可以确定地被触及。

主体性的先验之根是多重的,而其每一种形态在这种多样性当中都是独一无二的。这一事态不仅意味着主体性是复多的,同时还意味着我们对此复多性的反思方式也是多样的,因为反思所指向的领域本身也具有复多性。由此得出的结论就是:存在着数条通往先验境域的不同道路。比如,佛教和现象学都是这样的道路,而且它们是互相不可替代的。当胡塞尔强调说关于世界之同一性的构想出自古希腊文化时,他看来偶尔也忘了:这种观点并不自明地就可被看作是一切生活世界的基础,也并不自明地能为一门对这些世界进行研究的理论规定其研究范围。现象学并不只与文化内的以及交互文化际间的多样性打交道;从事现象学本身就是一个具有多样性的事态,因为它植根于生存论的诸现实中。由于现象学与具体的先验性紧密关联,展示现象学之基础的方法和它的基础同样是独一无二的。但这里并不存在矛盾——尽管形成于某种生存论之境域中的诸观念有着相互不可替换的起源,它们仍然可以被交流和传达。

总结起来,我们的任务应该是将照亮生存的不同模式考虑进来(比如艺术、宗教和现象学认知),并在此基础上建立一门关于交互文化间性的现象学理论。我们还应当做出以下分别:第一,对自己所在之处境进行反思的行为具有多种可能性;第二,所在之处境本身是多样的,对应地,也各有其特定的反思模式;第三,通过对他人之所在以及他人揭示自身之方式进行把握,自我能够认识自己。如此刻画现象学的工作,目的不在于为现象学勾勒出一个简单的圆满结局,而是要刻画一个没有终点的圆满结局,而这也恰恰是胡塞尔曾经冀望的。

* * * * *

四

当我从与我的生存论处境紧密关联的状态中挣脱出来时,这既不意味着要去抛弃此处境,也不意味着要去完全地掌控它,这二者都是不可能的。毋宁说,这是试图与我自身的处境建立一种关系。这种关系可以被强化,但该处境以及我与该处境之间的关系所蕴含的最深层的奥秘却永远也不可能被触及。这种强化也并不意味着一种连续的、逐步深入的理解进程,因为实现先验悬搁的努力不是渐变的。在此处,"强化"所意味的是每次通过发起悬搁向先验根基的进发都会将我们自身这块未知之地的更多侧面揭示出来。

上述的自我与自我之处境之间的关系之所以得以被建立乃是由于自我产生了一种"移位"(displacement),而这种移位又源于自我属世的常态理解所产生一种生存论上的"扭曲"。这种扭曲使自我能以一种完全不同的方式去把握什么是"同一的",也使自我能够决定不再对构造着世界的自然的、自我论的诸本能做出反应。这一决定是无先例的——但这不是先行到死的决定,而是一种承担风险的决定,即:将那些具有自我中心特质的倾向"置入括号"的风险。按舍勒的说法,①正是这些倾向使我在通常情况下将我处身其中的独特处境等同于整个世界。因此,如前所述,这一决定不是要进入到一个与自身在世相关的理解之循环中去;恰恰相反,正是这种理解的循环需要被打破,以迎来一个不确定的结果。

关于人类生存的现象学哲学需要将悬搁展示出来的独特性确定下来。这包括先验主体性在世间具体化的独特性,以及这种具体化发生于其中的独特处境所具有的多样性。我们也需要认识到,揭示每一个处境的先验基础都是一项不可穷尽的工作。悬搁使我们能够打破与自身处境之间的紧密关联,同时也使一种反思性的分析成为可能。通过这种分析,我们可以研究在"移位"的视野中呈现出来的东西。前理论的悬搁不仅改变了生命,也可以为一门关于先验性的理论奠基,这门理论包括了对人类生存之运动的研究。这种运动包括了那种没有任何促发动机的特殊运动,即先验悬搁。而关于先验悬搁这一生存论上的运动的现象学理论也需要研究现象学将自身现实化为现象学运动这一进程的社会角色。

将现象学建立在悬搁之上使现象学不再固着于某些处境。这种现象学解放了自我,为的是在面对他人的时候重获自我,也就是说,通过着眼于他人来超越自己,并最终以一种改变了的方式回到自己。这也解释了为什么现象学的可能性只存在于多样性之中(事实也的确如此,现象学的现实化正是通过形形色色的现象学来实现的)。正

---

① 舍勒:《同情的本质与形式》,《舍勒全集》第 7 卷,M. S. 弗林斯编,伯尔尼/慕尼黑,1973 年,第 69 页。

因如此,在现象学的传统上,其组织方式也并非是一种等级制度——因为只有作为一种彻底的民主制,现象学才是可能的。同理,现象学只有通过全世界现象学组织的交流和合作才能存在,而推进这种交流和合作也是国际现象学组织为自己明确订立的宗旨。我们应当感谢莱斯特·恩布里,是他的工作使这场运动获得了新的动力。

(余洋 译)

世界-图像:边界现象学的要素

　　世界和图像是一对概念,至少在欧洲文化的语境中,它们彼此交叉。如果在世界名下得到理解的是一切存在者的时间空间范围,或者狭隘地说,是人类存在和人类活动的范围,那么在这两种情况下,世界和可见性是彼此紧密相关的。因为每次我们用这个词称呼的都是那种整体上进入显现之物。在世界和可见性相关之处,一种原反映的特性归于世界:世界反映("指示")着它带入持存之物,或者说,世界只让某物如此持存着,以使世界指示某物。在主体那里,像"Weltsicht"、"Weltbild"、"Weltanschauung"等说法表达着世界的图像性。这不仅是指世界能被"直观"的方式,而且似乎还指世界被呈现给观察者的方式。如果再联系到"Weltsicht"、"Weltbild"或"Weltanschauung"这些概念,那么对世界的呈现,至少在人类此在的领域中,应当以复数形式被表达。因此,世界如何呈现自身能够在诸世界-图像之中被把握到,或者说世界的诸图像会指示世界给出自身的不同方式。

　　如果"世界"只能以复数形式明显地指示自身,就会产生这样的问题:不同世界的诸图像在何种关系中彼此存在以及它们的多半竞争着的关系应当如何被理解。但是,为了能够处理这个问题,对它而言最为根本者自身,即世界和图像的关系,已经被充分地澄清了吗?两者的关系已经被置于可见之物的领域之内了吗?或者,不如说由此可见性自身都是个难题吗？为了检验这一点并且由此也为彼此竞争的世界图像问题之回答铺平道路，我的论文的第一部分与此相关：在图像和世界的关系上，使得通行的、提及可见性和不可见性差异时所实施的探讨成为有问题的；在第二部分应当指明在这种区分之实行中的疏忽，将缺失的连接点预先准备出来，并相关于引导性的主题。

一

现象学思想早已对世界和图像的关联有所注意。在此图像性在完全不同的语境中成为主题：在世界观的意义上，但也作为在空间中的具体图像或者作为艺术品。当下的目标涉及研究在图像性的各个规定中世界的重要性，对此目标而言，这些区别只有次等的重要性：各种图像性都同样构造具有世界印记的意义空间性、媒介性①的方式。时间空间意义上被划分的感性之物的意义，以及另一方面相关于世界的、促成世界的可见物也应当一同被包括在"图像"的说法之中，反之亦然。

在其1938年的论文"世界图像的时代"②中，海德格尔将世界和

---

① 媒介存在在这里指的是人类生存世界性的存在的基本方式，它的突出之处是：它能够和自己处于某种关系中（按照海德格尔的措辞：人类存在在其存在之中和自身相关）。在这种和自身处于某种关系中，生存部分地从自身那里消解掉并且走向自身。这种运动规定了一种空间性，它是一种意义的空间性，只要自身关联不只合乎意义地运行，而且规定了意义性自身：在"意义"中，被把握的不只是一种被规定者，进行把握的自身也隐含地被把握到。在更为宽泛的意义上，生存在意义之物中将自身呈现给自身，媒介性地关联自身，在本源的生存视野上给出着空间。

② 载海德格尔：《林中路》，《全集》第5卷，F.-W. 冯·海尔曼编，美因河畔法兰克福，1994年，第75－96页。

图像的关联归结为此:它是对一个特定时代,即现代的存在论状况的表达。在此两年前(1936年),海德格尔首次在论文"艺术作品的起源"①中,以这样一种方式将作为艺术作品的图像关联于历史时代和其世界特性的存在论的真理意义:正是这样一种真理使得时代成为了时代。如海德格尔在"世界图像的时代"中所阐释的那样,只要现代被打上了作为研究的科学之烙印,那么在它之中,存在者之存在被揭示的特性和方式就在海德格尔所表述的"说明性表象的对象性"中显示自身。如果存在者之存在在这样的对象性中解释自身,那么对象性的相关项,主体性、"人"就成了新的"关联中心"。因此海德格尔说,人的主体性将世界作为图像来表象,并且将作为图像的世界摆置于自身之前。如果时代的世界关联归结为:将世界理解为图像,那么"世界图像"这个表达就是一个同语反复。此外:人在同世界的对立中凸显自身,在同一过程中,人将世界降格②为他自身之表象,由此,在他同世界的关系中,一种权力因素发挥了作用。海德格尔提到:世界作为"表象着的制造之构图"等同于它的"掠夺物"。对于海德格尔,这种在图像之中的"世界掠夺物"显然在一种潜在的安全之追求中有其起源,如它在笛卡尔的哲学表述的先验开端中取得了成功:在"表象"(Vor-stellen)中存在者的对象化表明:存在者被如此带向自身之前,以使人能够确信它、肯定它。③

在后期著作中,海德格尔才试着从其自身之中对图像性加以规定,而且他并未将它预先规定为一个时代的根本印记。在1955年的

---

① 载海德格尔:《林中路》,第1-74页。
② 参见"世界图像的时代",前引书,第91页。
③ 同上书,第87页。

论文"论圣坛画"①中,有一个简短的阐释对由本有-思想所引导的图像-释义的基本概念进行了阐明,在那里图像被作为问题加以讨论,但并未被局限在形而上学的历史之上。"图像"在海德格尔这里代表着"面貌"(Antlitz),亦即在"看向",作为"到达"的"展望"的意义上。②"它的框架界定出光照的开放,借此一界定,使光照的释放得以被聚集。"③在艺术作品一文中,海德格尔就已经将图像和"显现"联系起来:如在那里所说的,在艺术作品中,存在者之存在到达了"其显现的持续物中"。④ 当然,开放不能由于图像存在,不能在其中和通过它而成功,相反是图像自身被一同带入到释-放的发生之中。图像、作品是在这样一种发生中的要素:这种发生自身具有——被改变的——图像存在的形式。在圣坛画的情况下,如海德格尔所言,这种发生是在弥撒仪式的化体中"神的化身为人的显现";海德格尔继续说,这种发生是作为"弥撒在其中举行"的地点的"时间-游戏-空间(Zeit-Spiel-Raum)的现象",这种显现作为图像而发生。⑤ 因而,图像不仅没有象征化体之发生,而且作为作品之物也不再是化体的在场显现的原因和基础,如海德格尔在艺术作品一文中所构想的图像之功能;而是相反,弥撒在图像中显现且作为图像而发生。因此"图

---

① 载海德格尔:《从思的经验而来》,《全集》第13卷,海尔曼·海德格尔编,美因河畔法兰克福,1983年,第119-121页。——海德格尔提及了拉斐尔1513/1514年的《西斯廷圣母》(玛利亚连同圣西科图斯和芭尔巴拉),它是拉斐尔受教宗朱利叶斯二世之托而为位于皮亚琴察的圣西斯托教堂所作的。海德格尔将今日位于德累斯顿画廊的作品假设性地回溯到了其本源的空间——圣西斯托的圣坛区——之中。
② 同上书,第119页及后页。
③ 同上书,第120页。
④ "艺术作品的起源",前引书,第21页。
⑤ 海德格尔:《从思的经验而来》,第121页。

像"摆脱了那种"预先被给予的对立"①的形而上学特性,在改变了的意义上保持着世界的显现特性。②

大约在海德格尔的世界图像一文发表的十年前,欧根·芬克就已经关注世界和图像间的关系。他在胡塞尔那里所做的博士论文③的最后一个章节中,试着在现象学上规定图像,并且,为了实现这个目标,他将它和世界联系起来。他分析的结果是:重新给出现实或想象题材的空间图像和图像的载体(那种使它参与时间空间现实性的材料)处于一种悖谬的统一体之中。这种悖谬就在于:图像如此和它的载体相联结——它和它的承载者一同被嵌入一种总体的现实性,但同时,它并不与它的载体如此相联——它仅仅展现了它的视域现象,以至于它好像素朴地是注意力的模式,这些模式这一次使载体被给予,另一次使被它所'体现'的图像被给予。问题是:现在图像如何以别的方式和其载体相联以及图像同它的载体如何融入一种总体的感知,芬克对此的回答是:图像感知是一种"媒介行为",亦即,一种把握到总体现实之物的行为,这种总体现实之物包含了一种非现实之

---

① 海德格尔的"保罗·克利札记",已由索伊博尔德(G. Seubold)整理公布:"海德格尔遗稿'克利札记'"(Heideggers nachgelassene Klee-Notizen),载《海德格尔研究》(*Heidergger-Studies*)第9卷,1993年,第5-12页,此处见第11页。

② 这一点恰恰意味着:"图像"作为显现之发生是"看向"和"到达",亦即开启了媒介性。"图像的本质是:让某物被看到"(海德格尔:《演讲与论文集》,《全集》第7卷,F.-W.冯·海尔曼编,美因河畔法兰克福,2000年,第204页)。作为开启媒介性、促创着中心之物,显现之释放同时是尺度-赋予:尺度为存在(Seyn)之真理做了奠基,它为着在它的光中显现的存在者。对于图像和尺度-赋予(释放)及尺度-采取的关联,新田义弘(Yoshihiro Nitta)在其论文"通向不可见之物的现象学之路"(Der Weg zu einer Phänomenologie des Unscheinbaren)中已加以留意(载帕彭富斯[D. Papenfuss]、珀格勒[O. Pöggeler]编:《论海德格尔的哲学实在性思想》[*Zur philosophischen Aktualität Heideggers*]第2卷,美因河畔法兰克福,1990年,第43-54页,特别见第四部分)。

③ 欧根·芬克:"当下化与图像:论非现实性现象学"(Vergegenwärtigung und Bild. Beiträge zur Phänomenologie der Unwirklichkeit),载氏著:《现象学研究文集》(*Studien Zur Phänomenologie 1930-1939*),海牙,1966年,第1-78页。

物,图像被把握为"现实的假象"。① 这个结果阻止了这一点:图像把握要么并非有别于其它感知的方式,要么分解为两种感知方式——在一种感知方式中,给出着现实之物,在另一种感知方式中,给出着图像性之物。与此相对,图像感知作为媒介行为表明:图像和载体是同时被把握到的,但现实的载体只是作为一种被掩盖的载体:对于芬克而言,它的作为"遮蔽性的掩盖"的"透彻性"是本真的桥梁,它将如下两者扭在一起:一方面是载体和与它一同的、它的视域性地被给予的世界,另一方面是作为媒介行为相关项的图像世界。因此,图像作为空间图像对芬克来说是这样一种东西:由于透明的现象,它敞开着,就如一扇开向与它完全不同的世界的窗;但同时由于这种透明性,它并未被排除出世界之外,而是间接地与之相关。②

芬克在其博士论文中所概述的图像和世界的关系,随后就归入他的宇宙论概念,这个概念思考的是人类存在和超出人之物(即世界)的关系。③ 在此,媒介性(作为世界之揭示)和世界的关系是悖谬统一体的关系:媒介性和世界两者,既不合而为一,又不彼此分离。在媒介性的内在世界之物中,世界依然是作为超出一切媒介性之物:媒介自身向世界渗透,是古典的 symbolon 意义上的符号:一种碎片,在其中自身从不显现的世界的痕迹仍需被辨认。由于这种状况:媒介性是渗透性的,人类存在之中的总体现实性似乎能够反映自身,用芬克的话说,世界能够"在自身中成为明亮的"。

---

① 欧根·芬克:前引书,第 76 页。
② 凭借这样的思考方式,芬克通过胡塞尔和海德格尔的规定寻找第三条路:对不能被解释学地掩盖的彻底断裂的强调使他和胡塞尔相联;使他同海德格尔相联的则是他对在-之中的强调,但在-之中是这样一种东西:在其中完全相异者在它那里留下了痕迹。
③ 特别见欧根·芬克:《作为世界符号的游戏》(*Spiel als Weltsymbol*,斯图加特,1960 年);该书即将作为《欧根·芬克全集》(*Eugen Fink Gesamtausgabe*)第 7 卷再版(此书由 H. R. 塞普校订,已于 2010 年出版。——编者注)。

因此，同早期海德格尔有别，图像关联对于芬克而言不是（某个特定时代的）世界关联的特殊规定，图像也没有变成世界的代用品。在芬克那里，一方面的图像或者说媒介性，另一方面的世界处于生产性的紧张关系中。这一点被透明性现象或者说符号性现象所保证，这种现象在其"运动方向"中也和后期海德格尔的构想有别——我们还要回到这一点上。

让-吕克·马里翁（Jean-Luc Marion）发表的对偶像和图像之关系的研究在很多方面和海德格尔及芬克的构想有所交汇。① 马里翁的基本命题是：偶像（eidolon）扣留了视线，与此相反，图像（eikon）是渗透性的——在偶像的情况中，视线局限于可见之物中；它本身由被看视者所构成，正如它构成着被看视者。被看视者仅仅是看视者②的镜子，是它的尺度③；偶像崇拜始终是"自发的偶像崇拜"。④ 但是，视线锁定着偶像，由此它看不到它的镜子功能，偶像是自身"不可见的镜子"。⑤ 与这样的在自身之前遮蔽相对立的是另一种不可见者，这就是图像：不同于偶像，图像是由此而得以凸显的——在其超越之中，它并不将目光投向它自身，而是相反，它要去"越过自身"。⑥ 这种超越仍旧是实行，绝非是到达：不可见者过渡为可见者，这样不可见者被看到，反之，可见者只有通过"过渡"⑦为不可见者被看到，

---

① 马里翁的相关著作，目前有以下德文译本："偶像与图像"（Idol und Bild），译自"论偶像与圣像"（Fragments sur l'idole et l'icone）[1979年]，载卡斯帕（B. Casper）编：《偶像现象学》（Phaenomenologie des Idols），弗莱堡/慕尼黑，1981年，第107-132页；《可见者的敞开》（Die Öffnung des Sichtbaren），译自《可见者的交错》（La croisée du visible）[1996年]，帕德博恩，2005年。

② 参见："偶像与图像"，前引书，第111-113页。

③ 同上书，第116页。

④ 《可见者的敞开》，前引书，第99页。

⑤ "偶像与图像"，前引书，第114页。

⑥ 同上书，第123页。

⑦ 《可见者的敞开》，前引书，第91、102页。

由此，在从可见者到不可见者的变化着的过渡中、在这种交换中，两者共同成长。①

偶像对于马里翁如同图像对于早期海德格尔一样，是依赖于人的。相应地，马里翁也将偶像和时代置于支配性的关联中；不同于海德格尔，他不是在主体，而是在可见性那里对人的偶像性图像之指向加以固定。在那里，偶像将世界规定为"图像世界"②，在这个世界中一切对于视线都是开放的，都是可见的。由此，相对于海德格尔的规定，马里翁明显拓宽了"世界图像"的时代，同时限定它：他拓宽了它——他不仅以可见性关联指欧洲现代，而且还指以视觉之物为定向的整个欧洲的"希腊"思想传统；如同瓦尔登堡的约克伯爵③和早期的、"前-亚里士多德"的海德格尔④一样，他将它同欧洲文化发展中的反传统——即"原形式"中的基督教，这种"原形式"，对于马里翁来说，也就是基督教在和圣像打交道时证明自身的方式⑤——相对照。这样一种事实将马里翁的构想和芬克联系起来：凭借着对透明性的断定，马里翁也试着去把握一种"悖谬"⑥：可见者和不可见者的相互转换，而不是一者和另一者同时发生。马里翁也思考了类似于

---

① "偶像与图像"，前引书，第 100 页。

② 《可见者的敞开》，前引书，第 100 页。

③ 参见《狄尔泰与约克伯爵通信集》（*Briefwechsel zwischen Wilhelm Dilthey und dem Grafen Paul Yorck von Wartenburg 1877 - 1897*），舒伦堡（S. von der Schulenburg）编，哈勒，1923 年。

④ 参见海德格尔：《宗教生活现象学》，《全集》第 60 卷，M. 荣格、Th. 芮格丽、C. 施特鲁贝编，美因河畔法兰克福，1995 年。对此可参见斯塔吉（P. Stagi）：《实在的上帝：海德格尔早年的自我世界与宗教经验》（*Der faktische Gott. Selbstwelt und religiöse Erfahrung beim jungen Heidegger*），维尔茨堡，2007 年。

⑤ 马里翁用"圣像"这个词首先指的是一种现象性类型，它不被限定在基督教-正教文化区域的作品之上。因此，"圣像"也可以是某种像"抽象派"那样的现代艺术作品（例如可参见马里翁：《可见者的敞开》，第 81 页）。

⑥ 《可见者的敞开》，前引书，第 91 页。

符号化的某种东西：图像使"可见者逐渐地饱和为不可见者"[1]，由此，不可见者不同步地到达可见性。在其形式的功能性中，这种饱和符合被芬克称作世界之明亮的东西。但是，饱和作为对不可见者的显示在马里翁那里是一种强力行为，近似于海德格尔那里世界经过近代的强力影响而变为"表象着的制造之构图"。马里翁所构想的强力行为等于是一种印记，它只以这样的方式接受"不可见者的记号"[2]：它是交叉类型……以悖谬的方式为不可见者所接受的影响，它处于一种明显的伤痕之中，可见者将这个伤害强加给它。[3] 在芬克那里，图像世界凭借它在现实世界之中展开的窗户，在这里通向伤口；它的印痕，即预象（typos），与碎片，即征象（symbolon），是同源的，借此不可见者在可见者中留下了痕迹。因而，在图像中浮现的朝向世界或绝对者的明晰性就被思考为在窗户一类的过渡者之中或在痕迹和碎片一类的中介者之中。

后期海德格尔、芬克、马里翁把握到了图像和囊括着世界或在透明性、渗透性、明晰之现象中的绝对之物者之间的关系。海德格尔强调的是作为显现、作为遣送自身的运动的光照，相反在芬克那里，渗透性的运动方向在人类存在向包围着它的世界之物的超越中进行。不可见者向可见者的通达同时是对不可见者的强力渗透，由此，在马里翁那里就存在着两种运动方向的关联。

芬克和马里翁突破了在海德格尔后期著作中依然显示为解释学行为的隐秘解释学的界限：像预象那样的征象强调了这样一种通道，它深切的怀疑在自身显示的循环之中的解释学的揭示力量，由此，他们比海德格尔做得更彻底。马里翁试着去筹划一种彻底化的解释

---

[1] "偶像与图像"，前引书，第121页。
[2] 《可见者的敞开》，前引书，第91页。
[3] 同上书，第92页。

学,但这种解释学通向"病发","通向悖谬"。① 在可见性和不可见性领域内的这种彻底化以及相关地在方法实行中的尖锐化足以十分彻底地研究图像和世界的关系吗? 如果在这一点上图像和世界的差异被证明为透明性的边界区——如何把握这种边界,以完全地符合这种差异?

二

为了筹划对这些问题的回答,我想将问题背景划分为三个子问题:1.什么使图像成为图像? 2.为什么图像变成了偶像? 以及 3.什么让偶像变成了图像? 在处理这些子问题的操作方法方面,应当认识到,不论是先验的或存在论的进路,还是经验的进路都不能独自充分地回答这些问题。换言之,要尝试"现象-历史"分析(弗里茨·考夫曼[Fritz Kaufmann]),它历史性地理解图像的谱系学,而不是消散在实际历史之中。

1. 什么使图像成为图像?

特殊意义上的图像性、一切最宽泛意义上的得到想象支撑的媒介性都是这样的反映性形式:它们依赖于这样一种东西——从这个东西那里它们能得以凸显,并且在凸显之中形成。但凸显在此并不意味着在预先被给予领域之中的形成,并不意味着前景现象和背景现象间的关系。不如说,应当被明察的是:这样一个领域——图像、意义、媒介性——如何被展开。因而,为了展开这个领域,由图像性所凸显之物首先是一个 X,它不能被肯定性地规定,如果可规定性来

---

① 《可见者的敞开》,前引书,第 91 页。

源于其谱系应当被证明的想象性意义层面。对 X 的经验可以说是经验的被强加的副产品,这种经验不在想要展开自身的倾向中,而是被体验为是返回自身的。在此将自身置于途径之中者是纯粹的抗阻性,在心理物理的有机体之中展开的每一潜在的意义载体都取决于这种抗阻性。这种抗阻性——我们将其相关项的体现称作实在性——作为对其强制性之渴望的"回应",唤起了朝向世界的具体化的意义的自身集中,世界能够为其承载者创造意义的总体朝向。在对文化发展的较为高级形式进行考察时,尼采就对这里所意指的东西做了如下表达:为了能够生活,亦即,为了以自身熟悉之物对抗实在之物的无意义的涌入,希腊人创造了史诗和悲剧的媒介空间。① 相关于反映性的意义获取和意义最大化,胡塞尔提到:失望,亦即在先前无间断的世界经验中的抗阻性之断裂,造就了意义之集中、意义之被赋予,并随之造就了意义之增长。② 因此,这就是跳跃点:实在性并不展示媒介性地获得的世界经验以及相关的被它构建的世界意义、一种当下的媒介性的因素,而是引发这样的世界经验和其意义,实在性无法在其媒介性之内被触及。

大多数情况下,意义世界相关于意义自身而组建起来;对意义自身组建的猜想是不完整的,如果它没有观察到:实在性获得了每一意义集中,在其中"实在性"能够作为意义材料——作为实在性的意义——而出现。相反,意义集中不仅意味着生存的本源自由-空间的

---

① "为了能够生活下去,希腊人基于最深的强制性不得不创造了这些诸神"(尼采:《悲剧的诞生》,考订研究版《尼采著作全集》第 1 卷,柏林/纽约,1999 年,第 36 页)。

② 胡塞尔当然没有阐明手工工具,以分析抗阻之物。只要对他而言精神领域被动机引发、自然领域被因果性标示,那么他就只将阻碍或者说失望的生效想成是一种被动机引发者。胡塞尔只对这种发生的"内部"感兴趣,对能够基于被经验到的阻碍而构建起新的主体性的意义层面之物感兴趣,而对于主体和有意义的自然之外的某物的争斗,不感兴趣。

创造:距离意义的创造和作为距离的意义。生存随之也获得了一种新的手段,以使现实性按照其表象运转,意义集中越和可能的实在存在的断裂相"协调",这种夺取就会愈发强烈,或许也会越有成效。但是,如下这点归属于一般运行的想象性的世界图像——它不仅遗忘了其起源,而且以一种未被发觉的方式作为实在之物而起效:与意义内容和其媒介性的图像一同统治着,因此施加着力量和强力。实在性自身——它本己的和一切其它的实在性——对它保持遮蔽,只是作为意义而被熟悉。总而言之:图像性只产生于此——在和实在性的碰撞之中,意义维度展开之处。这个意义维度忘却了其非意义性的起源,和其有意义之物的手段一同实在地起效。

2. 为什么图像成了偶像?

在有意义之物之中,对实在性的扣留同时是一种自身保护,想象之物使抵抗意义世界之物无法迫近,由此意义世界基于其想象力实行着自身保护。想象作为这样的力量而出现:它紧紧抓住逼迫者、限制者、尚未被实在之物所侵占者,由此它聚集了不同的东西:和前意义的展开相关的实在性自身以及和想象的意义促创过程相关的实在性意义。想象有图像化、"象征"实在性的倾向,因此,它自身就带有一切偶像之物的萌芽。在想象行为或对生活基础的态度转变之处,这种倾向被"解除"了。但原则上,每个想象行为也存在于成为生活基础的倾向之中,这一点首先产生自这样一种首要的倾向——想象力始终倾向于去规定现实性关联:去定义现实性对于我们是什么,其次产生自这样一个事实:想象自身无非是生活实行。相关于生活实行和现实性关联的整体,想象就这样创造了一种生活基础,它自身之中包含着脱离生活之物:纯然的生活和现实性的图像,这种图像自身在其图像状态之中依然是未被发觉的。

这种考虑处于这样一种情形之中：不仅将图像和偶像相互对照，而且指明基于何种因素图像性变为偶像。如马里翁描述的那样，图像的视觉性在这里只是标志着起点。事实上，如果图像应变为偶像，必须被实行的第一步是：对"图像"的理解必须在其图像意义之中倾向于完全的显现和可见性。如果现在图像只是更多地存在于其可见性的潜能之中，那么当这种潜能从图像那里被剥夺之时发生了什么就已得到呈现了：它将只是更多地在一种空洞形式中继续存在。这种被掏空者充实了图像和意义的形式条件，但它并不是图像和意义，而且正是它使其可见化的倾向极端化了：偶像不仅是完全地被可见化的图像，而且这只是由于它被降格为形式化外在性的意义空乏的表层，由此它的每一深度都被劫夺了。

但是，是什么导致了图像意义的缩减？那就是去图像化和去感性化的两级运动。随着古代原子主义的产生（对意义充盈的"德谟克里特还原"达到了单义的原子[①]），倾向于可见性的、易于消散的图像意义经历了去图像化。但是，在由现代对感性质性的扬弃所推动的对一切意义的去感性之中，一切充盈的形式化才引起了图像之物的空洞形式。现在，只要它的外壳（可以说成是图像托架）仍然是多余的，这就是空洞形式，反之，支撑着图像的透明转入数学-物理学关联的不可见真理的超越，它和可见之物无关。这种空洞形式-图像性进一步转变为偶像——哲学和科学语境中被推动的去图像化和去感性化经历了这样一种总体化，由此它全面地找到了生活世界的入口。

这种进程的值得注意之处有两方面：第一个让人惊讶之处是，去图像化和去感性化并不导致和无意义的实在之物的相遇。这就间接

[①] 但是，这种去除意义的还原性行为并不导致和实在之物的明显关联。而且，这种还原主义仍然是意义发生，尽管是一种贫乏的意义发生。

地指示出：图像的空洞形式还支配着一种意义剩余，它自身就是一种遮蔽着实在性的剩余意义；因此所有唯物主义都没有开出通向实在存在之路，因为尽管作为意义骨架，它还是有意义的。此外，正是图像和意义之物的空洞形式使勾画着偶像的边界获得了一种新的可能性。媒介性丧失了它的意义充盈和意义深度，在这样的程度上，越来越显示出这样一种悖谬：它的现实性因素得到强化，而且同时对其实在性束缚的明察可能性对它而言就不加显露了。自18世纪以来，被还原的图像和意义之物在这样一个地方逃遁了：它没有扩张力量，如在一切科学和技术的生活世界的实践形式、在美学和美学化（加深实在性关联之遮蔽的进程）。一方面是空洞的力量潜能，另一方面是自在的美学之物中的无力之物，两者导致了本能地被实行的、绝望的对固定自身、实现自身的尝试——在政治之物的区域上，例如对民族国家的筹划，这要诉诸像种族或民族这样的臆想的最终实在的核心。但是，按照力量和美学的相互影响，被意义关联消解的、绝对化的核心只是在新的、绝对的意义那里得以凸显的意义空洞形式的产物，是在它的对想象、力量态度、生活世界的被运用的科学性的混合之中的一种实在的炸药。几乎没有另外一个时代，对实在存在、作为对实在之物有力性之忽视的远离实在之物、作为对实在力量之执行的实在性的饱和的追求接受这样一种联结。

  总而言之：由于随着图像性的形成已存在着这种倾向：图像性的起源，它在实在性关联中的固定，被掩盖了。图像只是由此变为偶像。显然，在图像可见化自身那样的程度上，遮蔽强化了。在此需要注意的是：可见化的、偶像式的图像性的矛盾不仅存在于其非现实化的渗透性中，而且也存在于其未被认知的实在性基础中。更为细致的分析必须指出：被遮蔽的实在性的基础不仅仅展示了除贫乏的渗透性之外将图像降格为偶像的第二要素，而且还展示出，由于实在性的基础被掩盖，缺失的渗透性仅仅存在着。

3. 什么使偶像变为图像？

需要什么去反转这样的进程，出于在偶像之中固定图像的进程而获得图像和有意义之物的过渡性？偶像事实上由此阻碍了它的向图像的透明力量的转变：因为在它之中它的本己的实在基础未被认识，这一点就会意味着：图像性的载体——实在的文化，实在的共同体，它们总是由在意义上支撑着它们的媒介性的范围所定义——在其实在存在之中是自身被遮蔽的。如芬克在空间图像的例子中所阐明的那样，只有当载体被一同看到，透彻性才能运转。但是，仅仅以"共同拥有"的方式备有它，这就足够了吗？恰好在透明性是完整的情况中，才可能是足够的。无论如何，此处没有问题。但是，在透明性破裂和消散之处，实在的载体或许不会出现，不如说，它更多地在晦暗不明之中被世界的意义剩余（它失去了它的渗透性）所建造。

边界现象学想要为这个问题提供可能的回答：偶像崇拜如何能转变为图像性。由此，它首先涉及：1.指明实存的载体的实在存在在于何处；2.这种载体的媒介的形成的何种形式被展示，以及3.这种形式是否以及在何种程度上能够被影响。同时，这三个方面已经是指向对如下这个可能问题之回答的步骤了：偶像崇拜如何能够转向图像性。但是，如果问题的弱点在于媒介性世界的载体，那么就需要第四步：将实际的媒介性世界追溯到其载体的实在轮廓，亦即，对其各个实际的实在地点的指明。如果某种特殊的实在性关联存在于每个媒介性世界形成的开端，那么就是时候使它成为主题了，它获得了对被它推动的媒介性的界定。但是，对总是在其界限之中的本己之物的证实至少意味着这一点：看到图像性载体的力量在于何处以及在何处它过分地透支了它的由实在性自身所建立、给它以尺度的账户。

　　以这种方式指明媒介性的实在界限的边界现象学一开始就涉及复多。它给复多之物以基础,它强调每一媒介性的被实在性所支撑的、在其对自身的绝对有效性以及相关的与文化相联的有效性中的尺度-给予,因而,各媒介性世界的图像之物以及囊括着世界本身或绝对之物者之间的边界是由此而保持为完好的:它察觉到了另一边界,这个边界在意义和实在性之间延展并且界定这每一图像性的载体存在。因此,边界现象学同时是交互文化性之物的理论的基础。

(罗雨泽　译)

有限化作为危机的深层结构

有没有一种可以确切命名的要素，它开启了胡塞尔所诊断的欧洲科学与欧洲生活世界的危机？

我接下来想要阐明的论题是：有限性与无限性的概念对子表明了这样一种要素。众所周知，胡塞尔在近代科学对无限性的发现中看到了生活世界数学化的首要因素。然而无限性的概念在此是含糊的。只要自然的、科学之外的世界生活处在开放的、无穷的世界视域之中，它在某种意义上不也是无限的吗？超越论主体性首先不也是处于世界构造的无限性之中吗？然而在数学化的科学之情形中，对无限性的创建意味着什么呢？这里所指出的与无限性的关系能够被带入一种关联之中，并且使不同的含义之间最终不会相互交叉与重叠吗？无限性不就表明它是有限性并且反之亦然吗？

胡塞尔对有限性/无限性概念对子的拒绝和倒转，在以下论述中将得到进一步的揭示。我们将这个论题具体化如下：胡塞尔表明的危机是由对目的论结构的有限化导致的，这种有限化作为时空关联体的数学化了的无限性在世间显现出来。

我们的论述分四步进行：首先，我们会回顾胡塞尔的分析，即分析在欧洲科学的发展中对无限性的设定（一）。其次，我们将追问，对胡塞尔而言这种无限性是如何建基于科学之外的生活之无限性的特殊结构中的（二）。再次，我们将表明，伴随着对目的论地得到构建的超越论主体性的发掘，如何会出现一种无限性的新的意义，这种意义在有限性/无限性的世间关系中，将以一种更深的意义层次对两者的规定做出新的解释（三）。最后，我们从这样一种明察出发，即有限化是建立在超越论主体性之世界化的基础之上的，并且因此开启一个在其中危机才会显现出来的空间；最终我们要强调一种界限，这种界限在被主题化地对待的超越论现象学于其尝试——即开辟消解危机显相的道路的尝试——中是不可逾越的（四）。

一、无限性与数学化

在《欧洲科学的危机与超越论的现象学》这部著作中，胡塞尔提出了其充分为人所熟知的对近代自然科学之产生的分析。在这里，就这一产生而言，只有在其中完成的对无限性的构造会被纳入考察。与自然的、科学之外的生活之有限性连同这种生活的相对性和处境性相反，胡塞尔解释道，近代科学寻找一种非相对之物与自在之真，并且在其中回过头来诉诸古代几何学与数学的构想，即已经试图去除有限经验的限制的构想。在伽利略将纯粹数学应用于直观地被给予的自然之上这一做法中，胡塞尔从两方面看到了自然生活之有限视域的无限化：一方面是空间的、绵延的、运动的形态性质之理念化，另一方面是随之而来的从属的感性性质、"感性充盈"的同样的"一同理念化"（Hua VI，第 37 页）。[①] "由感性显相之理念化奠基的无限

[①] 我们这里的引用出自《胡塞尔全集》著作的如下卷次（*Husserliana*，简称 Hua，后面紧接着罗马数字的卷数和阿拉伯数字的页数）：《欧洲科学的危机与超越论的现象学。现象学哲学导论》（Hua VI），比梅尔（Walter Biemel）编，海牙，1954 年；《被动综合分析。选自 1918–1926 年的讲座手稿和研究手稿》（Hua XI），费莱舍尔（Margot Fleischer）编，海牙，1966 年；《交互主体性现象学。选自遗稿的文本。第三部分 1929–1935 年》（Hua XV），耿宁（Iso Kern）编，海牙，1973 年；《欧洲科学的危机与超越论的现象学。补充卷。选自遗稿的文本 1934–1937 年》（Hua XXIX），施密德（Reinhlod N. Smid）编，多德雷赫特/波士顿/伦敦，1993 年。——此外我们还引用了芬克（Eugen Fink）写的卷次：《第六笛卡尔式的沉思》第 1 部分《先验方法论的观念》（Hua Dok II/1），埃贝林（H. Ebeling）、霍尔（J. Holl）、范凯尔克霍芬（G. Van Kerckhoven）编。

性"意味着"一种对于当然地一同被奠基的充盈性质而言的对无限性的奠基"(同上)。胡塞尔将感性性质的理念化描述为"'间接的'数学化",而这些感性性质自身"并不具有可数学化的世界形式"(Hua VI,第 33 页)。这些感性性质的间接数学化是基于一种一般的假说才得以可能的,即"一种普遍的归纳性在直观世界中起支配作用",这种归纳性是在日常经验中显示出来的,然而却是隐藏"在其无限性中"的归纳性(Hua VI,第 37 页以下)。① 胡塞尔也将这种归纳性描述为"普遍的理念化的因果性",它包括"一切在其理念化的无限性中的事实上的形态与充盈"(Hua VI,第 37 页)。

显然在胡塞尔看来,恰恰是这样一种普遍化的假说,使近代的理念化与古代的理念化企图区分开来(参见 Hua VI,第 340 页以下)。与古代几何学相反,伽利略的数学化与整全的自然有关,并将这种自然本身改造为一种"数学的流形"(Hua VI,第 20 页)。也就是说:通过将世界本身作为数学上可计算的量,近代的数学化切中了世界意义本身。然而,与对于一切世界生活来说一样,对于科学来说,世界也意味着绝对的、不可逾越的界限,所以世界的数学化就它在其普遍化中的目标而言,也即就世界本身而言,是无法证实的。因此,恰恰基于其普遍性,即基于它对世界本身的模糊化,数学化"仅仅"是假说,且永远不可能兑现,因为它通过经验与认识而在世界之中,这些经验和认识不可能达到世界自身的"位置"。

这个普遍归纳性的一般假说由于归纳性自身的缘故,永远不可能成为得到证实的论题。只要设定了普遍归纳性,它就无可避免地只能作为假说,因为它的极限、理念化的无限性越出了一切经验与可

---

① 关于自然经验的归纳方式,参见胡塞尔:《经验与判断。逻辑谱系学研究》,兰德格雷贝(L. Landgrebe)编,汉堡,1976 年第五版,第 28 页。

经验性。因此胡塞尔断定,这个假说必定会"尽管有证明却永远保持为假说",而证明则是"一个无限的证明过程":"存在于无限的假说和无限的证明之中,这是自然科学的本己本质,这是其先天的存在方式"(Hua VI,第41页)。因此,朝向"理论的无限性",数学化的自然科学之"真实的自然"只有作为证明才是可想象的,它"与不断接近的无限的历史进程"有关(Hua VI,第41页以下)。

因此,理念化的无限性有无限性的如下第二种意义:对存在于无限中的极的逐步接近之无限性。第一种无限性描述的是极观念本身的超出一切事实之物的存在,第二种无限性则指向事实上接近极观念的无限性(Unbegrenztheit),这表明,即使经过如此多的步骤,这个极观念仍永远无法达到。而这个假说扭合了无限性的双重意义内涵:它在内容上与理念化的无限性相关联,并且由于第二种无限性而成为(并且保持为)假说。同时清楚的是,无限性的双重规定彼此紧密地相互指向对方:在无限中存在的极观念作为极观念,对它的设定只有与一条以它为目标的无限接近的道路相关联,才是可能的。这后一种不断接近的道路之无限性就是所谓的"坏的无限性",这种无限性从它的角度来看,与一种特定的、经验着事实自然的生活之有限性相连。若果如此,由于极观念与不断接近的道路不可分割地连在一起,它不也就表明是一种有限性的投影吗?

此外,正如下一节将会表明的,理念化的无限性之假说与它的由胡塞尔所阐明的谱系学(它来自自然的、前科学的世界经验),在有限的关联中有进一步的根基。然而正如胡塞尔一再强调的,在何种程度上能够明察到,自然的数学化不仅奠基于生活世界之中,以之为基础,而且在一种本质性的明察中,它甚至摆脱不了生活世界的某种特定的基础结构——尽管它以一种对生活世界来说陌生的方式和方法,在与生活世界的连结中,在另一种意义上将生活世界有限化了?

二、世界经验的无限性作为数学化的基础

胡塞尔表明,理念化的无限性在生活世界的理念化中的基础,与已经提到过的归纳性和归纳的概念相关。这也与特有的时间性之创建有关,即这样一种时间性,考虑到所要成就之物,它将现时当下性连同其偶然的回忆视域与期待视域,许诺为一个更大的实践可支配性。"归纳"在这里表示指向将来的视野的扩展、先见之明的扩展。①它的普遍的可能性,对胡塞尔来说即它的动机引发,在世界经验的生活之特定结构中有其起源。对胡塞尔而言,世界经验的生活的特别之处在于,它处于它原则上能介入其中的视域的境遇性与相对性之中。因此,一切世界经验都活在有限性与无限性的特殊联结中:尽管有由于传统约束和境遇约束而来的周围世界的限制性,以及从这些约束中产生的、生活世界的真理之各自相对的有效性领域②,世界经验的生活仍可以逾越这些限制。这种逾越是这样引发的,即一切传统约束和境遇约束都处在视域之中,而这些视域原则上超越了这些规定的意义内容。世界生活之有限性中所隐藏的无限性的第一种意义是用来描述上述事态的,胡塞尔在1931年的一份手稿中指出了这种意义:人"视域性地生活",就是说,他"在有限性之意识中生活到无限的世界上去"(Hua XV,第389页)。因此,人同时既处于有限性之中,又知道无限性;胡塞尔认为,人的存在因此是"以这种方式在有

---

① "我们可以说,全部生活都是依据于先见之明、依据于归纳的。每一个素朴经验的存在确信都已经以原初的方式进行归纳了"(Hua VI,第51页)。

② 其"开放的无穷的视域"仍然"不能推断出"科学之外的生活(即在实践中并为实践据为己有);"……一切都在最终可以一目了然的周围世界性中运动"(Hua VI,第324页)。

限性中存在,即它是在无限性的意识中的持续存在"(同上)。因为对于自然的、科学之外的生活来说,在它知道其有限性的同时,也知道其归纳地指向的无限视域,所以在数学化中筹划出来的无限性在世界经验的生活中有其起点和开端。

因此,用胡塞尔的阐释来说,理念化的无限性甚至是世界经验的自在的无限视域之特殊无限化。胡塞尔认为,自然的数学化使"一个被无限扩展的先见之明"(Hua VI,第51页)得以可能。数学化使本身与将来相关的世界经验理念化。因此,这种数学化的每一个逾越事实性的理念性不仅仅是前事实的恒常性意义上的先天;而且它从世界生活的去实在化的视域结构中获得其理想内容,以此甚至形成一种理念化的视域关系,这种视域关系在将来性中、在事实背后的理念中、在理念极中作为调节性的观念达到顶点。因此,数学化在其意念的(ideellen)构建性之结构中也"反映了"它出身于前科学的、世间的生活,并生活在无限的、无穷的世界视域之中。

自然的数学理念化来源于生活世界的世界结构这一点在以下方面会变得更加清楚,即胡塞尔试图重构这一来源的谱系学过程。在《危机》著作第一稿的结尾部分,即1935年12月的一份手稿中,胡塞尔区分了与此相关的两个理念化阶段。在从神话世界观向理性世界观的过渡中,"从属于有限的周围世界的关于近的周围世界和远的周围世界(两者都可以为人所经历)的图式,被看作可以无限推进",尽管对于这种无限的可推进性来说,不再存在可经验性(Hua XXIX,第141页),第一阶段由此得以表明。与此相反,在一切理念化之前的神话世界观中,有限的、可见的和可把握的事物之整全性与无形态之物融合在一起:与"作为地基的大地(Gaia)(它原则上不可经验为'事物')、天空、无穷的海洋、空气、夜晚、(具体地充实了的)无所不包的空间、无所不包的时间"融合在一起;因此,可被包含者(péras)与无形态者(ápeiron)在有限的世界理解中以这样一种方式联结在一起：两者不能超越可能的经验(同上)。第一阶段的理念化摧毁了这种世界概念；正如胡塞尔所强调的，它同时是"我们的权能性之理念化"(使我们在被给予我们的世界中全面地运动得以可能)与"我们的经验之理念化"(在进程中不断向事物推进)(同上)。我们的经验器官的这种可支配的运动性与这种预先被设定为可无限延伸的经验之物的类型学，产生了理念化的第一个阶段。

胡塞尔认为，理念化的第二个阶段是自然的数学化。关于这两个阶段的谱系学胡塞尔指出，设想从每一个位置出发向前运动并使超越可经验之物成为可能，回过头来将其运用到近身之物本身上，并且是在这种意义上运用，即近身之物本身被赋予了无限性，这种无限性指的是无限接近其真正的自在存在："现在只有于无限接近(并且不断地自身修正)中才能获得的近身之物——也就是说一种'极限'——能够作为现实的和真正的事物"(Hua XXIX，第141页以下)。通过与一切事物(包括遥远之物)相关联，这种极限的理念化可以完全地普遍化(参见 Hua XXIX，第140页)。

在这里有两个方面变得清楚了：一方面，一直向前行进的可能性被置于数学的观念之下，由此而产生了以周围世界为导向的自然经验所具有的归纳性的视域结构的极限-预先勾画；而且这一点是在以下更为根本的意义上来讲的，即事物结构自身、其内视域的指明系统就是可以被应用于全部经验世界之上的理念化之起点。同时，极限本身被表象为事物，并且在其中达到顶点的全部可能的、无限的显相序列也被物化-客观化了。

另一方面表明，两种现实性领域，即数学-理念的存在与事实-实在的存在，如何在理念化中相互融合。因此，通过将无穷归纳的经验序列置于数学的观念之下，理念化不仅从经验世界中生长出来，它在某种意义上还与经验世界相混合。这是胡塞尔提出来的自然之数学化"假说"的更确切的意义：即自然可以意念地数学化不能通过经验来证明，因为事实经验不能证明意念之物；然而，另一方面它也不能数学地加以证明，因为与经验世界相关的数学的"观念外衣"仅仅是一种构造，它在理念化的过程中对经验世界来说只是假设性的，而非在其中作为世界经验之自然的归纳性的现象的组成部分。

因而总共有两个因素：一方面，理念化来源于以周围世界为导向的世界经验；另一方面，在理念化的形成过程中显露出了特有的混合，即观念性和实在性，或者说观念思想和世界经验的混合，这同时又将这一过程表明为一种假说的过程：这两个因素更确切地意味着，理念化在何种意义上试图逾越自然世界，而且它在某些方面已经逾越了，然而它自身却很明显根本就没有摆脱这个世界。

三、无限性与超越论现象学

如何证实这种摆脱经验之世界的不可能性呢？为了开始尝试回答这个问题，我们要看一看一个更进一步的、更基础的、胡塞尔没有连贯地讨论的因素，即理念化与数学化在自然的世界经验中的根源。这个因素也就是所谓的自然的世界经验之归纳方式的"深层因素"。它最终回过头来与一种差异相连，即意向与充实的差异，[①]这种差异首先存在于时空地组织的、"世界化的"主体性中。这种差异意味着，我在世界视域中总已经指向这样的东西了，我没有或者还没有关于它的明见地揭示的经验。这里已经表明，世界生活就它与什么相关、

[①] 关于胡塞尔对意向与充实"系统"的理解，参见 Hua XIX/1，第一研究第 14 节以及第六研究第一章和第三章；Hua III/1，第 136 节；Hua XI，第 2 节以及第一章和第二章。

它趋向什么而言,是在一种非科学的意义上假设性地行事,必然根据它的结构而如此行事。因此,贯穿世界经验的归纳性本身在这种意义上确实就是假设性地组织起来的,即它一再地更新并继续进行设定,这些设定不能或只能部分地在明见性中被指明或可指明。胡塞尔将这个逐步逼近的过程称之为"证明":对于世界经验来说,只有被趋向之物的某些特定部分是明见地实现了的,而明见性的获得总是一直在进行(Hua XI,第 84 页)。这说明,对于本真意义上的世界经验来说,亦即从超越论现象学的立场来看,不存在不变的自在真理,真理是在证明的过程中得到的,并且能再次失去。然而这同时说明:证明的过程由于经验之意向性结构而追求一种前科学意义上的自在真理;自然的经验已经包含了与边界领域的关系,与在将来(感知)和过去(回忆)中充实了的真理的边界领域的关系。胡塞尔将此描述为,在感知的情况下存在于无限之物中的极限和在回忆的情况下存在于有限之物中的极限(参见 Hua XI,第 20 页、第 274 页以下、第 113 页)。同样要注意的是,这种双重的极限是超越论现象学的指明之相关项,这种指明因此确定了一种关于世界生活的诊断,然而这种诊断本身并非为了世界生活;世界经验按照这种诊断来组织,而世界经验还没有将这种结构自身作为主题来把握。在这种超越论地指明出来的世界经验之构建状态中,为了证明最终是由意向和充实的"系统"所规定的真理,显然要建立动机引发,以使追求指明了的真理的努力最大化。

然而超越论地被指明的双重极限会在自然经验中以别的面目,并且相对于自然经验而言,而成为主题。因为世界生活尚无真理,而是必须去获取真理,它已经构造了前科学的、理想的位置,在这些位置上才能去设想完全达到真理,即完满性的理念以及相关的追求"完满化"的努力:正如胡塞尔在《危机》附录 2 中指出的,只要数学的理念化"基于不完满性的无限性概念构想出一种完满性的理念",它就表明了这种完满性追求之彻底化。以这种方式,"逐步逼近法(Iteration)之绝对的无限性"将为对世界经验来说本己的"逐步逼近完满化的过程""奠基"(Hua VI,第361页)。因而数学化如此构造其完满性理念,以至于它从它的角度将世界经验的逐步逼近完满化无限化;然而,这种无限化实际上是一种有限化,因为它意味着,科学之外的完满性追求原则上不能达到完满性。尽管如此,数学化本身在这里仍然由追求完满性的努力所引导,这种努力在世界经验中有其起源。

按照胡塞尔的说法,追求完满化的努力不只是指向它所要获得的真理。这种努力为了能够形成与真理的关系,它首先必须"多于"真理之追求。对于这种关联,胡塞尔大多只是提及性地谈到,因此必须越出胡塞尔来发展一个系统的思路。

因此,人们可能会说:在数学化的理念化中最大化了的自然的真理追求如此存在,只能是基于原空间性,这种原空间性与意向和充实之间的差异的展开相关,并且使一切实在的和想象的空间性得以经验。用生活世界的-生存论的话语来说,在这种空间性中建立起了一种世界经验的延展性。正如胡塞尔一再重复的,在这种延展性中,世界生活被经验为是不确定的,它处于"命运之中"。生活仅仅是在这样一种不确定的延展性中,并且作为这样一种生活而处于不断的预防中(Hua XV,第599页)。① 在这一背景之下,每一个真理之追求都表明为这种预防的作用,表明为一种超越论结构,这种结构回过头来指明原空间,在其中包含了对世界经验而言的筹划与所得之间不可扬弃的不一致。

---

① "人(Person)仅仅是预防着的人"(Hua XV,第599页)。

就这种不一致而言,一切世界经验尽管有其开放的无限性,它在一切科学理论面前仍必然被认为是有限的,因为这种不一致对它而言,标志着不可克服的界限。然而,如此深地扎根于世界经验之中,并且在数学化的无限性之构造中将自己提升到世界经验之上的理念化,如何与这种界限相比呢?它逾越了这个界限吗?它的逾越是一种虚假的逾越。理念化克服了世界经验的假设性,并且终结了从经验视域到经验视域的指涉,因为它将视域指涉的整个序列连同与理念化的极的关系都置于其下。然而,它并非真正地克服了假设性:因为它回过头来与在筹划与充实的不一致中对世界的构造一同敞开的原空间相联结,它的真正扬弃必须逾越世界的构造。正如我们已经说明的,恰好是这一点无法由对显相序列之整体性的逾越所完成。因此,数学化的理念化之最大化的真理确定与通过它而得以可能的先见之明的完美化,既不能扬弃也根本不能"切中"生活本身的预防结构,因为这种结构在其超越论的起源中同样与原空间相联结。

结果就是,想要将世界经验的假设性作为其有限性的特征而扬弃的理念化自身表明了一种有限化,并且在它那方面简化了世界经验。理念化的无限性之创建从超越论的立场来看——按照胡塞尔的说法,这种立场超越于"世界的有效的预先被给予性之上",超越于"总是隐蔽地将其有效性建立在其它有效性之上的交织的无限性之上"(Hua VI,第153页)——在多个方面将自己揭示为有限化:

1. 理念化的无限性随着理念化的极的设定而确定了一种界限。因为它自身不再进一步指涉别的什么,而是把世界经验的指涉系统融合在一起,所以它就是界限。因此,它最多只能在世间或者就这一界限而要求一种无限性。

2. 理念化凝固为界限,因为它随着这种界限的规定而将它的本己的意向性中止在一种客观地被设想的、自在的观念中。

3.由于它在其理念化过程中未达到深层次的世界经验,所以它的意向系统是有限的;这个意向系统并没有逾越世界经验的无限性,因为它正如世界生活本身一样,停留在世界的地基之上。

4.理念化是有限的,因为它是假设性的,因为它试图以意念的方式在事实上实在地克服世界经验的前提性。

与之相反,超越论现象学的意图是,对在筹划与充实的不一致中存在的无限的视域在其无限性中加以阐明。这种态度不确定界限,也不客体化;通过将诸客体化用作主线,并因此回问成就着的主体性之构造的起源,它解除了这种客体化。它也不是假说,因为它并不与自然世界本身相关,而是以悬搁的方式从一切世界经验中退回来,退回到形成假说和论题的生活之起源处。

正如胡塞尔和芬克一致阐明的(参见 Hua Dok II/1),就现象学旁观者的主题而言,就主体性与世界之间的普遍关联而言,由于他没有任何存在趋向,所以呈现给他的是没有简化且处在其完全的扩展之中的意向系统;因为它们现在不再限定在——正如在自然态度和一切实证-科学的态度中——作为存在着的被意指的对象之物中。只有这样,现象学的分析才能尝试在其完全扩展中重构意向系统的诸进程及其各自的目的论——如果这种分析与其客体相关而步入一种趋向,那么这就是不可能的,因为这样一来它同样只会与其中趋向的对象之物相关。只要现象学的目光指向意向扩展本身,那么对于这种目光的主题之物而言就不再会有超出它之外的东西:因为一切向外的意指都只在意向中成就自身。在这种意义上,现象学地指明的普遍目的论获得了"一切形式之形式"(Hua XV,第380页)的地位:没有"越过"或"后于"目的论系统而存在的东西,一切意义创建都在其中进行。因此,"一切形式之形式"勾画了无限性的基本意义,这种基本意义在与超越论主体性的关系中能够得到表达:它是一种超越论主体性自身在其世界构造的无限性中形成的形式。

超越论主体性的这种普遍的目的论、"完满性追求"[1]，在世界构造中向着世间目的论的过程世界化；超越论主体性在其无限的运动中有限化，因为它随着世界的构造为世界生活构造了一个双重的有限性：一重（在自然的世界观中首先隐藏着的）有限性是，世界生活恰恰基于其经验的无限性，永远不能达到在"世界"这个信仰的确信中所趋向的界限，另一重有限性是这种界限自身的有限性：关于目标之物的确定可实现性之假象，以及生活的操心所坚守的满足之假象，这种操心相信能够获得不可企及之物。因此，这种能够获得的相信和无可企及之物之间的差异会一同被构造起来，这反过来为失望的可能性提供了根据，众所周知，胡塞尔认为在其中存在着一种特殊的动机，通过将理性追求之目的论据为己有来与那种假象相对抗，直至出现通过现象学来揭开迷雾的可能性。

要求获得在世界中实现的充实与真正的自在的每一个尝试，构造包含偶然性的无限性的每一个尝试，从超越论的立场出发都只能是关于可充实性的假象，因为超越一切世间之物的世界构造本身不会结束。因此，胡塞尔试图将数学化中设定的无限性、表明为是有限化的无限性，回过头来解释成是其目的论进程的整个过程。以这种方式重构性地表明，趋向数学化的无限性回过头来与关于无限的普遍科学的观念之原创建相联结，因为它自身释放出一种"任务的无限性"（Hua VI，第322页）。这种科学的观念在更深层的意义上是无限的，因为它本身不允许对世界的视域之内的无限之物的确定，而是最终以超越论现象学的形式，从超越论主体性的运动来理解其无限

---

[1] 胡塞尔接着说，超越论主体性生活在世界构造的"持续的、原初的趋向性"之中（Hua Dok II/1，第194页），并且在其中自身指向完满性（Hua XV，第378、388、404页）。

的可能性。

四、现象学的边界

我们看到：正如胡塞尔所说，自然的数学化及其"物理主义的客观主义"恰恰借助于它所创建的无限性的意义，在主体性的世界构造的过程中导致一种有限化，并且引起普遍科学之目的的简化。依据胡塞尔，如果这导致了科学的危机以及随后的生活世界的危机，那么每一个相应的有限化都能指明"危机"的特征。危机本身因此就成了世界生活的本质性的根本标志，因为一切世界生活都在自然态度中，至少在特定的阶段上倾向于对象化和客体化。如果我们回过头来基于目的论过程的对象化和确定，将有限化与其最终的根据相联结，那么危机空间就随着超越论主体性（它在其世界化中作为在世界中的人）的自身有限化而被开启了。所以危机意味着世间性和超越论性自身的原分离，意味着一种同时可以构造原空间性的差异，在这种原空间性中，操心结构的展开和意向-充实系统的展开得以奠立。因此，危机就失去了负价值的方面，因为如此得到规定的危机是不可扬弃的：在这种意义上，生活始终是危机中的生活。这关系到一种原初的、开启原空间性的危机的意义。然而，这种原初的意义必须与各种危机形式区分开来，这些危机形式各自作为预防结构和意向-充实系统的特定状况而出现。就原空间性而言，这些危机是这样的显现方式：即，超越论性与世间性之间的原差异的展开一同开启的危机空间，在世间的时空性视域中的特定目的论过程的形态中显现的方式——比如作为欧洲科学的危机和以之为特征的生活世界的危机。因此，危机显相并不与单纯的假象等量齐观，它并非虚无；相反它体现了超越论主体性世界化的一种强有力的方式，它是一种与作为超越论性和世间性的原分离的危机空间相关的显相。

然而,如果生活以这种方式保持在危机之中,那么如何更确切地规定超越论现象学扬弃危机的尝试呢?现象学能够从根本上影响生活之基本的危机结构吗?超越论现象学的目标只对这种尝试有效,即通过将危机显相指明为危机空间的表现来为消解它做准备。这种现象学的尝试可以被描述为后续的、间接的和部分的尝试。只要现象学分析始终指向已经实行的行为发生,它就是后续的尝试。它也是间接的,因为危机显相的消解借助于现象学理论的指明而达成,这种指明间接地指向了消解的实践,在其中,每一个危机的症状及其消解最终都被表明出来。超越论现象学部分地进行,因为它只是主题化地消解危机显相,而主题化消解的过程是一个时间上受限制的过程:受制于这样一种时间性,即现象学家作为超越论的旁观者在其中进行操作的时间性。

与危机存在的地点相对,也就是说,在通过预防结构开启的、通过意向-充实系统描述的空间性中,本身不束缚在存在趋向中的主题化的、现象学的立足点是一个非地方、非地点、乌有之地。虽然超越论的主体性"自身是"现象学的旁观者,但是它向来远离世间的立场。因为现象学家为了将超越论的主体性纳入考察,必须放弃自然态度。因此,如果他的地点本身在世间性的视域中是完全缺失的,那么在现象学的主体世界化之后,在他"重又进入"世间性之后,关于超越论的和世间的主体性之同一性的知识就只是一种间接的知识;因为经过现象学的旁观者的中介,这种知识在世间就只是作为未充实的;并且在这里是不能充实的视域规定(参见 Hua Dok II/1,第 214 页)而出现。

关于超越论的和世间的主体性的同一性之经验以这种方式,并非在世间性自身之中、在活的行为发生之中进行,而是首先逾越世间性，在超越论现象学的态度中间接地、主题化地获得。这样就越出了危机空间，一切与危机空间的关系和一切与危机症状的关系都以上述方式而成为间接的了。所以，超越论现象学与由之进行的关于超越论的和世间的主体性的同一化"外在于"现象学自身所涉及的差异、外在于危机的空间，而且现象学并不在同一个当下中"切中"这种差异。

相反，世间性和超越论性之间的差异基于其事实上无法逾越的有限性而自身要求另一种"同一化"：即这样一种同一化，在其中会出现差异自身的同一性，在其中这种差异、那种原分离在同一个当下中意识到自身。这种类型的"同一化"意味着一种超越论之物在世间性视域中的展开：在实行还原本身的行为发生中[1]——而非首先在其主题的视野中——产生一种世间理解之循环的打破。这种打破如此彻底，以至于通过它并且在它之中能够经验对世间性的超越论深化；同时这种打破并不逾越那个循环，以至于世间性不在超越论性中受到扬弃。所以说，这种打破是与那个主体的自身关联，他处在世间理解的循环中，并且要在突然的凸显中去理解它，而不是抛弃它。

这里所粗略勾画的东西必须得到更深层的现象学分析。这样就可以表明，现象学作为科学是在这种源初的打破中建立起来的。若果如此，胡塞尔意义上的现象学科学就失去了其绝对的立场。毋宁说它会被把握为一种特定的关系，在这种关系中主体性能在其绝对

---

[1] 对此更详细的论述参见我的论文："实践的超越论还是超越的实践论？超越论现象学的认识之世界化的问题"(Praktische Transzendentalität oder transzendentale Praxis? Zum Problem der Verweltlichung transzendentalphänomenologischer Erkenntnisse)，载博伊默(A. Bäumer)、贝内迪克特(M. Benedikt)编：《学者共和国-生活世界. 现象学运动的危机中的胡塞尔与舒茨》(*Gelehrtenrepublik-Lebenswelt. Edmund Husserl und Alfred Schütz in der Krisis der phänomenologischen Bewegung*)，维也纳，1993年，第189-207页。

存在中将自己据为己有；然而这种据为己有作为理论构想与特定的、相对的通达方式有关，这种就超越论之物的展开而言的通达方式并不要求排他性。

这种打破作为世间理解的极端的自身行动标识了一种彻底的自身经验：作为危机空间的经验的保持在差异之空间中的经验。可以经验到的是，这种差异自身导致了对它的遮蔽，同时使得揭示其自身成为可能。而这种打破表明，在这里危机即是分离（Scheidung），既意味着区-分（Unter-scheidung）也意味着决-定（Ent-scheidung）。通过将它作为可能性而设定世间性的视域，危机不仅仅表明了世间性和超越论性之间的根本区分。它甚至开启了一个决定的空间，也就是自由的空间，在这种或那种意义上针对人们参与其中的目的论的意义系统而行动，并且在特别的、可以说是更高阶段的进展中，现象学地为有限化辩护，消解不正当的有限化。这种自身行动不仅说明一种归功于那先行的自由的行动能力的行动，而且在这种意义上恰恰与自身有关，即将它与它的作为危机中的持续存在的本己实现相对比。此外，只要这种自身行动不忽略在危机中存在这一事实，这种自身行动就不仅仅是生活有限性的反映；它还要接受这一事实。同时它也要接受开放的视域，在其中它在其自由中、在其危机空间中的存在中得到保持。

（徐立文　译）

借剥夺(Ent-eignung)
以获得(Aneignung)

——现象学还原的悖论

早期现象学,尤其是胡塞尔与早期海德格尔的现象学,都可被看作是这样一种尝试,即赢得在客体上丧失的自我或者自身(Selbst),并使自我或者自身成为确实可靠的:也就是获得自我或者自身。这一企图自始至终贯穿着近代向主体转向这一传统。不过同时现象学的发展走上了舞台,在这一舞台上,在20世纪欧洲的以及受欧洲影响的哲学中对于主体性的绝对角色的相对化事件拉开了序幕。因此人们可以毫不夸张地说,在"自身"被获得之前,洞见"自身"的视角已经一再被抛弃了。实际上,最早胡塞尔,继而海德格尔都试图描绘获得"自身"的进程,然而他们的尝试都受到了持续的批判。此外,海德格尔自身在其早期弗莱堡讲座中就已经批评胡塞尔获得自身的构想是不充分的:由胡塞尔所筹划的对于主体性的获得恰恰导致了他所想要东西的对立面:他没有把握自身(Selbst),反倒付出这样的代价,即导致了对于具体生存的剥夺,因此这将伴随近代哲学不断增强的对于生活实行(Lebensvollzug)的工具化推到了顶峰。

海德格尔看到这种剥夺进程的得以彻底化的原因在于,为了获得主体性对于其自身的确切关联,胡塞尔在分裂着的自我中增强了主体性。胡塞尔在方法上深化了实行着的自我与反思着此自我之自我的流行的二元性,由此他增添了第三种自我:也即现象学还原的自我。如果现象学要在一种现象学的现象学(芬克将之总结为第四笛卡尔式的沉思的主题①)中才能自身反思,那么对于现象学来说,这种自我就会再次呈现出来。因此在先验现象学的观点看来,主体性就在现象学还原的自我中发生了分裂,这种自我就将在自然态度中作用着的自我在更深层次上揭示为构造着的先验的主体性。

奥尔特加·加塞特(Ortega y Gasset)在1914年就指出了这个事实上悖论的状况②,即只有自我同时放弃其独特的现实性,它才能成为主题:要么我生活于我的行为的实行中,这样这个实行着的自我就总不是主题;要么自我成为主题,不过这个自我就不再是那个处于实行中的自我,这个自我将会成为一个对象,被客体化,成为一个虚拟的图像。稍后,众所周知奥尔特加正是基于这一发现奠定了其对胡塞尔现象学的批判。在我看来,这一批判并没有看错,现象学首先可能要在纯粹性中,也即摆脱开自然化的统觉,以把握一种触发性的意识过程;这一批判想要说的是,这种如此被把握的东西不是实行着的意识,而是尽管曾是实行着的意识,却是一种考察、一种"看"的客体,因此就不再是正在实行着的生活本身。这一由生活哲学推动的对于胡塞尔现象学的批判贯穿着迄今为止的现象学史。最近,米歇尔·亨利对胡塞尔实施的批判也在这同一方向上。在其"现象学的方法"③中亨利指出,由于现象学的直观试图在一种对于"这种关涉"(Sich-Beziehen-Auf)的关涉中把握我思(Cogitatio)的本质:也即关

---

① 芬克:《第六笛卡尔式的沉思》,《胡塞尔全集:文献编》第2卷第1分册,H. 埃贝林、J. 霍尔、G. 范凯尔克霍芬,多德雷赫特/波士顿/伦敦,1988年。

② 在其关于维亚(J. Moreno Villa)的诗集《游人》(*El Pasajero*,马德里,1914年)的前言中。我援引的是由坎波斯(A. Campos)以及乌斯克采斯库(J. Uscatescu)翻译而由圣马丁(J. San Martin)编辑的对于这个文本的漂亮的德语翻译,见奥尔特加·加塞特:《现象学论文集》(*Schriften zur Phänomenologie*),J. 圣马丁编,弗莱堡/慕尼黑,1998年,第73-94页,特别见第二、第三章。

③ 米歇尔·亨利:《物质现象学》(*Phénoménologie materielle*),巴黎,1990年,第61-135年。

涉(Sich-Beziehen-Auf),所以现象学的"纯粹直观"看不到这种关涉的可能性。这指的是:这一可能性不能在一种看中被把握,因为这种可能性本身就不处于可见物中,因为它本身是与单纯的看不同的:一种我思的可能性并不在于,我思的可能性——意愿、实践或者理论——看到某物,而是我思的可能性自身原始地、触发性地实行。因此亨利认为,这种自身触发就是"第一个现象化"——"我们的生活本身"。[①] 亨利极力地要与海德格尔保持距离,因为我们的生活本身对于海德格尔来说就已经让现象化持续在世界中实行,而对于亨利来说,基于自身触发性的现象性已经从自身而来筹划每一个可见性的视域以及世界本身。亨利在这一点上特别赞同早期海德格尔,也即胡塞尔现象学的看没有源始地呈现出生活实行的现象性,这种现象学上的看错失了主体性的生活,而恰恰是这种生活能弄清现象学的看,也因此才要获得这种现象学的看。

我们接下来应当处理下面这个被简短描述的问题,即在多大程度上胡塞尔的现象学不是获得了主体性而是剥夺了主体性。在我看来,海德格尔对于胡塞尔的整个批判包括其后期批判都束缚于这一批评,且在这一批判中有其事实上的动机与原由。就此来说,海德格尔对于胡塞尔的批判不仅仅最具体地实施并且最长时间地伴随着现象学的发展,而且即使今天还在大多数情况下主导着对这一问题的讨论,我在此首先要做的,不是在许多方面毫无疑问地接受这一批判,而是先考察一下这一批判。我首先强调在其生成的几个重要阶段中这一批判的论证结构,这一论证结构在早期海德格尔的讲座中

[①] 米歇尔·亨利:"现象学的方法"(Die phänomenologische Methode),载氏著:《激进生活现象学:现象学研究选集》(*Radikale Lebensphänomenologie. Ausgewählte Studien zur Phänomenologie*),屈恩(R. Kühn)编译自法文本,并撰导言,弗莱堡/慕尼黑,1992年,第146页。

可以得到证实。继而我要追问这一批判的合理性并指出,由于证实海德格尔在一些重要的点上根本没有把握胡塞尔现象学还原的意义,所以这个本质的局限是内在于这一批判的。

一

或许海德格尔在其马堡讲座《时间概念史导论》(《全集》第 20 卷)中最详细地探讨了胡塞尔现象学的位置。① 他在那里已发展出的对胡塞尔批判的基本命题听起来与后来米歇尔·亨利对胡塞尔提出的批判在形式上完全相似:胡塞尔由于简化地对被导向存在(Gerichtetsein-auf)进行规定,因而错失了主体性的真正本质,用海德格尔自己的话说:胡塞尔因为基于现象学还原的应用已经将行为物化,因而没有充分把握意向者与意向行为的存在方式。由此行为的存在就不能就其自身而被体验,而是在现成存在(Vorkommend-sein)的意义上被规定(《全集》第 20 卷,第 156 页)。

在这一讲座中系统发展出的对胡塞尔的批判是海德格尔多年来探讨胡塞尔现象学地位的总结,不过在这之前,这种探讨就已经开始了,海德格尔在还是年轻的编外讲师时就可能已经有此思想,有此现象学研究,就开始自为地构思现象学研究。早期的弗莱堡讲座就是这一发展进程的一个见证。其中,非常清楚,海德格尔自己对于现象

---

① 我根据《全集》本(美因河畔法兰克福,1977 年以后)来引用海德格尔的著作:《全集》第 2 卷:《存在与时间》,F.-W. 冯·海尔曼编,1977 年;《全集》第 17 卷:《现象学研究导论》,F.-W. 冯·海尔曼编,1994 年;《全集》第 20 卷:《时间概念史导论》,P. 耶格尔编,1979 年;《全集》第 24 卷:《现象学的根本问题》,F.-W. 冯·海尔曼编,1975 年;《全集》第 58 卷:《现象学的根本问题(1919/20 年讲座稿)》,H.-H. 甘德编,1993 年;《全集》第 61 卷:《对于亚里士多德的现象学阐释:现象学研究导论》,W. 布勒克、K. 布勒克-奥尔特曼斯编,1985 年;《全集》第 63 卷:《存在论(实际性的解释学)》,K. 布勒克-奥尔特曼斯编,1988 年。

学的把握以及其全部哲思的大纲主要从对这样一问题的处理中产生,即在多大程度上现象学能够处理主体的生活,以便现象学能够深入地获得这一生活。我接下来想要展示这条道路上的几个阶段,并且我特别关注 1919/1920 年冬季学期的讲座《现象学的根本问题》。

现象学是一门源始的科学并且现象学以主体性之证明这一特征——用早期海德格尔的话来说,就是以自在自为的生活这一特征而被把握。这一点既对胡塞尔有效也对海德格尔有效。海德格尔很早就已清楚这个特别的循环结构,这一结构在对这一任务的处理上显示出来:寻找一种能够把握生存之本己意义的哲学方法,以便为了用这种方法首先能规定其本己意义及其方法的开端。这已经在这一点上被指明:海德格尔想要避免由他所理解的胡塞尔的方法,这种方法构想出一种科学并且应用于一个优先的对象领域。因为在此,方法对于对象来说总是外在的,方法与其本己的不能被预设的意义并不相合。海德格尔使所有东西都冒这样的危险:使显示与有待显示者分裂开来。

这一努力已经规定了海德格尔 1919/1920 年冬季学期讲座《现象学的根本问题》的研究过程。该讲座的主导命题可用这个句子概括,即生活决不能成为客体,而应就其自身被把握。该讲座反对胡塞尔现象学的整个风格都由这一命题所引导,尽管对胡塞尔立场的批判在此尚未实施,不过事实上已经完全肯定地表达了出来。我们首先关注,海德格尔如何规定生活,继而关注,在这一规定下海德格尔如何使真正意义上的现象学方法为了生活而具体化。

海德格尔所尝试指出的根本命题,"什么是'生活'?",指的就是,当生活由己地是整全的时,它才就其自身是可把握的。自在的生活的根本标志在于,在此不存在着自在的生活与其自身的绝对距离。因此自在的生活是某种离我们如此近的东西,以致我们大都根本不明确地关心它;我们与自在的生活之间全然没有距离,从而我们能够在自在的生活的一般状态中注视这一生活;与生活本身的距离是缺失的,因为我们就是它自身,并且因为我们只有从生活本身——我们(wir)就是生活本身,而生活本身也就是我们(uns宾格)——出发,才能从其本己方面看到我们自己(《全集》第58卷,第29页)。

胡塞尔也曾坚持:我们不能认识我们的生存之本质,就是因为我们总是已经在经历这一本质。不过为了把握这一本质,他认为就必须借助现象学的还原以疏远生活之实行,海德格尔对此则持相反的立场,"只有从生活而来"我们才能够"看到我们自己本身"。因此"自在的生活"这一表达对海德格尔来说指向生活外化之领域,①生活本身的"可描述状态"要避免超越生活外化的领域,因为实际情况是,所有有意义的状态(Sinnhaftigkeit)都包含在生活本身之中。当海德格尔转而反对,生活为了主题性地被把握就必须成为客体时,在上述意义上,生活本身就得以理解。生活的客体化恰恰描述了这样一条道路,在这条道路上生活与自身保持距离,并且因此在其本己的存在中被错失了。此外,只要主体化与客体化这两种理论化的方式都是理论的保持距离的看,那么这种将生活现象系于主体中的尝试,也即是主体化,就被证明为一种客体化的方式(参见《全集》第58卷,第145页)。在该讲座的补充部分,在很少几处地方,他才特别提到胡塞尔,海德格尔通过指出看的特征来质疑现象学还原的合法性:"看!不过什么以及怎样!! ……'意识看起来是怎样的?'意识一般是无法看出来的,因为它不是对象"(《全集》第58卷,第151页)。每一个对于生活的主题的看都必须指向自身并且在其本身中产生出来。生活

---

① 如同在他之前的约克伯爵(York von Wartenburg)以及他之后的米歇尔·亨利,海德格尔也谈论生活的"显示"(Manifestation)(《全集》第58卷,第145页)。

不能以一种相对（Gegenüber，如对象 Gegen-stand，客体 Ob-jekt）或者在一种之前（Da-vor）的方式被把握。生活的实行自在地本身就与所有将它看作一种"现成物"（Vorkommendes）（《全集》第 58 卷，第 156 页）的企图相冲突。这也就是海德格尔之后区分上手之物与单纯在手之物的源始模式在事实上与术语上的原因；从海德格尔后期的术语来看，人们可以说，所有那些摆在实行着的生活的此之前的东西都可以通过坐架（Gestelltsein）这一源始的模式来刻画：表象（Vor-stellung），确证（Fest-stellung），伪装（Ver-stellung）直到技术的坐架（Ge-stell）。

该讲座试图用"自足性"（Selbstgenügsamkeit）（《全集》第 58 卷，第 30 页）这一概念积极地规定自在的生活之可描述状态。"自足"在形式一般性上指的是，为了成为生活，生活除它自身之外一无所求。自足性这一断定在可表达性与意蕴状态上要通过生活自身外化之事实来具体化。通过规定在其自足性中的生活之"表达关联"以及"意蕴"（《全集》第 58 卷，第 139 页），海德格尔也转而反对这一企图，即通过被设置的"秩序原则"（参见《全集》第 58 卷，第 143 页）来把握生活，对于海德格尔来说这种方式描述了生活实行的客体化。

在确定生活之自足性、表达关联以及意蕴时对于海德格尔来说存在一个因素，为了在现象学上把握生活，这个因素无需与生活保持距离。这个因素就是，我们对于我们自己本身总是已经以某种方式被揭示，并且我们与我们本身相亲熟（参见《全集》第 58 卷，第 157 页）。这种同我们自己本身相亲熟尽管可能是被遮蔽的，却就是我们（uns），用海德格尔的命题来表达就是，这种亲熟在我们实际的处境中伪装了我们。这就非常清楚，在克服这种遮蔽时，海德格尔不仅不会沿着胡塞尔的道路走，因为海德格尔不是像胡塞尔解决遮蔽那样，试图在遮蔽着的生活关联之外接受一种立场，而是将遮蔽事件与成为客体化的哲学科学趋势本身相等同。对于海德格尔来说,生活并不是通过其在显像中出现(In-Erscheinung-Treten),通过如同在胡塞尔那里的世界视域的构成而被遮蔽,而是以此方式被遮蔽,即那总已拥有世界并且在世界之中的东西如同一个客体那样被对待并且从自己本身脱落,被疏远化。

由此可见,海德格尔以完全不同于由胡塞尔所发现的对于现象学方法的应用的方式来构思现象学的方法。1919/1920年的讲座就已经发展出海德格尔后来的现象学方法的根本特征,这种方法处于由还原、解构与构造所形成的三重结构中(参见《全集》第24卷,第5节)。形式上的任务就是,如果要现象学地把握生活自身,那么生活就必总已与自身亲熟,已就其自身被追问。首先必须要分析的是"对于我本身的拥有"(Mich-selbst-haben)以及"由此被拥有的自身"(dabei gehabte Selbst)(《全集》第58卷,第161页)。因为在整全中的生活就其自身被表达出来的地方,在欧洲哲学史的过程中,生活也通过主导性的客体化趋势被遮蔽,或者,如同海德格尔在这里所说的,生活被扭曲了,所以这就要求去处理这种被提出来的任务,这一任务要考虑这种遮蔽的过程。因此为了不至于冒这种风险:使已被扭曲的规定以及在客体性模式中的规定沉沦下去,"对于我自己本身的拥有"的分析就不仅仅不是要像胡塞尔的现象学方法去试图占据对于世界的立足点那样去经验自身(《全集》第58卷,第164页),[①]而且是必须对客体化实施解构(同上)。解构的过程,"歪曲的批判"(《全集》第58卷,第148页)就奠基于由海德格尔重新规定的这种现象学还原中,所以现象学的还原可以处理生活之扭曲以及对关于自

[①] 胡塞尔:《欧洲科学的危机与超越论的现象学》,《胡塞尔全集》第6卷,W.比梅尔编,海牙,1954年,第153、155页。

己的生活本身的客观的自身陈述。还原作为一种对于扭曲的规定的距离之保持产生了对于如下所有这些东西的排除,即并不源出于生活之意蕴以及可理解性的东西(《全集》第58卷,第156页)。由此海德格尔就接受了胡塞尔现象学方法的一个根本意义(《全集》第58卷,第148页),他将之描述为悬搁的根本意义(《全集》第58卷,第249页):也就是说距离保持既作为一种"否定"(Neinsagen),也作为"不之生产性"(Produktivität des Nicht)(《全集》第58卷,第148页)。由于这种距离保持关涉于所有客体化的趋势,所以这种以此方式重新规定的现象学还原尽管如此还是转而反对胡塞尔的现象学。

由还原-解构所揭示的"对我本身的拥有"是朝向其被拥有的自身而被追问的。在此出现了一个海德格尔后来命名为现象学之构造的因素,因此人们可以说,这在被揭示的对我的自身拥有中的被拥有的自身可以"被自由筹划"。海德格尔在其早期讲座中公开将"这个自身的表达结构"描述为现象学的真正的对象,这种现象学可以被称为"自身现象学"(《全集》第58卷,第166、167页)。恰恰在这一点上以下这一情况非常清楚了,即海德格尔做出了一个对于其思想意义深远的临时决定:自身显示于作为可理解的意义状态的表达(Ausdruck)之中,显现于作为(Als)的解释学结构之中,在这种作为结构中"对我的自身拥有(Michselbsthaben)拥有自身"(《全集》第58卷,第166页)。这样以下这一点就是被预设了的,即现象学上关系重大的自身就彻彻底底地受到逻各斯的约束。在这种关联中由海德格尔所做出的对于实际(Faktum)的意义的新规定是非常值得注意的,在双重的角度上值得关注。首先如果海德格尔将实际物(das Faktische)理解为表达(《全集》第58卷,第257页),那么他就将实在的领域还原到意义性、理解性上,也即是说不再顾及,在多大程度上谈论"实际物"还可能会有一种不同于领会的其它含义,也即作为实在存在本身(而不仅仅作为实在性的意义)。另一方面,由于他偏爱在可表达物的含义中的实际物,所以实际物就等同于自身的表达结构的情境性的作为结构;这就导致,实际物提升为现象学的一般主题,并且导致了,现象学不再如同胡塞尔那样,是由作为现象学分析的第一哲学以及作为实际物的形而上学的第二哲学所组成的。由此海德格尔拒绝了对哲学的这样一种划分并且也拒绝将现象学规定为"前科学"(参见《全集》第58卷,第139、233页)。根据海德格尔,这种让对于实际处理奠基于先验-观念的现象学的做法本身就是这样一个标志,即实际已经屈从于某些规则样式。

只要海德格尔已经将实际连接于作为,也即处境之表达结构之上,那么根据这一情况他在1919/1920年的讲座中就赢得了后来称之为实际性的解释学的东西。并且只要不是在对生活实行的距离中行进而是在实际的生活体验本身之中同行(mitzugehen),这是现象学的任务,那么在此一种对于共同实行(Mitvollzug)的现象学就同一种疏远化的现象学区分开来,并且这种共同实行的规定早已清楚地预先规定下来,正如这种共同实行在《存在与时间》第七节中被刻画为解释学的[①]那样。

紧跟着1919/1920年的讲座,海德格尔接下来的弗莱堡讲座发展了这一思想,即这种实际生活的共同实行就现象学来说在一种特殊的意义上就是反向的,相对于实际生活的运动来说是反向的,海德格尔在1921/1922年冬季学期的《对于亚里士多德的现象学阐释》的讲座中将这一运动规定为"跌落"(Sturz)、"毁灭"(Ruinanz)。当他在之后处理此在的超越特征时,在这一规定中该特征都被预先处理

[①] "此在现象学的逻各斯有诠释的特征,由此对于归属于此在本身的存在领会来说,存在的真正意义以及其本己存在的根本结构都得到通报"(《全集》第2卷,第50页)。

了。因为毁灭指的就是这样一种运动,这一运动在作为生活本身的自身中,并且为了其自身,从自身而来,并且在所有与自身相对的事物中,"进行"实际的生活,并且海德格尔补充道,也就是说,"是"实际生活("是"的存在意义尚未规定)(《全集》第61卷,第131页)。通过对于生活之毁灭特征的指示,现象学的共同实行不仅更确切地得以规定,而且这打开了实际生活之现象学的一个新视域,因为追问这一毁灭特征被认为是对于其存在的追问,并且现象学就接受了一个基础存在论的转向。

在1921/1922冬季学期的讲座中海德格尔将对实际生活的存在意义的追问形式指引地表述为对我在之存在的追问并且将这一追问同时限制在对于这个(我)存在(bin)的追问上,因为对于"我"(ich)的规定就是一个由传统态度所推动的误解(参见《全集》第61卷,第172页)。(我)在之存在意义的去形式化试图筹划基础经验,其中可以碰到作为生活的实际生活(《全集》第61卷,第176页)。为了达到这一目标,去形式化从实际生活的前提出发,并且为了展示这一去形式化,哲学的追问应当走在一条与生活相反的运动方向上:自身实行着的"反毁灭"(Gegenruinant)使哲学追问"越来越彻底地实际获得这一前提"(《全集》第61卷,第160页),并且占据实际生活的纯粹实际的反毁灭的运动(《全集》第61卷,第176页)。"反毁灭"当然旨在现象学的还原与解构的方法;为了获得这种沉沦趋势的来源,为了获得作为预先-此在者(Voraus-dasein)的沉沦趋势的前提(《全集》第61卷,第159页),这种现象学还原与解构的方法就要在导向与生活自身相反的沉沦趋势中实际地开始走与生活的毁灭运动相反的方向。生活之预先-此在者后来被海德格尔命名为先行于-自身-的存在(Sich-vorweg-sein),在下述状况中可以确证这一点,即让在预先-此在中遮蔽着的生活之反毁灭的运动形式成为实际的,并且我们可以简要总结对于毁灭以及反毁灭的这两种运动形式的证明之目的，即生活之存在意义要成为"范畴上可以阐释的"(《全集》第 61 卷，第 176 页)。

海德格尔开设于 1923 年夏季学期的讲座的主标题是《存在论》，副标题是《实际性的解释学》(《全集》第 63 卷)，这是海德格尔去马堡前最后的弗莱堡讲座，在其中对于生活之实际性的追问的存在论化得以实施，并且现在实际的意义也可完全从存在视域而来被把握。生活作为存在的一种方式在术语上渐渐转换成了"此在"。据此实际生活对于海德格尔来说就是我们本己的此在，"该此在是其存在特征之以某种合乎存在的方式的表达性中的'此'(da)"(《全集》第 63 卷，第 7 页)。现象学之揭示任务的存在论化与实际性的存在论化是并行的：现象学现象首先是被遮蔽的，由此首先还不是现象，这被描述为现象学主题的存在之存在特征(《全集》第 63 卷，第 76 页)。彻底的现象学的任务也就是使现象成为现象，这一任务首先就归于"实际性的解释学"(同上)。解构的方法仍然构成实际性解释学的前提，这一方法作为对于"遮蔽历史的揭示"具体来说关涉于存在论自身的历史(参见《全集》第 63 卷，第 75 页)。

紧跟这一讲座，海德格尔在 1923/1924 年冬季学期以《现象学研究导论》(《全集》第 17 卷)为题开设了第一个马堡讲座，该讲座与上面已经提到的 1925 年夏季学期的讲座相似，包含一个对于胡塞尔的详细批判。这一批判对于我们来说出于以下理由是值得关注的，因为其中给出了对于如下论断的一个更加切近的澄清，即胡塞尔试图在理论的直观(Schau)中获得生命的做法失败了。一方面，理论之目光在实际性的根本特征方面成为主题，海德格尔在此就已将这一根本特征规定为"操心"(Sorge)；另一方面，在对近代尝试的解构方面，要证明意识的存在。解构表现在，在接受"我思，我在"作为一个确定的领域时意识的规定就处在某种此在之操心的指引下:也即操心于确定性,操心于认识的知识(《全集》第 17 卷,第 58 页,另参见第 267、268 页)。对海德格尔而言,意识,对胡塞尔同样如此,能够成为现象学的主题的前提是,认识必须被确证。在胡塞尔的主题中被耽搁的东西——对于意识存在特征的追问(《全集》第 17 卷,第 270 页)——因此就是海德格尔在处理主题时真正所操心的东西:也即是人之此在本身(《全集》第 17 卷,第 91 页);因为此在本身伴随操心结构就预先规定了形成主题的方向,而无需那如此被预先规定的主题能获得此在之本原。

在海德格尔看来,胡塞尔的现象学之所以错失其现象,也即意识,是因为胡塞尔的现象学以某种方式由意识来规定,这种方式同时阻碍了对意识的把握。换种表达就是:胡塞尔的现象学不能获得自身,因为它不仅仅超出了自身,而且这种超出本身就是自身首先被给予并且由此自身被伪装的方式方法。对于海德格尔来说这种导致了剥夺的距离根本上就是朝向客体的、不可清除的、在此不会被获得的切近(Nähe)。

二

海德格尔抵制胡塞尔之尝试的目的是要获得主体性,不过其论证彻底吗?不是仍然存在疑问吗?该疑问通过进一步的思考被继续助长了。接下来,我试图使开始的疑问得到证实。为此我们采取三个步骤。(1)首先我要追问胡塞尔在主体性上开端的一种可能的辩护。(2)接下来我会再次转向海德格尔对于胡塞尔现象学还原的理解,以便指出,海德格尔在某种确定的视角下接受了胡塞尔的方法,这种视角以其它方式隐藏在海德格尔那里。(3)最后,为了揭示一种确定的自身关联的可能性,我想要尝试以一种特殊的方式来阐释胡塞尔的现象学还原;我的这种阐释方式既有别于海德格尔,也有别于胡塞尔自己的理解。

(1)让我们回忆一下加塞特的区分,即我要么生活于我的实行中,这样,我对于我的体验之自我(Ich)的关联就好像是盲的;要么这种关联找到进入对自我进行反思之光中的通道,这样被反思的自我就不再是活生生的实行的自我,不是仅仅在现在具体的被体验的自我。这种二择一的选择看起来是不可辩驳的,不过从这一选择出发,还存在其它的可能性,对这些可能性的解释会冲破这个二择一的选择。我就来举出三种可能性。首先,我能说:"我不知道我作为实行着的自我是什么,不过我却能体验这个自我。"通过这个句子我们就指向了一种体验,这种体验可以在现象学上进一步被追问。由此产生出第二种可能性:"我不知道,我作为实行的自我是什么,不过我知道,我正在以体验的方式对待(vollziehen)这个自我。"第三种可能性再次从两者中的第一个可能性中产生:"我知道,我自己如何决定这取决于我:要么在实行中生活,要么去追问这种实行,带着这一目的,我经验这种实行。"

所有这三种可能性都避免了将自我物化,因为他们具备一种确定的否定性的保护功能:我重视这一点,即体验的自我不是就其自身也即不是在直接的意义上被把握。如果超出可见物,超出原则上对于光来说的主体性的隐匿物——这种主体性是只有由己而来才能突出所有可见性的视域——,这种现象学还试图在现象学上进行表述,那么这一思想形象可能为米歇尔·亨利的现象学提供了奠基。不过这种思想形象对于胡塞尔的方法来说不是也非常重要吗?

现在人们可以肯定地说,胡塞尔对于主体性之创造性的分析同样包含一种否定。这种否定就是:主体性的本质并不能在经验主体性中找到。的确,为了能够揭示主体性真正的根基,胡塞尔同时要求超越这种主体性。由于这种否定导向了某种立场,所以在海德格尔看来,这种否定就变成一种狂妄,即想要以另外一种中介来把握实行着的生活,这种中介就是一种区别于生活之实行,如奥尔特加所提到的"虚拟"的领域。这种与实际生活之实行的区别描述的是什么呢?根据这种现象学,在施行胡塞尔的还原方法之后,现象学家就在纯粹直观中看到了那个早先的施动着的自我:事实上是这样吗?如我们所见,海德格尔的现象学也在以直观的方式实施。或者在更新的当下反观之前的自我,这是实际状况?通过要求与有待分析的实际生活的"同行",海德格尔能够避免这一点吗?的确也许只有在这种意义上才可以避免,即现象学的解蔽工作构造了实际的处境,在这种处境中这种解蔽与之"同行"。"同行"确保了,现象学的直观在某种意义上不会陷入到与被直观者保持的一段距离中,也即进行直观的实行首先在结构上不同于被直观者的实行,其次在另一段时间中进行。直观者与被直观者的实行在结构与时间上是同一个,因为这种直观着的实行筹划、构造了在直观之实行中的被直观着的实行。

胡塞尔现象学的方法并不是以这种方式对实行进行测量,如上所述,这一点对于海德格尔来说奠基于此,即胡塞尔的证明由一种兴趣所引导,这种兴趣对于生活实行来说是陌生的,被强迫接受的:也即由这一兴趣所引导,要在一种认识论观点的框架下赢得一个不可动摇的基础(fundamentum inconcussum),这种观点可以在此在分析时被揭示为对于被认识的知识的操心。由此就产生一个问题,在多大程度上由认识论推动的这一兴趣对于胡塞尔的现象学来说实际上是决定性的。这一兴趣部分是决定性的,这一点人们不会有争议。然而,这通过现象学所突出出来的不可动摇的基础还能够以下述方式被阐释,即通过这一基础并且在其中,生活实行之现象本身应该从遮蔽着的统觉中解放出来,并得到证明。"基础"说的也就是这样一个领域,其内容就是其所是,也即是说,这一领域不再指向自身之外;基础包含一种意义规定,这一规定可以直接用海德格尔的"自足"这一术语来描述。因此这种基础领域或许并不超出自然统觉方式的领域,也不在其后或其下,而是自身就在另外一种视线中。我认为,这一特征适用于胡塞尔后期发生现象学的广泛领域。在这种意义上,兰德格雷贝经常表达的观点也许是对的,即胡塞尔的后期现象学与海德格尔的现象学针对的是同一种东西①。不过差别在于:这个根本领域尽管并不在其统觉之上、之后或者之下,而是先于这种统觉,因为这就是发生现象学的任务,也便是澄清这种统觉的发生。由于当现象学的目光指向统觉时,统觉总是已经溜走了,所以统觉不是共同当下的某种构造中一同被把握的,而是必须重构才能被获得。胡塞尔式的现象学就是要倒放那已经转完盘的电影,为了要观看这一电影,而海德格尔的现象学就是观看这一电影,通过这种现象学来转动这一电影。

但是,这意谓着,这种对确定的认识的兴趣并不能真正地为此负责任,即胡塞尔的方法在认识论的意义上不在结构与时间上对生活实行进行测量,而是实施一种构造或者再造的决定。不过如果这个决定成为现实,那么这种可能性就不需要澄清有关另一种可能性的任何东西,反之亦然。换句话说,为了不使对主体性的规定以及把握这种主体性的观点趋于荒谬,生活总是生活于世界中,在这种意义上,海德格尔对于生活自足的指示本身就还不具有足够的说服力。如果后者具有某种合理性,那么胡塞尔对于自我的获得尝试就不必

---

① 兰德格雷贝的表达,参见其《事实性与个体性》(*Faktizität und Individuation*,汉堡,1982年)一书的前言。

然意谓着对于自我的剥夺,或者这种剥夺可以用其它的理由来证明,而不像海德格尔那样将这种剥夺摆在眼前。

(2)事实上,与其对于生活之自足的把握相应,海德格尔已经在阐释现象学还原的内在意义。在1919年关于"根本问题"的讲座中他如下刻画还原,还原排除了所有无意义的不是可理解的东西(《全集》第58卷,第156页)。(如上所述,海德格尔已经接受了悬搁的消极-防御的特征,这一点就奠基于对还原的洞见。)在胡塞尔那里还原揭示了自足性的一个领域,这一点与以前的观察相符合;不过同时,如果人们因此想要完全标明胡塞尔还原的意义,这还不切实际。在胡塞尔那里与悬搁以及还原联系在一起的还原性的事件包含一个特殊种类的、难以驾驭、野蛮的因素,这一因素可以在形式上表达为:"不要参与!"或者"其生存包含一个裂隙,一旦你揭示这一裂隙,你可能只会把握这一裂隙。"海德格尔正是以这种方式刻画胡塞尔还原的方法,海德格尔不能接受这一因素,并且显然也根本不去关注这一因素,这一点已经变得非常清楚。显然对于海德格尔来说,这一因素只有在某种进程的结构、在实际生活中才能从自己本身使自己异化,由此海德格尔拒绝这一因素。他非常明确地说出了这一点,即他在胡塞尔对"放弃"(Enthaltung)这一要求的位置上又加上了"参与"这一要求(《全集》第58卷,第254页)。同样要追问,正如海德格尔在1923/1924年讲座中所表明的那样,是否这个还原的排除方法只需将每一个自然态度排除就行了(《全集》第17卷,第79页),或者是否在其中不再产生出对于将生活与世界领域等同以及绝对化的合理质疑。这一怀疑得以证实:那自身满足的、在自身筹划中一同进行的构造也就是一种决断,我们先行就碰到了这一决断,如果这条道路是再造或者某种特殊的方式,那么从这一决断出发,其它道路的可能性就不会再被讨论。

(3)如果通过对被认识的知识的操心并不能整全地把握胡塞尔的现象学,那么到底何种操心还在驱动着胡塞尔的现象学呢?对于被认识的知识的操心并不能切合现象学哲学的操心结构,因为这种操心本身还植根于一种进一步的——也即纯粹生存论的——操心中,尽管这种操心本身并没有被胡塞尔主题化,不过却在根本上内在于其思想的开端。我所指的是这样一种操心,这种操心,作为操心本身的结构状况,产生于胡塞尔用意向概念和充实概念所思考之物之间的不协调。众所周知,这种意向与充实的不协调就在于,世界生活要争取的不仅仅是理论方式的不可测性,这种不可测性可通过这一命题来把握,即我不能预先肯定我的前有在具体状况下的充实会采取何种路向;相反基于我的经验,我会以较大的或然性说,不存在一个完备的充实也不存在一个最终完备的充实。这种不可测性通过对于先验立场的接受不仅仅在理论上被消解,而且实际上也被超逾。这种实际的超逾在胡塞尔那里是被遮蔽的,即正如海德格尔正确注意到的那样,胡塞尔这一显见的兴趣被认为是构造作为严格科学的哲学。如果实际的超逾事实上存在,那么这种超逾必在一种对于胡塞尔现象学悬搁的相应阐释中凸显出来。由此必须考察"悬搁"的发生,以便能看出胡塞尔自己所想要达到的理论目的,并关注在这一目的中世界关系(Weltverhältnis)的一种生存论的转变是如何实现的。由此或许可以证明,在多大程度上对于某种断裂的非存在者层次上(meontisch)的体验事实上归属于对于世界关系的获得,这种非存在者层次上的体验在海德格尔对于生活之自足的把握中没有任何位置;在断裂中被体验到的超逾并不在一个新的当下连接到理论的直观,而是体验的直接的因素。当然为此还需要一种现象学的考察,这一考察不能简单地使用胡塞尔现象学的方法论工具,而是必须走上自己的道路。现象学对于悬搁-发生的分析一定要将悬搁的实行把握为一种自身的世界关系的极端可能性,这样,自身才能立即纯粹合乎体验地与世界本身相面对,自身才能以一种极端的态度达到其世界关系并且才能体验到对"自身"的独特的获得本身。该体验就是在这样一种意义上的实际,其体验内容并不在一种解释学的作为结构中产生,而是从一种与实在的实际性相对的、无需更进一步追问的对抗性中成长起来。另外,这是一种被澄明的东西,这样一种东西,它为了其可经验物首先非主题性地认识并且在一种自由的关系中达到这种可经验物;它并不通过压迫而被结合起来,根据海德格尔,通过这种压迫,世界本身在畏中出现。对于这种经验的证明还要论证,主体性并不像海德格尔所认为的那样,直接在世界中被占据,有必要追问的是,海德格尔将主体性以如此方式连接到世界中,是否不正好由此推动了对自身的剥夺。

此外对悬搁-发生的这一分析的解释学处境也许是这样的:不仅仅进行分析者与被分析者在结构与时间上的一致会被构造性地筹划,而且在悬搁体验本身该处境拥有源始的而不仅仅是被构造的经验基础。在现象学经验的"深处"获得自身的这一本己的、源始的体验也许就是对于这种现象学的"深度经验"进行现象学澄明的直接的基础。由此出发,也许就可以尝试规定一种主体物的现象学的任务与界限并且重新安排这些研究向度的位置,例如胡塞尔的发生现象学。

(尹兆坤 译)

同化作用没有暴力吗？

——一种沿胡塞尔而来的交互文化性现象学

长久以来，专家们一直在讨论，胡塞尔的作为包含一切科学的哲学观念是否能够应用于其它文化。关键问题是：被认为应用于欧洲精神的现象学侵犯了非欧洲的世界观吗？现象学虽然彻底地批判了缘于实证科学的同化作用，然而，一方面，凭借扩展欧洲科学的概念，另方面，考虑到它是一种最终的和有约束力的一般标准，胡塞尔现象学本身没有使用同化作用吗？通过宣称其原则所推论出来的合法的理论与实践对一切家居世界都有效，现象学的这种同化作用没有干涉其它文化吗？相关于胡塞尔的诸种基本定义，我想略述一种方式，在此之中，现象学能够避免被指责带有非法的同化作用。我将分四个步骤进行：第一，澄清问题；第二，力图说明操心的结构环节在同化作用成就的发展中是决定性的；第三，继续由此出发去探讨现象学与同化作用之间的关系；最后，描述从一种交互文化现象学中发展出来的方法论进路的特征。

一、问题的提出

日本现象学家谷徹（Toru Tani）已经回应了那种认为现象学带有一种显著论点侵入的异议。[①] 他提到了在胡塞尔著作中仅仅扮演

---

① 谷徹："家园与他者"（Heimat und das Fremde），载《胡塞尔研究》(*Husserl Studies*)第9卷，1992年，第199–216页。

着边缘角色的一种差异:原初家园(Urheimat)与家居世界之间的差异。"原初家园"指的是超越论深处以及家居世界的起源初期。与之相比,家居世界则表示着一种较为成熟的发展结构。它描述了一种原初家居世界关系已转变为遭遇异质世界之后的家居世界方式:在经验到异质世界之时,家居世界最初会被如此设想,即:一个相对封闭的单元,它具有一种对这个世界有效的特定"标准"的排他性特征。因此,当一种统一感建构起一个人的世界领域时,家居-世界关系就会出现,此中带有隐性的认识。构成一个个体世界的所有个体世界可能已经暗示了个人自己的家居世界与诸异质家居世界的关系的认识(诸如希腊人与非希腊人之间的情形)。

然而,一个更为基本的步骤就是把诸家居世界包含在一种同化作用关系之中,其中首先被给予正当地位的就是多元世界的概念:在遭遇诸异质家居世界之时,个人会形成这样的见解,存有许多可能的家居世界,并且这——尤其是就"欧洲"来说——促使个人把他自己的家居世界和异质的家居世界包含进一种普遍的世界释义中。与此相关,个人可能会形成一种全维度(übergross)空间,即"宇宙",以此同化诸家居世界和异质世界。同化作用强行入侵会隐性地使异质家居世界改编为自己的家居世界。因此,同化作用有两个特征:一方面,多元化世界在一个统一空间内进入了家居世界和异质世界;另一方面,居中的家居世界构造了这个统一空间,其构造取决于自己家居世界的意义构成方式。

沿着谷彻的思路,有人可能会补充说,原初家园不应该被视为意指一种变形的神话般的条件,那确实存在于一个给定的时间中;更确切地说,它应该被视为意指家居世界生活的超越论深处,一种总是由这种生活结构性地遮蔽着的深处。它指的是世界意义的深处,以一种独特于个体或群体的方式,发展为与看待世界方式一致的与众不同的且必不可少的核心内容的超越论开端。在此意义上,"原初家园"可标示为一种原初单一性。然而,这种原初家园的超越论意义必须符合于一种世俗相关物,它在把自己世界统觉为家居世界之先是有效的:也就是说,在这一点上,人类还没有碰到未知人类,并且因此还没有照此来定义它。这种世俗的原初家园关系无疑与异质经验的初步形态相熟识,举例来说,用知识表达之,即还有其他人存在,在那里他们的生活环境与看法是未知的或陌生的,抑或是敬畏恶魔力量的。就此而言,考察在何种程度上这些异质经验的初步形态导致了原初家园连通性变为一种家居-世界关系的转换是值得的。

根据谷徹的论文,胡塞尔的"欧洲"概念是一个他本人没有进行彻底分析的超越论的-世俗的双重概念,①而通过原初世界和家居世界之间的区分能大大地有助于澄清这个概念。经由超越论现象学的概念与文化形态"欧洲"的本质连接,他把超越论的原初家园"欧洲"和它作为家居世界的世间形态等同视之。然而,这种认同不是基于现象学的思维。当胡塞尔哲学把其超越论开端等同于世俗的世间现象之时,其同化作用恰好会遭到批判。按照谷徹的说法,这种对现象学的不合理的同化作用成就的批判必须由现象学自身来推进。对一种交互文化对话而言,它必须充当现象学之适合性的衡量尺度。

二、同化作用与操心

问题就出现在是否有如此多的大量家居世界经验的普遍存在,也就是说,同一个世界(one and the same world)的问题使得欧洲哲学的开端作为一种普遍的科学:在哲学原初的建制中,就其试图超越

---

① 谷徹:"家园与他者"(Heimat und das Fremde),载《胡塞尔研究》(Husserl Studies)第 9 卷,1992 年,第 203 页。

一切实践生活的偏见与不公的立场来看,哲学想要回答超越所有家居世界之特质这个问题。① 古代的哲学家们为一个同质世界的建构奠定了基础,与单一处境-相关的家居世界的事实相比,同质世界作为一种专门理念的组成部分是毫不相关的内容。在现代,经由理念的数学化,理念的限度变成了数学的无穷极并应用在真实事件上,同质世界的建构就变得激进了。在此过程中,古人的观点依照数学-理念被认为确实真实存在,且可充当诸家居世界的单纯主观-相关性的基础,展示着它们仅仅是非相关的诸数学-理念的显现模式,从而为在真正的具体事实的数学理念环境中征服与主体-相关的一切留下了余地,也为它的计算与进步留下了余地。②

胡塞尔说明了这种"理念外衣"(Ideenkleid)③,它把自然的数学化覆盖在诸家居世界之上,而这些家居世界不仅发源于欧洲哲学,而且产生于某些前科学的生活世界的成就。因而,理念极点、边界构造的关联性是建基于某些胡塞尔称之为"诱导的"④世间生活型态之上的。一切世间经验仅仅显示为某些已给予事物的核心,这些事物自身内嵌在视域之中,而视域主宰着潜在经验以及能够进入的更多经验。一切视域的描绘最终都会涉及世界的"全体视域","全体视域"是总先行于一切经验的绝对的空视域。⑤ 这种指涉系统在数学化过程中被理想化,亦即被种种数学理念所征服。这些数学理念充当了无法实现的边界-理念并调控着所有世界经验作为相互关联的经验存在。

---

① 参见《胡塞尔全集》第 6 卷,第 328 页以下;第 27 卷,第 187 页以下;第 29 卷,第 386 页以下。
② 参见《胡塞尔全集》第 6 卷,第 9 节。
③ 《胡塞尔全集》第 6 卷,第 51 页。
④ 参见胡塞尔:《经验与判断》,汉堡,1976 年,第 28 页。
⑤ 即无所指意义上的视域。——译者注

有证据表明,世间生活只能包含着已给予事物的某一核心,并且被委托给了一种不完备的迭代过程的验证,这样的事实对世俗生活之有限性的感觉这一概念是极为重要的。在时空范围中的个人主体服从于如此结构并不是自明的,因其并不适用于所有的主观存在者:上帝就没有意向(intention)和充实(fulfillment)[①]之间的差异。然而,世间生活却具有这种差异并且必须予以落实。因此,在全面操心(它想要确保并最大程度地被充实)的意义上,[②]世间生活以一种特定的方式自我指涉。数学化为了获得最大化,经由直接地成长奋斗,也被归入为这种生活世界的操心-结构(Sorge-structure)。此操心-结构具有某些一般特征。例如,它意味着:(1)缘于意向-充实系统所建立的差异,占有的"空间"已被打开,这种占有引起了一种世间经验之诱导性的发展,此世间经验就其本身而论并不完备,且其"限度"只处于全体视域中,而这样的"限度"是永远不可能达到的。(2)正因为这种不完备性,处于世界视域中的世俗意向性最终无法获得充实。(3)最终,使得世俗的诱导性之指向意义与某一指向的行为-中心产生了关联,亦即与一种环绕-世界的基于身体意识的主体-中心产生了关联。

无论具体在什么情况下,操心-结构总是以一副家居世界样式为特征,此样式起源于原初-家园的意义结构。甚至像它们的充装空间、不完备的诱导性以及无法满足的意向性这样的一般特征也与主体-中心一样,以一种具有相应解释内容的个体发展阶段出现在世界

[①] 参见《胡塞尔全集》第19卷第1分册,第14节;"第六逻辑研究",第一、第三部分;《胡塞尔全集》第3卷第1分册,第6节;第11卷,第2节,以及第一、第二部分。

[②] "人只有作为预先操心者才是人"(《胡塞尔全集》第15卷,第599页)。参见李南麟(N.-I. Lee):《胡塞尔的本能现象学》(*Edmund Husserls Phänomenologie der Instinkte*),多德雷赫特/波士顿/伦敦,1993年,第148页。

视域中。如果由遭遇异质世界所激发的同化作用局限于这种操心-结构,以它为基础并在它那里进行操作,那么,在构造其世界并使之成为绝对的自己世界的操心-结构时,就会有持续不断的朝向性。当然,在同化作用过程中,并不缺乏试图要消除自己家居世界之影响的尝试。自然的数学化本身在某种程度上就能被视为一种更为根本而且成功的尝试。家居世界影响的消除过程试图尽可能地清空其内容的家居世界性,也就是说,试图使之形式化。当操心-结构保持不变并仍然有效的时候,这种尝试只获得了部分成功,从数学化利用自然作为其支配目的的例子中即可见到。因此,所有同化作用(其无法改变作为家居世界局限之原由的操心-结构)都意味着帝国主义的暴力。然而,倘若操心结构如此原初而本质地遍及世界-经验生活,就有任何机会能认为同化作用没有暴力了吗?

三、同化作用与现象学

现在,一种尝试将被用于证实以下论点,即超越论的现象学包含了避免批判的诸多方面,那些批判是针对以同化作用来"欧化"异质文化特性所发出的。当然,还将出现是否这个过程仍然能够被视为同化作用的问题。这个论点的说明可以提出两点:(1)超越论的现象学建立了一种不同的自我关系,个人能够超出世界-经验的生活。(2)根据意向-充实-系统的差异,与文化界限的质料外形相一致的空间已被打开,超越论的现象学所提供的工具箱能够对此进行阐明。

从第一点来看,由于一切意向性的努力只是通向有其自己的根源这一点:世界的先行被给予性、世界-经验生活就处在一种循环之中。这种循环也是解释学的,因为世界生活理解它自己永远只能来自世界,也就是说,在作为全体视域(万事万物就其意义来讲都是过去-已定的、正在发展的和将来-筹划的)的世界中,循环被最终提及。通过对世界的被给予性加括号,超越论的现象学试图打破这种循环;它不再接纳在普遍视域之上生活,但却在普遍视域"之下"保留了这种倾向。① 它带来了生成真理的迭代过程,即意向期待的前行及其部分充实与新的期待,也就是说,与此同时,给意向-充实系统中的操心生活带来了一种停滞的基本倾向。这种普遍中断反映了生活的基本倾向,反映了其在世界视域中的终止,并且同样地反映了像全体视域本身一样的世界结构的相互关联。这里所显示的是现象学的主题。就这个主题而言,它与从操心-结构中成功获得解放有关。如果超越论的现象学想把这种可能性等同于家居世界"欧洲",换言之,将其超越论的原初家园与欧洲等而视之,那么,它就要抽走自己脚下的地毯:不能弄脏任何区域性生活的操心-结构并使之变得多余。尽管如此,出现在超越论原初家园"欧洲"中的现象学可能性企图越出居家世界"欧洲",因为这种意图明确地表达了想从一切居家-世界性中摆脱出来。事实上,其意图就是通过已经成为的主题来超越意向-充实系统本身。

现象学如何能使它实际上已经超越了意向-充实系统,它实际上已经跳出了世界-经验生活囿于其中的循环这一事实显得是可能的呢?既然对跳出循环产生了怀疑,那么这个问题就只有在循环内部才能获得有意义的回答。为了回答这个问题,由于没有取得一个"较高的"有力着眼点,就只能从某种消极意义上给出答案:展现一个撤离过程,不能再通过循环结构来理解,但却能在这个结构中显示,并且为了这个结构才显示。事实上,如此一种撤离过程呈现着现象学的步骤。现象学与其说是试图终止世界-经验生活以便从中撤离出

---

① 参见《胡塞尔全集》第6卷,第153页。

来,倒不如说,在更彻底的意义上,它是通过从朝向性结构中撤离自身这样的事实而使得终止成为可能,也就是说,不再以一切世界-经验生活已履行的方式活动:以动机的风格。① 在世界视域中的一切实践的和理论活动都表明了它们个别的动机,现象学则没有动机,②尤其在悬搁与还原的起点上没有,就像胡塞尔反复强调的那样:因为某些缘故,现象学在世界视域中没有任何动机,虽然它有机会以一种现象来获取这种视域。

可是,没有任何动机,它又怎么能开始呢? 显而易见,答案必然是,它能开始是因为世界-经验生活的动机指涉使它自己产生动机——无论这动机是多么隐蔽或者是多么不同意义上的动机。每个动机指涉都是在意向和充实之间的差异所产生的空间中才有可能作为一种基本的意向性结构,以至于它自己指涉着自己充实的不可能性,而这种充实是由此空间给予的:这是指向世界视域的所有意向性中的不可完全性。换句话说,动机指涉在某种程度上有一种刺激作用,看似自相矛盾,即面对这种不可能的充实,它隐含地勾画出了某种充实的可能性,一种存在于其充实的不可能性意识中的可能性。此"动机"隐藏在世界生活中,因为它就是"动机"本身并如此指涉着自己。从某种意义上讲,这种动机不同于一切世界生活的其它动机,原因在于它在它的动机性本身中指涉着世界生活。既然它指涉着如此一种世界生活,那么与其建立一种根本关系就是唯一能够做的。生活对它自身的指涉之可能性没有以世界视域为背景。唯有通过随

---

① 参见《胡塞尔全集》第4卷,第56节。
② 参见 E. 芬克:《第六笛卡尔式的沉思:先验方法论的观念》,《胡塞尔全集:文献编》第2卷第1分册,H. 埃贝林、J. 霍尔、G. 范凯尔克霍芬,多德雷赫特/波士顿/伦敦,1988年,第33页以下。

意地跳出世界-经验生活的循环,并经由实存的边界经验[①]所引发的直接动机,世界生活才能够在它的超越论结构中获得其自身。现象学的悬搁活动直接-间接地跃上了一种可能性视域,这种视域直到悬搁活动跃入之后才被打开。

就第二点来说,通过典型意义上的从世界生活的操心-结构中解放它自己,现象学能在它的现象机构中分析这种结构。在此过程中,就像胡塞尔已经指出的那样,它不能只表示,意向-充实系统的超越论发生在每个构成步骤上都后于其在前-自我逻辑的、前-谓词成就中的构成起源。致力于交互文化性的现象学分析的目标应该在某种程度上进行这种说明,意向-充实-系统的不同文化变体在它们个别的超越论历史中是有问题的,除此之外,在个别确定的变体中、在确定的质料性的"关系"中,与原初家园相应的超越论结构应该是显而易见的。

现象学自身的优势是一种坚定的观点,然而尽管如此,它并没有与家居世界连接起来。涉及到一种超越论的原初家园("欧洲"),它定位于(located)用超越论的且无任何世俗意义的方式进行事实阐明。与此同时,因为一点也不涉及一个家居世界或复杂的家居世界"欧洲",它是未定位的(unlocated),并且既然它也不是在经验的家居世界领域内运行,而是通过利用操心-结构的朝向性以排斥一切世界-经验生活,在其世俗中超越它们,从而避免了一种侵犯性同化作用的危险。因此,现象学被定位于家居世界与异质世界的区别"之下"和"之上"——在之下的是其超越论开端的所在地,在之上的是其超越论进展的非所在地。

[①] 参见 E. 芬克:《第六笛卡尔式的沉思:先验方法论的观念》,《胡塞尔全集:文献编》第 2 卷第 1 分册,H. 埃贝林、J. 霍尔、G. 范凯尔克霍芬,多德雷赫特/波士顿/伦敦,1988 年,第 38 页。

四、一种交互文化现象学的尝试

从这个意义上来说,现象学的现象场所现在可能摆脱了侵犯性同化作用的批判,但是它还未展现在何种程度上超越论的现象学分析自身能够被应用于一般。换言之,它还未建立在多大程度上现象学自身的前-世界的出现是否暗含着一种可能妨碍普遍有效地做出其声明的文化契约,并且,假如那样的话,如此契约怎样才能被克服。这种契约存在于以下意义中,即超越论的成分是以一种语言形式出现的,这种语言形式永远只是一种世俗的语言形式,此种或彼种家居世界的语言。只不过现象学的分析能从确定的诸语言形式中分离出来,至少它应该被视为与之等同。因此,一种稳定的语言解构任务不仅遮蔽了现象学的证据,而且也遮蔽了交互文化协作的任务,此交互文化协作进行了这样的解构,即对不同原初世界的根源领域,对现象学的意义-构成的差异,以及对由首先必须核实的家居世界的语言立场所隐藏的东西实施解构。

这种交互文化的现象学研究主要具有以下三个方面的特征:

1.从操心-结构分离出来的超越论的现象学只有在相应的主题中才能产生。它离开了不完全的世界-终结生活,然后,在主体性与世界的相互关系中,变成了现象学的主题,它是经由撤销在操心-结构中的契约和更新主题关注的要求而得以说明的。

2.现象学分析能够论证特定关系中的原初家园的主题。此表明了在一种易接近的自己所有性的起源中的相应自己不是发源于这种自己所有性。不过凭借其授予自己所有性的公正,它并没有强加于此。在这个意义上,现象学表现了一种同化作用,在这种同化作用的最初发展中,他们的个体性中的个体关系涌现出来,与此同时他们自己分解了。相反地,关系能够用这种方式管理积极意义上的"同化作用",这种同化作用不再由家居世界所决定,而是产生于现象学的可确定关系的互动中。

3. 这种独立于现象学的"同化作用"的增多活动符合于现象学的程序,就这一点来说,"同化作用"的增多活动是不连续的。这种不连续性描述了现象学分析的逐步推进,其必须不仅要面对而且要习惯于对为它们所蕴藏着的并不断地处在危险中的关系之阐明感到惊奇,凭借现象学的分析,基于其它家居世界的语言立场与理解视域得以实现,不仅能够获得强化而且能够重新定义,但是在此并不能保证一种实际的认知将会发生。现象学不仅在一种异端的实存形式中实现它自己,这种异端的实存形式在假定的自我中不断地寻找他者,而且同时,尤其是作为一种交互文化理论,也冒着风险。

(陈群志 译)

禅与悬搁[①]

一、问题：什么是道？

赵州问他的师父南泉："什么是道？"——南泉回答说："我们每天都体验到它，体验到道。"对此，赵州问道："人们可以依循它吗？"——南泉回答说："一旦你尝试这样去做，你就已经丧失了它。"——赵州问道："如果不尝试，我怎么知道，它是道呢？"南泉回答说："道不是我们能够有所知的东西，也不是我们不能有所知的东西。知道它，就是想象，不知道它，就是空谈。如果你真的达到了不可依循的道，那么你也就立刻在空虚的空间中，在无界的领域中，在无底的洞穴中——谁又能够妄加主张，他是知道还是不知道呢？"当赵州听到这些话时，他突然开悟了。[②]

这个出自公案集《无门关》[③]的禅宗语录说的是，如何可能获得

[①] 我衷心地感谢维也纳会议"禅与道"的组织者、大学女教师桥柃（Hashi Hisaki）博士、加布里尔（Werner Gabriel）教授博士和哈泽尔巴赫（Arne Haselbach）教授博士。——这篇文章之前的一个版本 2002 年 6 月 17 日在弗莱堡大学大岛淑子（Oshima Yoshiko）女士领导的弗莱堡禅学社（Zen-Akademie Freiburg）做了报告。

[②] 原文为：南泉因赵州问："如何是道？"泉云："平常心是道。"州问："还可趣向否？"泉云："拟向即乖！"州问："不拟争知是道？"泉云："道不属知，不属不知；知是妄觉，不知是无记。若真达不拟之道，犹如太虚廓然洞豁，岂可强是非也！"州于言下顿悟。——译者注

[③] 无明慧开（Wu-men Hui-k'ai）：《禅宗无门关：透壁而入》（Ch'an-tsung Wu-men kuan. Zutritt nur durch die Wand），李华德（Walter Liebenthal）导读及译注，海德堡，1977 年，第 78 页。

某种经验:如何能够进入一个尚未开放的经验领域? 通往那里的道是哪一条?

对道(古希腊语 méthodos)的追问,简而言之:对方法的追问,对于西方思想来说也处于思义的开端处,即,如何能够深入到一个直至那里仍未展开的领域之中。我们习惯于认为,方法就像一帖药方那样起作用,它保证可期待的疗效。当然,倘若方法只不过是反映了它允许的入口所开放出来的东西,那么,我们所期待的东西就在方法中已经初具轮廓了。由此,方法大都并不伴随着这样一个入口:并不伴随着去思义,为什么是这个而不是那个东西开放出来,以及找到入口首先意味着什么。但是,恰恰这种对进入能思义的、能知的可能通道的思义,对能开端(Anfangenkönnen)的开端的思义,从刚一开始就标志着欧洲思想的一个基本问题。

"什么是道?"——然后,这个问题指的并不是确定任意一种方法而进入任意一个研究领域;它的目的在于,是什么一般地促发了在世界中的"自然的"、实践的生活和追求的中断,促发了反思我们的所做所是,也就是说,摆脱并且超越目前的处境。这条"道路"从实践的生活环境出发,进而通过理论将实践置入问题之中——这条从……直到……的道路本身,作为在能开端的意义上的道-问题而被提出来,这塑造了欧洲思想史实际的道路进程。但是,一般来说,这种意义上的道-问题可以得到回答吗?

南泉的回答说的是,这样,关于道,没有什么需要澄清:"道不是我们能够有所知的东西,也不是我们不能有所知的东西。"这个逻辑上的悖论命题导致一个疑难,因为它显然同时既肯定又否定了道的能知。从哲学史来看,人们可以用这个命题来标识欧洲哲学的进程,尽管所寻求的道从未被找到,但是与它相关的东西仍然不断被找到。如果运用到积极的方面,并且关系到欧洲哲学开端的寻求,那么,这个命题说的就会是：开端总是抽身而去，始终无法赶上；然而，在对开端的追问中，开端就在其抽身而去中呈现出来。

埃德蒙德·胡塞尔也处在这一传统之中，追问作为哲学奠基预先条件的开端。根据他的看法，能开端是由自然-实践的生活风格的一种独特翻转来保障的。他以借用于古代怀疑论①的概念"悬搁"来标识这一翻转。悬搁说的正是：我克制我自己不做任何执态。②

悬搁是一种行为，相对于一切自然世界生活的行为，它的突出之处在于，它自身涉及所有这些行为的一个共同之处。它的施行应该束缚住自然态度中一切行为的总体风格。简而言之，这种风格说的就是行为生活的兴趣和渴望通常以事物和关系为旨归——因而是这样一种生活，它在一个自我中占据中心位置，并且由此出发"拥有"它的周围世界：这样一种生活，它在由兴趣主导的事物关涉中，依存事物而生活，或者如胡塞尔所说，在它们之中形成一个"封闭体"，在此，这个使这一关涉得以可能并且承载着这一关涉的生活、这个依-存(Sein-bei)本身仍然晦暗不明。悬搁抑制住这种生活风格的恣意发展，并且对于胡塞尔来说，悬搁正是以这种方式中断了自然实践世界关涉的风格，才使哲学的开端得以可能。既然是它打破了实践的风格，并且因而首先使理论得以可能，它当然先于一切理论。但是，看起来这只是转移了对能开端的追问：对于悬搁——理论态度应该通过它而得以可能——本身来说，可能性条件是什么？

---

① 对此可参阅福格特(Katja Maria Vogt)：《怀疑论与生活实践：皮浪式的无主见生活观》(*Skepsis und Lebenspraxis. Das pyrrhonische Leben ohne Meinungen*)，弗莱堡/慕尼黑，1998年；施特伦(Hans P. Sturm)的著作《中止判断还是爱好智慧：在世界说明与生活艺术之间》(*Urteilsenthaltung oder Weisheitsliebe zwischen Welterklärung und Lebenskunst*，弗莱堡/慕尼黑，2002年)，首次从跨文化视角探讨"悬搁"主题。

② 参阅胡塞尔：《纯粹现象学与现象学哲学的观念》第一卷，《胡塞尔全集》第3卷第1分册，海牙，1976年，第32节。

胡塞尔对此的回答值得注意。胡塞尔认为,对于悬搁行为,因而对于将理论建立为超越论的现象学的行为来说,不存在任何从自然态度出发的固定路径。借用他那个时代心理学的概念,胡塞尔确定:悬搁在自然态度中没有任何动机引发;这种态度并未自动地准备好了能够促发投入到悬搁之中的东西。换一句话来说:悬搁完完全全地超越了自然态度,并且既然它是如此完全不同于自然态度,那么,在后者中就没有任何的立足点,能够由之出发使得悬搁开始发生作用。

因而,我们可以通过改写南泉的回答来做出如下表述:悬搁不是在自然的世界态度中能够有所知的东西;它——倘若它能够被施行的话——同时也不是不能有所知的东西。与悬搁相关,存在着一种两不性:1.悬搁不与自然态度相关,更进一步说,它在自然态度中没有任何位置。2.同时,自然的世界态度在某种意义上对于悬搁来说什么都不是:也就是说,悬搁完全(toto cœlo)超越了任何态度。这一两不表达了将悬搁和世界生活分割开来的深渊般的陌生性。因而,是什么使跃出这一深渊得以可能?

胡塞尔的助手和亲密的同事欧根·芬克谈到"极端处境",在这些处境中,自然的反思,因而那种仍然在自然态度的地基上运作的反思,能够达到它自身的边界[1]——在那里,明察闪现:自然的生活风格在一个更深的维度中显明,在这一维度中它有其起源,不过这起源仍然向它自身遮蔽着。不过,芬克认为,促发这一在临界处境中产生闪现的,并不是自然生活态度的环境,而是通过打破这一环境而"解放出来的"超越论的能理解(Verstehenkönnen)自身。在这种意义

---

[1] 参阅欧根·芬克:《第六笛卡尔式的沉思》,《胡塞尔全集:文献编》第2卷第1分册,H. 埃贝林、J. 霍尔与 G. 范凯尔克霍芬编,多德雷赫特/波士顿/伦敦,1988年,第38页及后页。

上，悬搁预设了自身。

　　因为悬搁如此一来预设了自身，所以，它在自然态度的视域中就不可能具有任何先示；并且因为它根本未得到先示，而是预设了自身，所以，对它的可能性问题的恰当回答就完全在于如下命题：悬搁不是在自然的世界态度中能够有所知的东西；它——倘若它能够被施行的话——同时也不是不能有所知的东西。

二、在悬搁与禅之间

　　就像禅之道那样，悬搁也不可"依循"：并不存在从一种立义态度出发进入另一种立义态度的连续性。和禅一样，悬搁显然也是一种非连续跃出（Sprung）的结果，并且，既然一种在先的时间和空间标准已经经历了相对化，那么，这一跃出就造就了一种新的时间性。跃出之所以导致世界关涉结构的转变（Verwandlung），是因为之前的世界关系的风格已经被扬弃，并且其本身第一次被经验到了。这一转变导致经验到一种意识的维度，这一维度可以被标识为相对于自然的世界态度的超出（Über）。同时，这一维度颠倒了在正常意识态度中起支配作用的对一与多的关系的传统解释。

　　非连续地跃出、转变、展开一个新的超出维度，以及颠倒熟悉的一与多的关系，这些标识了实质性的界石，这些界石能够将西方的悬搁-发生和东方的禅经验结合进入哲学的对话之中，而这一点会在接下来得到进一步的阐明。禅自身当然只能被经验，关于禅的言说总是来得太晚。不过，这并不意味着，我们不能追问禅-道经验的结构。一种这样的分析不仅展现了一种辅助手段，用于将东方的文化形式传递给西方；而且它对于在哲学上自为地澄清禅的经验结构来说也是不可或缺的。井筒俊彦（Izutsu Toshihiko）的《通往一门禅宗哲学》(Toward a Philosophy of Zen Buddhism)①就是这样一种分析中至今最具有说服力的尝试。

在跃出中发生了转变,此转变就是占有一个超出维度,而这一维度在一种特殊的一与多的关系中得到规定。所有其它因素都一并汇聚在这种关系之中。为了给悬搁行为与禅经验之间的平行关系画出一幅初步的、完全模糊的轮廓,我们将这些因素当作线索,并且将它们联系到井筒的阐释。

我们在井筒那里读到,禅经验只有通过一种"突然的、猛然的跃出"才能获得,这一跃出导致了一种对日常意识维度的脱离。②借助于跃出,体验着的主体从他的世界生活中心走出,将自己置入其边缘处:构成自我-处所的、通常支配性的"离心"运动方向由一种"向心"运动方向所接替。③对于胡塞尔来说,悬搁"一下子"④将体验者从世界经验生活的种种视域关涉中驱逐出来。井筒认为,跃出使一种"完全的人格转变"⑤得以可能。胡塞尔有着非常类似的说法:"整个现象学态度和它所包含的悬搁……有能力产生一种完全的人格转变。"⑥

在禅以及悬搁这两种情况下发生转变,并不是因为,相对于日常意识还有一个形而上学的后世界(Hinterwelt)。日常体验的"更深的"维度是一种超出它的维度,如井筒所说,跃出涉入一个"超出-意

---

① 原版出版于1977年。由罗森斯泰因(D. Rosenstein)翻译成德文:《禅宗哲学》(Philosophie des Zen-Buddhismus),赖因贝克,1979年。
② 同上书,第19页。
③ 同上书,第31页。
④ 胡塞尔:《欧洲科学的危机与超越论的现象学》,《胡塞尔全集》第6卷,W. 比梅尔编,海牙,1954年,第153页。
⑤ 井筒俊彦:前引书,第16页;另参阅第34和121页。
⑥ 胡塞尔:《危机》,第140页。

识"维度,①胡塞尔则表述说,悬搁的抑制导致"总体生活的一种完全的颠倒":"一种态度……超出普遍的意识生活":②"我超出世界,世界对我来说现在……成为现象。"③

根据井筒的解释,人们借助于禅经验获得了一个处所,在这个处所上,分别性、区别性思维被超越了,关于超出的说法由此获得辩护。区别性思维是日常经验的思维,它关涉不同的事物,并且为此在与事物的关涉中学习将事物和关系区别于对它们的关涉,学习将世界划分为主体和客体。既然在流俗态度中占支配地位的是对客体之物的关涉,那么,主体之物也是根据客体之物的类型来被理解,并且因而被物化:和客体之物一样,它也被表象为含有实体之物。对日常态度的超越将此态度重新融合进入它所抵制的媒介之中:超越是从关涉客体之物的经验返回到纯粹的我经验(ich erfahre)的运动:④在这里,对一个可经验世界及其世界之内成分的指涉被切除了。这个在世界经验之中含有实体的、自主存在的空间事物和一个思维它们的实体之间紧绷着的差异返回进入到一之中,这个一作为一切对象化的根据自身就不再能够以对象的方式来把握。在超越论的现象学中情况也一样,这个一具有一种独特的结构:

一方面,在"我经验"这种统一性构形中产生出分离之物的落入一一之中(In-eins-Fallen):如果日常经验被超越,那么,之前的分别之物——与现实性相关的主体方面和客体方面——就表明是一。另一方面,一种新的差异——首先——产生出来:分别性态度和所有区别都返回至其中的根据之间的区别先前隐藏着,它在禅经验之中出

---

① 井筒俊彦:前引书,第19页。
② 胡塞尔:《危机》,第153页。
③ 同上书,第155页。
④ 井筒俊彦:前引书,第26页以下。

现。在现象学中同样如此：借助于悬搁，自然态度表明自身是超越论主体性的自身统觉的一种方式：表明是超越论主体性的"世界化"的普遍形式。悬搁解除了世界关涉的封锁，这样，它的"去世界化"就让人们明察，世界的主体性和超越论的主体性实际上是一个。但是，这并不妨碍，正是通过展开超越论之物，超越论的主体性和世间的主体性之间的差异才得以揭示出来。因而，在禅经验中，和在悬搁的基础上一样，在结构上也产生了一种独特的关系，即，一（经验的根据）和多（经验根据和日常经验多方面可能的现时化及其中的客体关涉之间的差异）——因而，一和多不仅并不相互排斥，而且彼此关涉。

不过，禅还更往前走出关键性的一步：在"我经验"——自我-我和它所经验的客体世界都返回至其中——中，一并不是同一性、命题A＝A意义上的一。对于禅来说，同一律以及矛盾律（"A 不是非A"）的有效性只在分别性的世界关涉之中，而这一关涉当然应该被超越。① 超越所导向的一不能被思考为西方意义上的统一性。它不是未间断的、跨越把握的统一性，而是作为这样的一，它还包含了它的对立面，它没有削弱后者。在这种意义上，正如南泉大师所做的那样，它毋宁说是可以被标识为"空虚的空间"、"无界的领域"、"无底的洞穴"。

为了发现这个一的踪迹，我们提出如下思考：分别性的世界态度返回至"我体验"之中，这是向着主体性原根据的返回。这一主体性的主体不再是自我-主体，因为后者甚至可以被定义为对客体的追求把握。"我体验"的主体不再被定-义（de-finiert），不再被限定，倘若它作为这样一个主体而成为"它自身"，这个主体就能够通过限定而形成主体-客体关系。井筒用矛盾的公式"A 是非 A"来简要说明"它

---

① 对此参阅井筒俊彦：前引书，第 32 页以下。

自身"的这个处所,并且解释说:"A 始终是 A"——也就是说,主体以这种方式就成为它自身——"它不再是 A"——也就是说,不再作为自我-主体出现。[1] 据此,"一"的立足之处包含了一种否定:自身就是那个外化自己的,并且在其中否定自身的东西;返回获得的自身就是作为外化了的这个自身,它现在被否定。"A 是非 A"这个简明的公式简要说明了这一复杂的事态,并且直接表达了,这个一在自身之中包含了分裂,因为这个分裂,它始终经受着差异,但这个差异不能分解这个一。[2]

和超越论现象学的情况不一样,在这里并不存在两个视点,它们同时处于交替关系之中:一方面是可以将差异认识为一,另一方面是在这一认识中,差异本身才可以提交出来。交替着同时存在的一与一对多,在禅经验之中返回至一之中:因而返回至一种特殊的同一性之中,返回至这样一种同一性之中,它在自己之中包含了一种否定。借用西田几多郎的概念,我们可以将这种同一性形式标识为"矛盾的自身同一性"。[3] 这个过程有两个后果,禅经验不同于超越论现象学悬搁的结果就在于此:

1. 日常的世界关涉返回至"我体验"结构之中,这一返回还不是禅采取的完全的返回(zurück)步骤维度。要达到这一维度,唯当自

---

[1] 井筒俊彦:前引书,第 33 页。——亦参阅桥柃(Hashi Hisaki):"A 即非 A:论存在者对立统一性的逻辑"(A IST nicht-A. Die Logik des zugleich seienden Widerspruchs),载氏著:《禅的起源与归趣:原始禅宗哲学》(*Vom Ursprung und Ziel des Zen. Die Philosophie des originalen Zen-Buddhismus*),维也纳,2000 年,第 52-59 页。

[2] 正如在西方思想中那样,在东方思想中也存在着与自身相关的一种独特的两义性。在转向之前,体验不仅依附自己,而且也外在于自己:依附自己,倘若它在一个自我中处于中心,外在于自己,倘若这个在中心说的只不过是,作为外在于自己,依附在追求的客体之上。

[3] 对此参阅桥柃:《哲学实在性:京都学派的思想基础》(*Die Aktualität der Philosophie. Grundriß des Denkweges der Kyoto-Schule*),维也纳,1999 年,第六章。

我-关系也被"否弃",唯当"我体验"被还原到一种"纯粹体验"(参阅《胡塞尔全集》第1卷,第27页)。如果自我-关系仍然存在,那么就并未真正显露出矛盾的自身同一性意义上的一。因为以这种方式,一只会是通过一种关系、自我的关系而被定义,并且因而被限定;然后,它就会与世界以及一切世内之物的种种关系对立起来,而不是,它自身隐含了这些关系作为它自己的否定。因而,这一深入还原的结果就是,世界生活不再回退至"我体验",而是通过它,并且超出它而转变进入一个"场域",①这个场域在结构上既不是主体的,也不是客体的。只有这个场域才是原初的一的完全形态。

一个这样的场域——通过设定这个场域,主体性和客体性的两分才真正被克服了——的思想对于现象学来说并不陌生。在胡塞尔的后继者那里,一个这样的场域被后期海德格尔设想为"时间-游戏-空间"(Zeit-Spiel-Raum)②,被捷克哲学家扬·帕托契卡(Jan Patočka)设想为"现象域"(phänomenales Feld)③,并且被海因里希·罗姆巴赫(Heinrich Rombach)设想为"共-创造"(Kon-Kreative)④的东西。现象学对这个场域的把握和禅之中显露这个场域为此一的方式之间,当然存在着重大的区别:如果这个在矛盾的自身同一性之中的一之结构包含了它自己的否定——这样一种否定能够从这个一出发实现出一个多——,那么,这个场域自身就具有冲力,能够不断形成一个或者另一个多。如果人们补充到,这个场域在

---

① 井筒俊彦:前引书,第29页。

② 海德格尔:"语言的本质",载氏著:《在通向语言的途中》,《全集》第12卷,F.-W.冯·海尔曼编,美因河畔法兰克福,1982年,第202页。

③ 扬·帕托契卡:《来自显现本身:帕托契卡遗著选集》(Vom Erscheinen als solchem. Texte aus dem Nachlaß),布拉舍克-哈恩(Helga Blaschek-Hahn)、诺沃提尼(Karel Novotny)编,弗莱堡/慕尼黑,2000年,文本 III 等各篇。

④ 海因里希·罗姆巴赫:《起源:人类与万物的共创性哲学》(Der Ursprung. Philosophie der Konkreativität von Mensch und Natur),弗莱堡,1994年。

禅经验中的呈现直接就是本己体验的呈现——不是哲学思想思义的一个主题——,那么,这也就向即时的体验行为开放出所有那些冲力,它们是场域现时化的可能性条件。具体来说:是通过阐明某些世内之物,这些事物不被"唤作"是与我分离的,不被"唤作"是我的兴趣对象;毋宁说,是通过给它们命名,整个场域才一并被提升而呈现出来:

  一个和尚问赵州:"'达摩祖师从西方来'这句话说的是什么?"——赵州:"庭前柏树子。"①

  对事物的命名导致了将整个场域敞开,它被提升进入现时的瞬间,这一敞开就是具体的、即时成就的禅经验涉入其中的超出。在这种意义上,这个场域以及这个自身的敞开就是活生生-动态之物(参阅《胡塞尔全集》第1卷第46页):场域的提升不断从一个具体之物出发导向它自身——即时一瞬间,它通过这一提升同时包含了场域的呈现和充盈。

  这就导致了,在禅宗语录中,对事物的命名不能从外部区别于与这些事物的日常打交道——更重要的是:它也根本不应该区别于此。如果情况如此,那么这就会重又违背矛盾的自身同一性原则,并且消解自身;然后,禅的超出实际上就会是日常世界旁边的一个世界。但是,禅经验同样并没有构成一个世界,仿佛它在熟悉的日常世界旁边设定了这个世界。在这里,人们就明白了,禅还施行了更进一步,借助于此,禅经验本身才完全得以实现。

  2.在此分析中,第一步就在于指明日常的世界关涉向着"我体

---

① 无明慧开:《禅宗无门关》,第113页。

验"结构的回溯；这个结构显示为一个动态的场域，在这个场域之中，自身和世界都被"扬弃"了，这样，这个结构就经受了进一步的去除限定。这个场域显示为在矛盾的自身同一性意义上的完全意义的一，它在命题"A = 非 A"中表达为："A 始终是 A，这样，它不再是 A。"现在，这个"A"就代表整个场域被提升而成为即时具体阐明的场域。

但是，如果场域的提升恰恰只在它的即时具体的吁求中发生——"庭前柏树子"——，那么，事物、柏树子就不是场域自身，因为它当然只是一棵柏树子，不过，在一之中的个别事物由此也是整个场域：因为这个场域只有在瞬间中并且通过这一瞬间，在事物吁求的具体时段中才被提升起来——同样，也只有从它出发，个别事物才能够被阐明，如果这一事物不会陷入与它的冲突之中。

圆圈闭合了。在具体之物中的这一步说的是返回到开端。井筒又用公式"A 是 A"来简要说明这一步骤，并且用命题"A 是非 A；因而它是 A"来阐释这一步骤。这个阐释性命题表明，虽然在重新关涉事物时诉诸一个统一体，但这不是在同一律的意义上，因为转变的迂回路在"此间"（dazwischen）：这是通过回退到场域之中，通过重新回退到具体的此（Da）的中心来标记的。由此，表达式"A 是非 A；因而它是 A"诉诸矛盾的自身同一性，但是提供了一种关于它的所谓双重形式：也就是说，它包含了先前的步骤，这一步用公式"A 是非 A"来说明，并且这一之前的公式已经显示为对场域的矛盾的自身同一性的一种说明。但是，其中可谓只有它的其中一半的效用。因为我们已经指出，场域只有从具体的此出发才能得以实现。但是，具体的此实际上只有在其与场域的关系中才是这个此。现在，如果场域作为"A 是非 A"类型的、矛盾的自身同一性意义上的一而突出出来，并且如果只是关系到它，个别之物才存在，那么我们就可以从"A 是非 A"中得出陈述"因而它（也就是说，A 作为非 A）是 A"。这就意味着：场域是它在其上突显出来的具体之物。但是,既然 A 同时是非 A,那么,命题的第二部分"因而它是 A"就也表达了矛盾的自身同一性的事实,并且更进一步说:通过关涉个别的具体之物,场域的一现在才现实地获得了它整个的范围,并且现在才是作为矛盾的自身同一性的一。

总而言之:后一句话"A 是非 A,因而它是 A",包含了所有之前的命题。或者说:"庭前柏树子"表达了整个道:表达了返回到场域的步骤,表达了再次返回到具体的此之中的一步。

三、回答:我们每天都体验到它,体验到道

针对赵州的问题"什么是道?",南泉首先回答说:"我们每天都体验到它,体验到道。"这句话实际上已经道尽了一切。这个公案能够由此得到理解。这句话表达了,道不是人们需要寻求,并且人们能够寻求的东西。如果矛盾的自身同一性的场域只在日常之中,并且只在日常的一个具体的此之上展开,那么,他者就已经在本己之中了。对场域的把握转眼就抽离出这里和现在,以便立刻将在这个这里和现在之中的经验之物现时化。这个现时化并不是事后或者附加之物,比如在运用的意义上。根据上述阐释,最后一个步骤、场域和一个具体的此的矛盾的同一化步骤,本质上必然导致总体结构的充实,并且这首先是:因为在这里,在这些步骤中展开的东西,在体验自身中当然只是一。

因而,禅经验植根于体验行为之中,并且以直接的方式关系到这一行为自身。在超越论的现象学之中,悬搁作为道,情况则不同。这门现象学是理论,并且在悬搁中发现它的实现所受到的阻碍。悬搁是将目光摆脱自然世界经验的实践生活关联,并且在这一去世界化

中将它作为一种理论-超越论的生活关联建立起来。因而这一从实践到理论,从世间性到超越论的两层次的目光交替,就有可能将一门自然世界态度的深度理论加工成为一门超越论的理论。胡塞尔理论概念的最终目标也在于实践——他当然同样意图生活的某种"完全的人格转变"——,不过这一转变是间接地发生的,也就是说,是通过在超越论现象学引导下形成的一种世界解释,根据胡塞尔的思想,是在这种世界解释的基础上,生活才能相应地改变。① 在禅中结合进入一个经验中的东西,在这里通过理论的中介而分散开来。

悬搁当然还可以以不同于胡塞尔的方式来思考。人们当然可以问,胡塞尔为了理论目的而采纳悬搁,这本身是否预设了对悬搁的一种原初理解。这样一种理解或许可以通过对悬搁的发生的解释学分析而得以指明。在这里,对这一点我们只能做几点提示。②

悬搁行为的根本特征可以被刻画为一种释放(Loslassen):在这种行为中,世界关涉本身被打断了。世界关涉并未被消解,它也不是以这样一种方式被中断,即,它一下子完全终止,以至于产生出问题:如何能够重新连接上它。因为悬搁不再设定任何事物,它就遭受了这一关涉自身:这个关涉的空虚。

人们也可以这样表达:这种释放导致扬弃了自然生活行为的中心化:生活不再活在对它的追求领域自明的诉诸之中。在这一关涉

---

① 参阅笔者:《实践与理论:胡塞尔对生活的超越论现象学重构》(*Praxis und Theoria. Husserls transzendentalphänomenologische Rekonstruktion des Lebens*),弗莱堡/慕尼黑,1997年。——阿尔弗雷德·施密特(Alfred Schmidt)诉诸一种和维特根斯坦类似的思想形态("事事皆平常,平常心是道——兼论我们能从维特根斯坦那里学到什么"[Nichts im Besonderen. Alltags-Geist als Weg-und was wir dabei von Wittgenstein lernen können],载《因与果》[*Ursache & Wirkung*]第48辑,2004年,第36-38页)。

② 参阅笔者:"悬搁先于理论"(Epoché vor Theorie),载R. 屈恩、M. 施陶迪格尔编:《悬搁与还原:现象学还原的形式与实践》(*Epoché und Reduktion. Formen und Praxis der Reduktion in der Phänomenologie*),维尔茨堡,2003年,第199-211页。

的断裂中,体验丧失了它曾经的方向意义,并且由此丧失了它追求的客体。它根据理解的一切标准和范围而划定的圈子崩溃了:体验将自己体验为"只还"体验着而已。如果世界经验重又前进,那么这一对体验的摒弃就像痕迹一样逐渐褪去:它在那一瞬间让人想起,体验仍然完全不同于在一个展开的意义周围世界中的关涉;当然,它之所以是这种关涉,只是因为它自身已经自在存在——以在一切世界关涉中否定的呈现的方式存在。这一纯粹的体验首先使得环境的意义伸展得以可能,它不在每一瞬间之中,这一结构网类似于在禅经验中发生的东西。

那么悬搁的开端如何?如果胡塞尔的观点是,悬搁在自然的世界态度中没有动机的接触点,那么这就建基于,悬搁行为导致的体验与自身的共-照面就展现了一种特殊的临界经验:它如此彻底地抽离了世内之物的意义——它至此以来一直标记着一切意义——,是因为生活被带到绝对的边界上,带到意义自身的边界上:这一边界表明是无意义的对抗(sinn-lose Widerständigkeit)。后者由一些"极端处境"呈报出来,倘若这些处境的极端性在于,它们将我们"抛出轨道":抛出我们含有意义的世界关涉的组织。只有这一完全的意义抽离的冲击力才能够开始施行悬搁,它涉及整个世界的确定性。为了体验能够被返回抛向自己,需要对这样一条边界的经验;为了打破体验的意义圆圈,需要意义边界的经验。为了探测这条边界,一门悬搁的解释学也必须导向它自身的边界。[①]

阻挡着进入自我自身的通道、并且阻碍着自我自身显露的墙,给

[①] 大岛淑子(Oshima Yoshiko)借助于让-保罗·萨特的《恶心》(*La nausée*),在"洛根丁经验"的标题下,描述了这样一种完全的意义抽离的体验,见她的著作《禅是另类思维吗? 禅宗与海德格尔思想比较新探》(*Zen-anders denken? Zugleich ein Versuch über Zen und Heidegger*),海德堡,1985年,第65页及后页。

意义自身划了一条边界,因为这堵墙涉及到意义的领域;而在禅之中,这堵墙也始终呈现。这当然是禅的基本问题:它标识了如下事实,开悟体验(Satori-Erlebnis)不可传授,不可学习。没有任何的意义断裂能够完全充分地澄清开悟体验的存在。公案自身就是这堵墙的表达,它横亘于一者和他者、师傅和徒弟之间。它作为公案是借助于被推至有意义的边界的意义而进行的否定尝试,去传述没有意义可以传述的东西。只有赤裸裸的、无意义的对抗——符合传统逻辑规则的、表面上的悖谬,以及出乎意料的东西,看似无意义的东西遭遇了这种对抗——才能够激发人们去将墙推倒。向着超出-意义(Über-Sinn)的突破,这仅仅归功于非意义(Nicht-Sinn)。对意义关涉的去界定(Entgrenzung)预设了共-照面:两个人在一条边界上相遇,这条边界不可借助于意义而跨越。这个公案——它报道了赵州和南泉之间的谈话——用这句话结束:"当赵州听到这些话时,他突然开悟了。"并非作为意义媒介的语词,而是对抗——通过对抗,命题表面的荒谬性呈报出来——和对这一对抗的克服使明察得以可能。[①]

问:什么是道? 答:我们每天都体验到它。这个回答对门外汉——他还没有推倒世界意义之墙——来说毫无帮助。它只能起到激发作用,并且引发这样的东西,只有在它之上,涉及者自身才能够造就把握的可能性。以这种方式,这个问题仍然是一个挑战,并且这就好了。

(郑辟瑞 译)

[①] 参阅大岛淑子:"俱胝一指:与海德格尔一同走向禅宗"(Ein erhobener Finger von Meister Gutéi. Mit Heidegger unterwegs zum Zen),载氏著:《远与近:与海德格尔一同走向禅宗》(*Nähe und Ferne-mit Heidegger unterwegs zum Zen*),维尔茨堡,1998年,第9-47页。

第 三 编

现象学的家园学

现象学作为家园学[①]

一、家园

1. 众所周知并且经常被引用的是亚里士多德在《政治学》里表述的观点,即城邦(Polis)优先于家园、家庭(Oikos,Haus)[②]:"城邦本质上早于家庭和个人"(Politeia,1253a)。这似乎与《尼各马可伦理学》中的另一句话相矛盾,即:"男人与女人之间的爱是出乎自然的,因为人类本质上是更倾向于两性共同体的存在者,而不是更倾

[①] The translation of this chapter was supported by the program PROGRES Q21 ("Text and Image in Phenomenology and Semiotics") at Charles University, Faculty of Humanities[本文翻译得到了查理大学人文学院项目 PROGRES Q21(现象学和符号学中的文本与图像)的支持]。

[②] "Oikologie"词根为希腊词 oíkos,意同德语词"Haus",表示家庭、家园、家政、房子等。"经济学"Ökonomie 和"生态学"Ökologie 与此有相同词源。在此之前,"Oikologie"从未作为哲学思想术语被使用。作者表示:这一概念的提出起源于被海德格尔和芬克主题化的"Wohnen"(居住)、"Aufenthalt des Menschen"(人类逗留地),但是在他们那里,"Wohnen"被置于一个包罗万象的身体性理论的背景下;Oikologie 使得一种原初的个体(In-dividumm)与一种社会化的、或者说基于社会才生成的个体(Individumm)区别开,并从而区分 Insein 1 与 Insein 2(相关论述参看后文);Haus 在这里发挥着核心作用,因为它是人类存在的第二身体;Oikologie 既是跨学科的,也是跨文化的,作为一个哲学学科,它还探索(欧洲)哲学的家园学起源;哲学因此可能获得一种全新视角,比如在跨学科方面,对生态学和经济学可以从家园学上加以研究;要言之,Oikologie 是对人类存在的"在之中"(Insein) 的 Logos(理论)。

采用"家园学"译名是来自倪梁康教授的建议,可参考本书编后记中相应说明。本文中的 Haus 或 Oikos 在大多数情况下译为"家园",但有时会根据上下文调整为"家庭"、"房子"等。——译者注

向于城邦。从这个意义上说,家庭比城邦更为古老,且更为必需。"(1162a)

如果人们硬是要说,在将城邦与家庭的领域相互对照的时候,会把进行比较时以之为根据的那一方视为更基础的一方,那么这个矛盾似乎可得到澄清:当谈论城邦时,它比家庭更具本源性,因为只有在社会存在的整体背景下,家庭才能作为它的一部分而发展;然而当人们以家庭存在作为族类生衍秩序的基础时,那么家庭就是更为原本的,因为它构成了社会整体形成的元素。现在说这一切类似于是先有鸡还是先有蛋的毫无结果的争论,可能为时过早。当然不只这些,这两种对立的论断指示出人类存在所处其中的实际张力关系,这种张力关系表明了个体之双重的,并在这种双重性中不可还原的意义。

因此,个体(Individuum)只有在这种意义上才会从属于社会,即它始终被纳入到一个"我们"自身的语境中,它与另一种意义上的个体(In-dividuum)①相反,后一种个体是尚未联合的、始终孤立的——只要他还处于他的生来独有的、在其身体－躯体(leiblich-körperlich)②的唯一性的整体中的开端状态中。前者,即社会语境中的个体,可以和城邦相对应,或者毋宁说(对于亚里士多德来说),城邦会是这样一种真实的架构,在其中社会结构可以形成,并且可以

---

① "In-dividumm"的字面意思是"不可分者",作者在此指出两种意义上的个体,即在社会语境中的个体 Individumm 和作为孤立的、不可分的存在整体之个体 In-dividumm。本文一律译为"个体",对于第二种意义上的个体会将有连字符分隔的德文词附于括号内以示区别。同样的,"ab-solut"字面意思是"不可消解的",本文一律译为"绝对的","de-finieren"字面意思为"分隔界定",相当于德语词"ab-grenzen",本文译为"界定"。——译者注

② 我们使用"身体－躯体"(leiblich-körperlich)这一表达,不仅可以指称身体的能力,还包括我们用来对抗实在之物的身体的躯体性(Körperlichkeit);在此,躯体性不是在一种客体化的意义上理解的,而是作为实在的主体存在之事实。

规定其个体成员,社会性和个体性在其中都可得以实现。相反,后者指向作为个体"自然地"产生之地的家庭(Oikos);或换句话说:前者将人作为政治(ζῷον πολιτικόν)关联中的"生物"(zóon)进行考察,后者涉及作为生活方式的"生命"(bíos)[①],他在伦理－宇宙中展开自身,即在居住或居家活动中展开,在这里将它们的对立用"公共的"和"私人的"来描述,可能为时尚早。按照亚里士多德的观点,这种对立可以这样协调,即人类作为生命体尽管有着各自的开端,但是其内在的规定、目的却是,"扬弃"其开端的个体之物而进入一个整体之中,也就是进入到城邦的特定的整体中,只有在其中他才能获得其真正的个体性。

与此相反,可以尝试不过早地消除这种对立,至少不是以这种方式。人们可以反过来通过进行更详细的分析来强化作为家庭核心的个体(In-dividuellen)的要素。也许将会显示出,社会性的基础恰恰是建立于一种原初的不可分的个体(Nicht-Teilbaren, In-dividuum),建立于这样一种个体,他被认为尚未处于整体与部分之关系的考量中,从而这种先于社会、外于社会和非社会的个体和他的社会化的运动才使社会性得以产生。这里要在这个意义上谈论"家庭"(Oikos)。那么社会诸形式,比如城邦,将会是从家庭性之物中产生的,并且是以这样的方式,即社会将是一种解除界限(Entgrenzung)的形式,一种脱离居所的自由,在那里城邦的理念将表明这种自由的理想形式。如果能够表明,家庭性之物构成了决定性的基础,那么脱离家园仍然是对家园进行的一种行为,自然地在家庭中开始的一般的社会教养

[①] 来源于希腊语的"zóon"意同德语词"Tier"、"Lebewesen"以及拉丁语词"animal",表示"动物"、"生物",例如"Zoologie"(动物学)。"bíos"相当于德语词"Leben",表示"生命"、"生物"。作者表示,bíos更多涉及生活方式、生活形式,例如"Biographie"(传记)记载个人生活历程,"Biologie"(生物学)研究生物的生存方式。——译者注

和特别的城邦建立都将是一种家园学的行为模式。①

如果人们想要预先确定"Oikos",那么这个词作为人类存在的谱系②生根,就是一个起源,在其中生成系列的连续性与来自个体出生的突入的不连续性共存:通过出生而完成的向(家庭的以及社会的)世界的突入界-定着(de-finiert)个体(In-dividuum),个体从而经历了一次定位(Verortung),获得他的场所(Ort)。这个场所与一个实在的位置(Platz)相关,却不需要与它重合,它标志着一种锚定,锚定者不能退回到锚定的背后,它只需要被"实行着"(gelebt),而不需要被意识到(gewusst)(同样,个体也不必意识到他的不可分的个体性,以及他的始终进行着的身体-躯体性)。但从锚定出发就有了对某种发展的敞开,这种发展随时准备着可能与"本己的"(eigene)锚定发生关联,又不能穷尽它的意义。这种自反可能意味着,自我(Ich)在对自身进行的行为中发现自己就是自身(Selbst)。

2. 个体(In-dividuum)的这种原初锚定可以通过介词"居中"(in)和"围绕"(um)得到更进一步的描述。个体性(In-dividualität)就是这种意义上的自身存在,即单个人的存在是通过亲身体验(*er*-

---

① 作为城市或定居地的家园(Oikos)的建立者,"Oikistes"一词表明"Oikos"的概念和实事在社会语境中也得到运用(参见 W. Leschhorn,《城市的建立者——希腊历史的政治-宗教现象研究》(*Gründer der Stadt. Studien zu einem politisch-religiösen Phänomen der griechischen Geschichte*), Stuttgart: Franz Steiner, 1984);这种创建行为通过生育重复着身体的、在现实中的被切入(Eingeschnittenwerden),同时它也是共同体语境中的人的社会行为。在古希腊"移居者"(Ansiedler)被称为"Metoikos",他们来自另一个城邦,可以永久居住,但不具有公民权利。在 Oikistes 和 Metoikos 这两个词的使用情况中涉及的都是关乎自己城邦的、内部与外部之间关系的问题:Oikistes 将自身之物向外输出,Metoikos 或 Perioikos 则从外部走进来。

② 形容词"genealogisch"来源于拉丁文,"geneá"意为"出生"。正如后文所述,该词包含族群的繁衍和个体的出生两方面含义,因而成为家园学中有关个体性和社会性分析的关键词之一。——译者注

lebt)[1]而生活着,也就是说,个体存在是以从自身中的内在伫立(In-nestehen)出发向外生存的方式而生活着。这种内在伫立是如此地初始,以至于它还不能作为行为的结果;所有行为只有在体验的基础上,在自身中生活的基础上,才是可能的。单个人存在的这种入位(Instand)[2]可被标记为"同一性"[3],似乎也只有在这里才能合法地谈论"同一性"。通过人类生命的存续,个体鲜活地体验到自身,并且完成了对自己的认同,这种认同是暗含地"存在"的。

但是,既然人的存在不仅仅是这种内在伫立,它同时还揭示了行为的可能性,那么这种内在伫立就是一个会在自身中偏离自身的中心。它是向心的,因为它在体验的完成中(im Vollzug)与自身相同一;它又是离心的,因为它有能力在体验的实施过程中(in seinem Vollziehen)关涉自身——它指向自身,并且还会在其指向他者的地方依然指向自身。向心的入位和离心的出位属于一体,它们的组合

---

[1] 动词"erleben"意为"体验、经历",前缀"er-"与动词联结常常表示行为的结果,这里对前缀加以强调,突出"亲身体验到"的意思。该文通过对一系列德语词的拆解和强调来揭示其中蕴含的原初意义,并借以阐明相关问题。——译者注

[2] 名词"Instand"和"Ausstand"在这里没有采用日常用语中或者其它哲学文本中通常的译法。"Instand"通常用于词组"instand halten"中,表示"把……保持好,维护好"。在本文中和"Innestehen"相对应,"stehen"强调站立的动作,"stand"表示站立的位置、状态,"Instand"字面意思就是"在状态中"、"到位"、"入位",这里译为"入位"。"Ausstand"在海德格尔著作中被译为"悬欠"(参见海德格尔:《存在与时间》,陈嘉映、王庆节译,三联书店1987年,第四十六节,第284页)。这个词的构成与来自拉丁文的"Existenz"(存在)相似,字面意思就是"站在外"、"站出去"、"出位",既可以表示"未到来的",也可以表示"走出去的",这里译为"出位"。接下来一系列词,如名词"中心"(Mitte)、"内在存在"(Innesein),形容词"向心的"(zentrisch)、"离心的"(exzentrisch),介词"居中"(in)、"围绕"(um),动词"ausrichten"(向外投放)等等,共同构成了一个论述语境,表达个体从自身锚定出发进行的两种方向的运动和对应的状态,以及由其构成的具有张力的自我结构。——译者注

[3] 只有(各自分离的)个体(In-dividuum)才具有同一性,这表明,同一性不是由社会提供的,而是相反:只是因为这样一个绝对不可消解的(ab-solut)个体(In-dividuum)终归就是他的同一性,所以"他的存在"就在于,"透过所有遭遇来重新发现他的同一性"。参看列维纳斯:《总体性与无限性:外在性的尝试》(E. Levinas, *Totalität und Unendlichkeit. Versuch über die Exteriorität*, übers. v. W. N. Krewani, Freiburg/München: Alber, 1987, 40)。

构成了自我的结构。与此同时,这两个要素又是自我在行动之路上无法拥有自身的原因:在入位中自我"仅仅"只是它本身,在出位中它已经偏离了自身。如果入位与出位二者构成了自我的内部,那么,也许就可以说,自我就是它自己在自身之中对自己的离位性(Abständigkeit)[①]。这完全不矛盾,而毋宁说是阐释了人类的现实性,当人们这样说时:一个人尽管永远不会有"完全"的自己,但总是会有完全的"在此"存在。考虑到永远不能完全拥有自己这一事实,"完全的在此存在"(ganz da sein)标志着那种在自身中分裂的、自我的内在存在(Innesein des Selbst)[②];它描绘了存在的中心(Mitte),然而这个中心与它的边缘处于张力关系中,它关涉着各种事物,可以脱离自身游移。这种离心-向心的存在的实行可被称为一种"居间"(Zwischen)[③]的运动:生活在中心,同时又被驱逐出中心,或者说,存在于身体-躯体锚定的中心与通过行为所指将自身移置过去的地方之间。

---

① 名词"Abstand"在日常语言中意为"距离",前缀"ab-"表示"脱离、分开",为了与"Instand"、"Ausstand"的译法呼应,这里将"Abständigkeit"译为"离位性",表达出"自我"结构中所包含的入位与出位之间的、既在自身中又脱离自身向外的张力。——译者注

② "Innesein"指的是个体的"内在存在",作者表示,该词用于表达个体对 Instand 与 Ausstand 之间张力的体验的单纯实行状态,Innesein 就意味着"入位"(居中)与"出位"(围绕),即向心-离心存在的状态和运动能力:存在是离心的,因为它在其向心的入位状态中同时将自身向外投放到一个环境中,而不需要因此脱离自身;它始终保持着与自身入位的联系,因此即使站出去,Innesein 在总体上也没有被消解。后文的"Insein"表示"在……之中存在",例如"In-der-Welt-sein"(在世界之中存在),本文参照海德格尔著作中译,译为"在之中"(参见海德格尔:《存在与时间》,陈嘉映、王庆节译,三联书店1987年,第十二、十三、二十八节,第65-78,160-164页)。简言之,前者表示个体存在基于自身中心所包含的内在张力结构,后者表示个体与世界的关系,以及个体在出离自身中心的运动中与自己的关系。——译者注

③ 介词"zwischen"表示"在……之间",为了和另外两个介词"in"、"um"的译法呼应,这里译为"居间(性)"。拉丁语词"inter"意同德语的"zwischen",作为前缀与其它词合成后往往表示"交互……的"、"跨……的"、"……间的"。对"Zwischen"的说明表明现象学家园学的研究如何从自我的内在张力结构出发进展到对主体间性、跨文化、跨学科等问题的探讨。——译者注

但正是由于存在不是简单地只停留于自身中,它的内在存在意味着入位与出位,结果就是,存在不仅可以通过介词"居中"来描述,而且同时还必须通过介词"围绕"来把握。或者换句话说,对于存在来说,"居中"就包含了作为方向能力的"围绕"。因此这种"围绕"不仅不会与"居中"的性质相矛盾,而且它正是"居中"实现自己的方式:作为这种意义上的"居间",对中心的体验始终就是让自己不再停留在中心。

3. 这种内在存在具备固有的、"居中"与"围绕"之间的张力,它可以被视作场所(Ort)概念所代表的东西的核心。"场所"既不是主观的,也不是客观的;它在任何主观任意性之前,在个体(In-dividuellen)的原初-主观之物(Proto-Subjektiven)中表现出来,但是——由于个体(In-dividuellen)的居中/围绕的特性——场所面向所有的对存在本身呈现出来,又完全独立于存在的东西而开放。

人类存在基于它的居中/围绕的特性,实际地、空间地和时间地实现自己,这种人类存在的运动能量聚集在场所中,聚集为"场所"。通过遭遇到它无法穿透的东西,至少是暂时无法穿透的,人类存在的运动在身体-躯体上实现自身:存在经验到实在之物的对抗,不仅有阻逆"环境"中的实在之物,还包括它自身所是的实在之物:它经验到自身的不可把握性,例如,在撤回到自己的过往时。作为回应,存在发展出对抗战术,发挥出向外投放[①]能力(Ausrichtungskapazitäten),

---

[①] 动词"richten"意为"指向"、"对准",加上前缀的动词根据所在语境表达出多样不同的含义:"ausrichten"的意思是"指向外面放置",日常使用中可以译为"筹办"、"安排"、"使……对齐"等;"einrichten"则相反,意思是"指向内面放置",日常使用中译为"安置"、"安排"、"设立"等;"errichten"强调行动的结果,表示"已经朝某个方向或位置安置好",通常译为"建立、树立"。这些含义都是从方向或位置的调整引申出来的(在海德格尔著作中,"Ausrichtung"被译为"定向",参见海德格尔:《存在与时间》,陈嘉映、王庆节译,三联书店1987年,第二十三节,第130-136页)。该文使用这些词描述从身体锚定出发的定向运动,既可以表示身体的实在的位移,也可以表示想象性的方向的对准,其中包括目光的投射,后者尤其被强调。在本文中为了兼顾"位置的安放"和"方向的对准"两方面含义,同时也为了强调后者,相关含义的"ausrichten"译为"(向外)投放","einrichten"译为"(向内)投放","errichten"译为"树立"。——译者注

通过这种能力存在树立起(errichten)想象性的世界,并以精深的、想象性构造的方式来抵制对抗。向外投放自己以应对实在之物的渗透,并且构成意义世界,这无非意味着,存在在实现着它的居中/围绕特性中的围绕这一因素;而这反过来又意味着,存在以这样的方式实现着它的居间性(Zwischen),即它以面对它的中心诸边缘的方式存在,但在这种对峙中同时又服从于这样一种倾向,即通过构成一个投放自身于其中的、拯救着的意义世界,来巩固中心存在(Mittesein)。因此它变成了一种自相矛盾的存在:事实上,它在居间性中、在中心与边缘的张力关系中存在,但在想象上倾向于向心地把握自身。

作为面临实在之物渗透的拯救,一个想象性的世界的展开建立于由围绕特性构筑的基础上。这个世界成为了一个社会性地被创建的、并创建着社会性的世界,但它同时又是、并且保持为个体性(individuell)的,只要围绕这一特性回溯到体验-内在(Erlebnis-Innen),并且对对抗之物的经验与那永远是个体性的身体性相关联。与此同时,与对抗之物的对峙促成了对最初的外在的经验,这是相对于体验着的身体内在性(Leibinnerlichkeit)而言的"外在";当这种早期的外在-体验(Außen-Erleben)在每次展开的世界的时空结构中占有一席之地时,它就进入到意义语境中。①

从"居中"之入位到在"围绕"之出位的语境中的世界的实现的这种生成,可以从人类存在的身体性方面,通过边界身体、方向身体和意义身体②的相互交织来描述。对抗性的经验在它的第一个"在之

---

① 这里出现了需要研究的特定文化差异。在欧洲内部与外部的关系日益强化为对立关系,而在东亚文化中则存在相反的倾向,即减弱或扬弃这种对立关系。
② 详细相关内容参考塞普:《想象物的哲学》,《现象学世界》第 40 卷,Würzburg: Königshausen & Neumann,2017,第 23 – 37 页(H. R. Sepp, *Philosophie der imaginären Dinge. Orbis Phaenomenologicus Studien*, Bd. 40, Würzburg: Königshausen & Neumann, 2017,23 – 37)。

中"(Insein)(居中/围绕)中界定了我的身体性,并构成了它的与方向能力相一致的场所,这种方向能力是我的身体性在其定位开端时所采取的,并且成为连续的意义创建的承载者。一方面,在与一种体验着对抗性的内在(Innen)在边界身体性上的对比中;另一方面,作为有意义的范畴,在围绕的语境中,尤其是在空间上通过实在关联(对于实在空间的想象性转换),"外在"(Außen)规定着自身。

这一描绘简单地勾勒出了人类存在的身体性的场所性(Orthaftigkeit)的诸基本特征。在个体性(In-dividualität)与社会性、内在与外在、内在体验与世界关联的张力关系中产生出人们称为"家园"(Haus)的东西。因此,"家园"就是包含、支撑和增进所有这一切的那种东西。它是一种良好意义上的自我与环境交互作用的场所。

4. 原初的中心已经被拉伸扩展到自我的边缘(自返到各个个体[In-dividuelle])和环境(关联于他人和社会环境);作为这个原初中心的场所,家园标志了人类生存行为的场所,在这里,在对他者的行为中同时就有对自己的行为。因此,家园是那种人类存在借以映射其场所的初始反思(rudimentären Reflexion)的媒介。家园成为了使我的非-社会的个体性(In-dividualität)通过我的围绕特质而社会化的一个决定性因素,由此,我有可能通过我的居住活动来表现自己,通过这种可能性我实现着自己在社会中的地位。当然,这不会首先发生在拥有"四面墙"的房子里,而是可能有更古老的起源。当住所的核心部位曾经很长一段时间是炉灶时,这个炉灶在某种意义上就是原初-家园(Ur-Haus),人们在这里聚集,并开始发展,它表明非-社会的个体性(In-dividualität)如何以这样一种方式被覆盖,即诸个体从一开始就将自己理解为群体成员或群体行为中的个体存在。在定居生活背景下,通过仪式场地①的树立,在一种"居家活动"中最终产生出人的聚集,这种聚集反射出的潜能至少可以依照三个要素进行解析:

4.1 家园不是"生物学的"、甚至也不是自然化意义上的,而是在入位与出位的意义上理解的生命(Bios)的一个谱系场所。它是亚里士多德的论断适用的那种场所,即家庭(Hauswesen)比城邦更为古老,且更为必需。所以正是通过这样一个场所,个别-存在的社会化的开端被放置于一个家庭或一个居住群落的背景中(这当然可以扩展到氏族群体或乡村社区)。从这个意义上说,家园成为了行为的、因而也成了反思关联的总体体现:我领会了规定着我之社会环境的诸法则,我从这些法则出发领会自身,我还领会了我是如此这般领会的。无论人们能在多大程度上把握在家园中有其社会起源的周遭环境,在各个家园中形成的个别存在与共同体的关系都是一个离心-向心指向意义上的中心领域,其方式就是世界在其中并伴随着它而形成,这是一个"在世界之中存在"(In-der-Welt-sein)。在这里不能不考虑的是,这个领域始终是倾向于传统以及由传统所保障的东西的中心,倾向于中心的绝对化,换句话说,在人们生活于其中的地方,之前提到的倾向占主导,它的边界被遗忘:人人自己从根本上所是的、极端的非社会的个体,如同极端的不同的他者。

从这一论断中得出的结论就是,可以原则上区分"在之中"的两种方式:"在世界之中存在"的社会性的"在之中"和非社会的"在之中",后者在于,我以我的身体性和我的躯体身体"生存着"。"在之中"的这两种方式根本不相关联;社会性的"在之中"仅仅是覆盖了非

---

① 表现为圆形封闭场地的定居生活——这与农业种植的季节的周期性有关——有可能(比如土耳其安纳托利亚高地的哥贝克力石阵或英国巨石阵)在圆形神殿中拥有起源和圆形的空间核心。

社会的"在之中",而不能真正吸收它于自身之中。这个覆盖发生的场所就是家园。正是这个缺失的环节清楚地表明了,为什么 Insein 1(即我的不可分的个体性)在差异化地展开的社会结构意义上发展成为 Insein 2(即社会背景下的我的"在世界之中存在"),而没有在这个过程中被消除。社会性建立于对共同财物的分配,牵涉到基于诸个体(In-dividuen)的不同利害视角。在有关共同财物的争执与协定的聚会中,Insein 1 扬弃自身于 Insein 2 之中,并且在 Insein 2 中投放自身。

4.2 因此第二个方面涉及到这一问题,即被社会"驯化"的个体性(In-dividualität)如何暗地里要求发言权,对此,家园就是其现场和标志。个体的(in-dividuelle)身体性存在将家园作为第二身体占为己有,他将自己迁入其中,并通过它而经验到其社会化的第一种形式。然后从这一点出发他会越来越理解自身,并会获得对个体性的一种把握。然而这种把握仍然受制于流传的社会规范,即使它同时也在改造着社会规范——尽管是在社会背景之下:无论一种"个人主义"表现得如何具有革命性,他都摆脱不了他想要反抗的社会结构的阴影,他从自身出发永远无法达到他的本己的基底,即他的个体性(In-dividualität)。相反可以发现,个体性始终要求发言权,他栖身于强加于他的所有社会关系中。社会性的特征不仅仅在于社会团体的创造;通过自我塑造和不断重塑,它是自我与环境的异步互动的结果,(通常是暗含地)与本己的个体(In-dividuale)和社会关系中的生活相关。它不是同步的,因为社会性与非社会性不会在同一个层面相遇,而非社会性会在社会性的基础上继续起到个体化的作用(无论这个体是不可分的个体,还是社会中的个体)。

这种互动的名称可以叫作习俗(Gewohnheit);这个词既指出了

"习惯之物"[1]的社会图式,又指出了个别存在的身体行为,这些行为表现出这样的倾向,即布置陈设(sich einrichten)、扩展陈设(Einrichtung)、保存陈设之物(Eingerichtet)[2]并在其中保存自身,排除有关其边缘的询问:也就是这些问题,传统在何处不再具有有效性,或者更根本地说,它的效用的起源到底在哪里。另一方面,习俗可以在这种意义上被打破,当然这种中断不会从根本上进行,只要它不以某种自反的方式渗透到不可取消的个体存在中,并且仅仅通过活动的方式关联于社会形式的改变。

"习俗"指的是相互构成的单个个人的和社会性发展的习性(Habitualität)[3]。与人类存在相关的生境(Habitat)是人类存在在自然条件(例如气候)的基础上,在 Insein 1 和 Insein 2 之间的冲突领域中投放自身、"教化"自身的方式。在此,这些生境的意义结构基于基本的物理取向形式,如上-下(天-地)或水平的(社会、城市/国家教育)和垂直的(宗教的锚定),并且制定了基本界线(Grund-Riss),以及各个社会秩序模式的外在规格(Aus-Maß)[4],称为规范(Nomos),或标准(Maß)和法则(Gesetz)。

4.3 行为的一种极端方式就是,行为通过在其自明性中折回自

---

[1] 名词"Gewohnheit"(习俗、习惯)、形容词"gewohnt"(习惯的、熟悉的)词根都是动词"wohnen",即"居住"。——译者注

[2] 此处"sich einrichten"恢复作为反身动词的含义,表示"布置(家室)",就是"把东西(自身)投放于其中",名词"Einrichtung"表示"陈设"、"布置",名词"Eingerichtet"表示"被陈设的东西"。理解时要注意这些词在特定语境中的含义与其词源含义的关联。——译者注

[3] "Habitualität"(习性)来自拉丁文,"habitatio"意同德语的"Wohnen"、"Wohnung",下文的"Habitat"表示"居住地"、"栖息地",这里译为"生境"。与在德语中的情况类似,拉丁语中表示社会习俗、习惯的词与表示个体或家庭居住的词同源。——译者注

[4] "Grundriss"表示"轮廓"、"概要",字面上由"Grund"(土地)和"Riss"(裂缝、鸿沟)两个词构成。"Ausmaß"表示"程度"、"规模",字面上由"Aus"(向外的、在外的)和"Maß"(标准、尺度)两个词构成,表示一种成形的、表现于外的尺度和规模。——译者注

身,也就是说,被"抑制"(verhalten)①、被中止,而自我关联。尽管有对中心的倾向,但还是存在着这样一种可能,即不仅反对某种社会性的形式或特定内容,而且打破这种倾向本身的样式,反映本己场所以及一般场所状态(Ortsein)的条件。

二、家园学的

1. 对"家园学的"(oikologisch)第一个理解关乎这样一种形式的可能性,即在原初个体性(In-dividualität)与社会性(Insein 1 和 Insein 2)的相互作用中,在自我行为的实施中创建场所和形成所提到的习俗。第二个含义涉及这种形式可能性在空间和时间上的特定具体化,即文化多样性。在"家园学的"(oikologisch)这一概念中的"Logos"表达了反思的要素,这种要素就在于,建立中的场所同时也是一个被理解的场所,它包含了初始的自明性。从这个意义上讲,正是通过我们在空间和时间上行动,以及形成了空间和时间的意义,我们始终是家园性的(oikologisch)。形容词"家园(学)的"(oikologisch)特别指出了这种场所形成的波动性和流动性。严格来说,在场所形成和习俗具体化的过程中并没有停顿;看起来像是停顿的东西,实际上是面对耗散着的生命仍然要追求持续性和稳固性的不懈的斗争。

由于所有持存物的变化也被体验为一种过分的要求,被体验为一种矛盾的东西,它使得生活的实行成了不确定的、不可审视的和不可预计的,而对此的答案就是各个特定的想象性结构的自身强化着

---

① 动词"verhalten"既可以表示"行为"、"举止",也可以表示"抑制"、"克制",这里是借用了"verhalten"本身的多义性来表达"行为"的这种自反形式。——译者注

的构成,从这些结构中产生出固定的、永久的设置,即机构/制度(In-stitutionen)。不能忘记的是,所有这些措施(Maß-Nahmen)就是取用(Nehmen)①的行为,也就是意欲行为,并且是作为一种生活的私人的表现形式,这种生活实际上只是在不断的重建中实现自身。家园本身是对持存的意愿的表达,"从摇篮到坟墓",实在场地(领地)的界定(De-finition)和定居框架下的想象性的提升(规范)都是企图让流逝着的、无保护的生活停下来并保持住的尝试:持有(habere)和居住(habitare)②。家园建设(Hausbildung)是这样一种停驻行为,只是出于这个缘故,它才成为行为的代表,通过它,外置的生命有意识地关联自身,并不断强化这种自我关联。这种强化是文化创建,它反映在通常被称为"宗教"、"艺术"、"哲学"、"科学"的反思性成果中。

2. 家园是如下行为的表达,即至少是通过世代序列来赋予不断变化和流逝的生命以稳固性,然而对消失的恐惧(Angst)仍然继续呈现于其中。生活希望通过家园建设能够维持自己,而这绝不能消除这种恐惧,而毋宁是加强了它。因为现在伴随着生命的失去的还有对场地的失去的惧怕(Furcht);还有对领地、占有物的失去的惧怕,或者更确切地说,在这种惧怕中并伴随着这种惧怕,对于归于灭绝的恐惧加剧呈现出来,它似乎就是在这种惧怕中反映出自身的。

当然,人们可以提出这样一个问题,到底为什么人类生存为它的持存而恐惧,可能的答案指向作为个体性(In-dividualität)的状态,它如何(仅只通过家园)将自身转变为一种社会存在。个体性作为彻

---

① "Maßnahme"意为"方法、措施",字面上由"Maß"(标准、尺度)和"Nahmen"构成,相关动词"nehmen"表示"拿取"、"采用、取用"。——译者注

② 拉丁词"habere"意同德语词"haben"(有)、"halten"(保持)。"habitare"意同德语词"wohnen"、"bewohnen"(居住),正是源于此,生物学及生态学中的概念"Habitat"(栖息地、生境)被用来标志某种生物的生活环境。——译者注

底的、从社会性上不可抹灭的、绝对的(ab-solute)主体性具有自我性(Egoität)的独特特征。这证明了，人类存在从他的此地与此时(Hier und Jetzt)的边界身体性定位出发、身体性地活着，并且从这里出发方向身体性地筹划自身的能力。其它一切都是这种向外投放的结果，要么是基于作为实在此地之推移的身体的运动，要么是基于想象性的移置，其中包括"从外面看"的可能，事实上在身体－躯体上并不可能真的移动。

这个基于存在的离心状态的悖论——即身体－具体地始终只是在此地此时、带着本己的身体一起立于在这一小片土地上，目光投向各个具体的方向，并且能够同时想象性地进入最遥远的过去和未来，以及设计诸多完全想象性的世界，并沉浸于其中——说明了自我中心主义(Egozentrismus)的事实。这是一种"自然的"自我中心主义，因为存在根本不得不如此这般活下去，当他使用他的想象能力开始向外投放自身的时候。自我中心导致——由于对我的身体存在的锚定的不可避免的反馈——不可能进入一个真正"客观"的位置。然而所有建立客观性的尝试都发生在意义领域，并预设了个体的身体－躯体体验的实在性。

因此，自我性(Egoität)必然地转变为一种自我中心主义，这种自我中心主义在"在这里"(Hiersein)与"渗透到那里"(Ausgriff ins Dort)的张力关系中、通过设置于其中的预先的不可测性而制造不确定性；在对这种生存状态上的不确定性的认知中存在着一种对自身相对性的隐含的觉知——借助于向外投放，存在超越了其绝对(ab-solute)的主体性的边界，但不需要真的把它甩在后面——这就表明了自我中心的完整意义：自我恰恰是因为从自身中出来(heraus)，它才不会从自身脱离(weg)。

自然的自我中心主义的发现更清楚地阐明了借助于 Insein 2 而

达到 Insein 1 的运动,以及在 Insein 1 的基础上 Insein 2 的形成。以下结构要素对于自然的－自我中心的形成是根本性的:(1)边界身体性的身体躯体的此处;(2)从这里向那里的方向身体的向外投放;(3)在这种锚定和开放的运动维度中,绝对的(ab-solute)主体性(个体性[In-dividualität])在其自我性(Egoität)和视角的基本特征中表现出来;(4)视角上的向外投放对社会意义创建背景下的利益形成产生影响;(5)尽管融入了社会性,但这种意义创建仍然与其成员的视角个体性的自我中心联系在一起;(6)视角在社会性中可以作为群体视角出现,在这里所有视角的身体躯体的定位和他们的通过意义形成的社会化被遮蔽了。

3. 在此背景下,为了一方面摆脱其中心主义,摆脱生活只是一再地映现自身并在传统中凝固,另一方面,为免对灭绝和瓦解的恐惧而赋予自身更大的稳固性,"宗教"、"哲学"、"科学"都是存在所做的反应。然而这些知识形式并不能免于矛盾:在对稳固性的渴望中,一种新的知识规则可能实际地成功重建现有结构,并从而打破自我中心主义。然而这也可能失败,如果这规则重又在僵化的保守中寻求庇护,在这种情况中,与一个群体的主导视角相关联的一个新的中心被绝对化为臆想的稳定因素;对于一个与其始创者的原本的身体－躯体的经验历史相关的,但又通过传递或世代序列而改变、稀释或假定其边界的"原创建观念"(Urstiftungsidee)的遗忘,也是这方面的主要因素之一。

宗教试图通过让人类服从一个比自己更高的存在来打破自我中心。对于(欧洲)哲学和科学来说则是通过"理论"(theoría)的纲领,它试图从始终与自我中心视角相关联的实践的利益中解脱。然而这里的困难就在于,这种突破的尝试是很少成功的,因为个体性在这里也是在对诸利益进行界定的、相互分殊的各个向外投放因素中形成,在自我中心的场域中，并且恰恰在赋予自身以持存的努力中，对中心的追求未能真正被打破。这清楚地表明，威胁理论的不是实践，而是作为二者基础的倾向，即在不考察其边界的情况下保持实际上的定位和视角上的向外投放有效。这就是为什么宗教的纲领或知识－纲领进而成为一个意欲维持自身的主体性的一个延伸附属物，因而它们恰恰将自己置于人们本来希望克服的东西中：即自我中心主义，它现在转变为一种强力意志（Machtwille），将要在自身中与自己纠缠在一起。这种强力意志在它还听从于逃脱被灭绝的努力时，它就是软弱无力的（ohnmächtig），同时也是盲目的，只要它还没有清楚意识到这一动机。

在宗教方面则有形形色色的偶像崇拜主义，通过主体从由他自己界定的客体出发领会自身，并在客体中映现自身，偶像崇拜主义暂时关闭了欲求的主体和被欲求的客体（比如"金牛犊"，世俗的或近乎世俗的领土要求，等等）。与此平行地，这也发生在知识领域，不仅在理论要求的无限性被一种隐含地主导着的世界观吞没的地方，也在它通过绝对化而被相对化和有限化的地方（"虚假形而上学"）；这样一种有限化也发生于对理论的无限性的接受中，当在进步认识的基础上获得"真正的"知识不被认为是一种特定的关系，而是作为"理论范式"向不言而喻的知识学（*Wissen*schaft）形式发展的时候。真理的难题并没有延伸至人类存在的深处，而是被极端化，作为被遮蔽之物（a-letheia），至多是一种意义事件。真正的遮蔽者是个体（In-dividuellen）的身体－躯体的主体性和他的自然的自我中心主义。

打破自然的自我中心主义的企图的失败，代之以形形色色的极端的自我中心主义被召唤出来，其原因要么在于一种夸张的主观主义，例如，将自身臆想为某种真正教义的守护者（我的家园："我的教堂"、"我的学校"等）；要么在于一种刻板的客观主义，认为很容易地就可以置身于主观之物之外。两者都是过度的自我中心主义的表现,因为在这两种情况下都没有发展出技术(Techné)来处理那不能被克服、只能被掩盖的原始主观之物(Ur-Subjektive)的事实。

因此进入宗教或知识中进行拯救的尝试需要一些前提条件,这些条件不仅无法达到,而且在大多数情况下根本得不到关注:(1)个人的实在性;(2)通过边界身体和方向身体状况被确定的人类存在的视角,以及由此产生的关于有限性和不确定性的经验;(3)将向外投放的原始个体(Ur-Individuelle)转变为一种利害上的外在于己(Außer-sich);(4)在社会调节的想象性纲领中的有限化。

由此可以制成自我中心的如下概貌:(a)自然的自我中心主义和(b)形形色色的极端的自我中心主义(这本身就是自然的自我中心主义的一种"自然"倾向)与(c)一种打破自然的自我中心主义倾向的技术(Techné)相对立。将这些展开,也许成为了一些宗教纲领和知识-纲领中的驱动力;这在对自然倾向进行必要的、同样也是极端的突破的思想中变得最为清晰,正如它在佛教或禅宗的形式中表现出来,当然同样地也在皮浪怀疑主义中(或者在希腊化的"希腊式佛教"背景下),在苏格拉底/耶稣那里,在温和的圣像破坏运动中。① 然而危险也正在于此,这些进路自身固化成为一种教义或教条,或者致力于"理论范式"——这在双重意义上表明了谱系问题:经验的脆弱的世代相传,以及在连续的意义构成中的谱系偏移。与此相对的问题将会是,在意识到永远不会达到目标的情况下,敢于突入自我的深处

---

① 比如澳大利亚原住民没有形成自我中心奠基的社会等级制度,这与他们的"住房"-状况有关,这种状况既不能说是定居生活,也不能说是游牧生活。他们实行的是对诸多特定场所的变化关系,当他们说,"这片土地是家",他们并不是在界定(de-finieren)一块场地,好将其作为领土来占有,而是建立起与场所的一种定期关系,他们会不断地返回到这里。

和世界的深处；因此，不仅要承认世界的无限开放性，也要承认那个试图探究世界，并在意识到其不可把握性的情况下仍然一次又一次地尝试重新把握它的自我的无限开放性。

三、哲学的家园学

1. 一门哲学的家园学彻底化了家园学，即在自身行为的实行中创建场所，也彻底化了哲学。哲学的家园学通过下列途径以极端家园学的方式进行着，即将行为在明显意义上推向这样的极端，使反思的行为模式（特别是宗教、艺术、哲学、科学方面的高级文化成就）的条件和结构变得透明，——并且使文化创造的成果作为蓄水池，使这些成果中包含的家园学的潜能及其实现形式清晰显露，并从这种显明中重新理解这些文化成就。如果哲学的家园学的主题集中在反思的自我行为的能力上，特别是那些较高层次的文化成就，包括哲学，那么在它的哲学进程的极端化中，它将把自己实现为一种哲学的哲学，正如它同时也成为一种宗教知识的理论，成为那种在艺术中表现自身的知识①的理论，以及科学的知识纲领的理论——始终从返回到人类存在的事实性的角度来看，即从 Insein 1 向 Insein 2 的运动，明确突出各种知识进路的生成。哲学思考，作为从概念上表达出来的对生活能力和知识能力的反思，作为对行为的行为，由于其高度的反思能力而成为家园学分析的中心。

如果理论进程上的二元性已经在欧洲建立起来——即一种转向事实的外部考察与一种意在对主观之物进行反思的自我包围的内部

---

① 参考前文所提《想象物的哲学》，其中包含了对这一问题的准备步骤，即对作为想象物的"艺术作品"的哲学分析如何能够为一种哲学的家园学做准备。

考察相对立——那么一门家园学将不必选择双方中的任何一方，而必须让这一区分本身及其背后的理论内涵变成问题。① 由于既不是主体与客体这对反义组合（或者两者之一）被视为主导线，也不是一个支撑主体与客体的中心被设置，家园学的理论进程不是从某个内部或外部立场开始的，而是揭示出它们的条件和相互影响。关联到作为自我行为场所之表现的家园，家园学的分析是从一种在内部存在（Darinnensein）开始的。然而，因为家园学并不是首先，也不是仅仅从社会方面阐明这个"在之中"，而是从一个原初的"在之中"出发，即从绝对的（ab-soluten）个体性（In-dividualität）出发，因而对它来说不仅社会的"在之中"或者"共在"（Mitsein）一般地成为问题，而且特别是理论的社会形式也成为问题。

因此，根本的区分不是对构成封闭单元的不同家园的区分——无论是就其社会调节的实践而言（施密特的规范［Nomoi］），还是就其理解的事实性方面（海德格尔的语言）；而是有必要进行一种双重区分：一方面是关于绝对的（ab-soluten）身体-躯体的个体（In-dividuum）本身，他绝对地独一无二，并因此是不可比较的，他绝对区别于任何其他这样的个体（In-dividuum）；另一方面区分出一方是这个身体性个体（In-dividuum）的绝对的（ab-solute）第一种"在之中"，另一方是他的第二种"在之中"的社会化了的形式。

2. 在哲学领域，欧洲理论创建对这种反思行为进行了特别的强化：它不仅通过质疑自己的作为（Tun）来关联自身，而且还将自身与引导它的作为的主观性以及所有主观决定的作为一般拉开距离。这种差距化是一种自身移置（Sichversetzen），通过这种方式，理论化的主体，与自身保持着距离，将自己从自身中脱离并显露自身。然而这

---

① 例如，这种选择并不意味着自然主义与内在主义。

在现实中是不可能的,因为理论的驱动者只能保持为他们所是的样子:即身体性的个体(In-dividuen),也就是 Insein 1。这种自身移置不能够进行边界身体性的转换(在理论的方式中,我通常不能离开我的躯体-身体),它只能通过以下途径以想象性的方式实现,即我力图以我自己的能力进行陈述和判断,避免存在的基本表现,即自我中心主义,并建立一个虚构的存储库,在其中我没有直接的利害关联,而是存积着我的理论(theoreín)的成果。

然而,如果我试图以这种方式逃避自我中心主义,就会有这样的危险,即它总会与我如影随形:自我中心主义已经嵌入到自我(ich)意图关闭我的主观性并建立一个中立地带的设想当中;当某些理论专项知识的内容卷入关于真实的整体陈述中时,自我中心主义就完全占据了我。其结果是以自我为中心的对现实的一种"黑白观"(Schwarz-weiß-Sicht),或者从道德上来表述,是一种"善恶差"(Gut-Böse-Differenz)。我对预想的"客观之物"赋予一种"真理价值",一种"普遍性特征",从而同时,我臆造了生硬的虚假之物和存在于我们的"单纯的主观"之中的相对之物。对"客观之物"的处理也会以自我中心的方式进行,当它被"运用",也就是被交付于经济交换的时候。如果社会创建是在与对象的通常充满冲突的遭遇中建立的,那么社会的生活世界会通过转变为实践的理论物而经历一种极端化。毋庸置疑,通过理论来创造客体在开始和结束都是为主体服务的,尽管它本来是想要逃避主体的:在开始,理论由存在的需求激发,即确保自身,并(在与自身的严格分离状态中)使自己持存的需求;在结束,累积的所有物,即作为力量或善的知识,需要新的保障策略。

但这是一种尽管非常普遍,但却并非必然的实现理论的方式。基本规则表明:关闭在 Insein 2 的背景下极端化了的自我中心主义并不等于使主观之物失效。"纯粹"理论因此企图对其主题区域的自我中心的杂质加括号,但又不能放弃主观性,因为所有的关于意义身体的(经验、理解、解释等)都保持着对主观行动的依赖。① 因此有必要划清界限:作为理论物的课题领域,"纯粹的客观之物"是一个岛屿、一个中心,它一方面被(深不可测的)主观之物所框定,另一方面被(同样深不可测的)现实所框定。认为"纯粹的客观之物"可以成功地排除主观性,并且/或者能够给予现实性本身,是一种幻想,是一种主观态度,是一种自我中心的表现。主观性只是有计划地被加括号屏蔽在一个精确划界的、被定义界定的领域内;对那种纯粹的、排除主观内涵的客观之物感兴趣的理论,只有在它保持对这个界限的意识的情况下才不会自相矛盾。② 这种转换可以通过在这一界限内的适度操作(以不带形而上学的实体化假设的科学的方式),或者通过使距离本身成为问题的方式来实现:保持主观之物与客观之物的张力关系。这样一种方法是一种试验的方法,即保持对主观性与客观性的紧张状态进行审查的尝试。科学实验只是它的一个影子。

哲学家园学的方法也必须与此相对应。它不仅致力于后一种理论类型,而且还使其同时也成为课题。为哲学的家园学(philosophische Oiko*logie*)奠基的逻各斯(Logos)——在第一次初步审查中也许可以这样说——因此具有这样的特性,即家园学不是建立在一个能够一次确定的理论中心之中。因此,它对自己的改造持开放态度,但也——试验性地(versuchsmäßig)——试图探测其它被分析者,而没有将似乎需要指明的同一性强加给它们。家园学拒绝自身

---

① 机器的"动作"导源于构造机器的主体活动,即使是在人工智能自身再生产的情况下也是如此。只要有人存在,自始至终都存在着人类主体。

② 结果是:排除自我中心之狭隘的理论相比排除主观之物的理论"较高",如果一种理论为了获得纯粹的客观结构而排除主观之物,这只有在它能够消除自我中心的情况下才会成功。

的同一性思想，它也不承认被它课题化了的行为方式的同一性思想。相反，它将他者的中心置于其边缘域的诸深渊中。这不是用差异去反对同一，而是使保持相对稳定的中间场地与那些支撑它们的、投下阴影的、本身大多保持被遮蔽的背景的运动相对峙。

3. 家园学的尝试将自己实现为谱系的重建（genealogische Rekonstruktion）。意义谱系的启蒙工作阻碍了家园学行为的绝对实施，而没有将它历史化地相对化。作为理论纲领的家园学使家园学行为的运动变得切实可用，通过这样的方式，它在性别世代意义上的谱系与意义谱系之间建立了联系。这种联系反映了在 Insein 1 对 Insein 2 的关系中通过家园建设而实现出来的动态机制。

对于一门家园学，不存在这种意义上的神圣文献，即一种教义、一种指南、一篇任何形式的文稿可以声称绝对有效，无论它是宗教著作还是科学纲领。这并不导致一种相对主义。谱系的重建揭示了这样一种关系（Relation），就该关系而言，一种文献具有了它的绝对有效性。家园学不仅对指出关系的内在谱系感兴趣，而且对各种关系之间的联系也很感兴趣。

只要家园学是作为哲学的家园学，并且关联于哲学的可能性和实在性，那么它就作为哲学的哲学致力于一种关于理论（theoría）和逻各斯（lógos）的理论。如果欧洲理论（Theoría）试图在那些最终在逻各斯（Logos）中达到顶点的一般概念中把握人类的场所——在试图将这种客观性收回到一种（客观的）主观性之前，这种逻各斯后来被越来越客观地解释——那么这一种逻各斯也属于家园学（Oikologie）的逻各斯，即对逻辑和辩证法的实际纲领进行家园学的分析，当然这不仅是关涉到欧洲的逻辑和辩证法。在这样做时，家园学不得不将逻辑之物视为对自身和所有他者的行为的一种极端形式而加以拷问——在自己的"在之中"遭遇到那种不再具有环境特征，而是超越了它的东西的边界上：即关乎被认为是主体的先验之物的自我，以及关乎作为现实之物的超越之物。

现象学，正如它在20世纪发展起来的那样，可以被视为是家园学的原初形式，其本身也可以从家园学上加以解释。现象学产生的直接谱系前提可以追溯到19世纪的前三分之一时期，在那时，一个与世界相对的绝对自主的主体的地位逐渐被这样一种观点所替代，即主体发现自己正处于这个世界当中，自己在这个世界中存在。这后来反映在胡塞尔的"关联性"概念中，以及对被给予性方式的谈论，同样的还有海德格尔的"在世界之中存在"（In-der-Welt-sein），梅洛-庞蒂的"交错配列"（Chiasmus），罗姆巴赫的"共创性"（Konkreativität）表达等等。因此在其意义谱系的起源处，现象学本身就成为家园学研究的一个领域；或者，如果人们愿意这样说的话，现象学通过如下方式围绕自身而发展，即它的发展的一个谱系晚期产品根据它成为真实存在的条件使它成为主题。然而，这里涉及到，指明那种推动现象学的、来源于他者的、超越现象学之物向外指的意义创建的生成的东西，就像对文化创建的生成进行跨文化和跨学科的审查，通过这样的方式，这种自我围绕同时超越现象学蔓延开来。如果要给它命名，我们就叫它家园学（Oikologie）。

（黄子明　译）

现象学家园学的基本问题[①]

罗马俱乐部受托在上世纪70年代初出版的《增长的极限》[②]一书,面对的是两个参数,即建立在人类生产力基础上的经济学,以及对资源的边界予以审视的生态学。经济学与生态学的关系被理解为一个客观关系,而对应着"在自然环境崩溃之前,人类可生产多少产品"这一主导性问题;这一关系的批判领域,也即增长的极限,也借助计算机模型得到了计算。这一旨在对人类未来加以计算的研究,迄今为止已推出两个最新版本,[③]同时也遭到了来自方方面面的批评。然而在这些批评中,经济学主张与生态学视角之间的关系本身是否能在这一客观关系的基础上加以规定,这一质疑几乎没有扮演任何角色。与此相反,如果我们把经济学相关项与生态学相关项关联在家园学这一统一概念之下,那么能够避免的就不只是经济学与生态学之间本身成问题的对立。此外,这个囿于客观关系的视角还包含着一种可能,即:通过对家(oikos)为之而存在的主体生命的考察,这一视角将得以拓展和完善;或者说,只有被纳入到主体生命之下时,家园学的完整意义才会存在。

主体并不仅仅意味着人的行为,不仅仅意味着把人当作生产者。

[①] 此文译者石福祁教授将 Oikologie 译为"家庭学",这里照顾到全书译名的统一,改译为"家园学"。——编者注

[②] 唐奈拉·梅多斯(Donella Meadows)、丹尼斯·梅多斯(Dennis L. Meadows)、兰德斯(J. Randers)、贝伦斯(W. W. Behrens):《增长的极限》(*The Limits to Growth*),1972年。

[③] 即1993年版和2006年版。

每一生产活动都预设了生产的可能性,后者又必然地——当然并非充分地——规定了被生产者的现实。增长的极限首先并不是作为生产活动的结果而存在的,它在生产的开端处就已存在了。也就是说,当产品的制造者被纳入视域、而不是只被当作数值的时候,极限就已经存在了。但是,制造者始终是个体化的人,而从来不是全体。诸如"社会"这样的全体同样是抽象物,正如在其它方式下,将一切现实统统归于量化之下其实也是某种视角一样。因此,只有当"个体"已经不再从"社会"这一语境中得到理解,更不是一个数量(即由可数单位组成的无穷开放序列中的第一个数字)的时候,它才能摆脱这一抽象性。个体(In-dividuum)①全然是不可分的,也就是说,它处于整体与部分这一关系之外。它就其所是而言,是个不可消解的绝对者(ab-solut)。它从一开始就处在一切关系的边界之外。只有在这一出界的基础上,个体才可能是一个能够进入与自己相异的它者之关系之中的个体性、主体性生命。然而,"出界而在"其实并非这一生命的合适表达,因为这一规定已经是取自一个可能的关系领域那里了。生命是绝对的,这就意味着,生命的边界是它自己设定的。生命自己就是边界,因为,当它伴随着自己的出生而切入世界之际,一个边界就完成了。因此,呈现了人类生命之发展的"增长的极限",只有考虑到生命本身就是一个绝对边界时,才是可能的。这一生命已经凭借其事实在此意义上呈现了这个边界,即:它自己(只)是其所是,而非所有那些与时空基础所引申出的结果相伴随的所是;但是,它自己只是如此这般作为"那一个"(dieses Da)而是的,即:它生到了自己之外,

---

① In-dividumm 的字面意思是"不可分者",作者借此强调个体(Individumm)是不可分的存在整体。本文一律将 In-dividumm 依旧例译为"个体",但读者须注意这一文字游戏的意义。同样,对 ab-solut(字面意思是"不可消解的")也一律译为"绝对的"。——译者注

"出离体外",获得了一个属于它自己的身体。

一、身体的场所

在其身体性中、并伴随着这一身体性,生命是绝对的内在(Innen),是这一绝对的边界性存在:这一事实命名着生命主体的原初场所。作为绝对的边界性存在,身体的原初场所已经包含着用其它场所的型式来变造原初场所的原则性可能。驻泊在身体的原初场所之中的诸场所,在其指涉之否定以及(在"更高层次"上)指涉之实现的语境中,指向着某个关于家园学相关项的基础意义。因此,家园学或许就是这样一个理论:一方面,它试图揭示使每个人的生命能摄入(eingreifen)世界、摄入世界的人类共在语境与自然语境的条件;另一方面要指出,对这样的摄入而言存在着哪些根本选择,这里的"选择"究竟意味着什么。此外还要指出,经济学(Ökonomie)和生态学(Ökologie)是如何奠基在一门家园学(Oikologie)之中的。本文只能尝试着对第一个方面予以讨论。我们给自己提出的任务,适用于对两个问题的回答:首先要问的是,生命主体的哪些场所使人向世界的摄入成为可能,并支配着这一摄入(第一部分);然后要问的是,这些驻泊在人的身体性中的场所,是如何为人成为"伦理存在"而创造可能性条件的(第二部分)。

(一) 三个命题

为了指明那些作为生命主体性的场所而构成了人摄入世界之基础的场所,我首先将表述三个命题。其中的命题2已经不单单是个命题,因为凭借这一命题,这里所涉及的事态是在其基本特征中得到描述的。在此意义上,命题2已经以特定方式展开了对命题1的回答，并且在命题3中有其结论。

1. 与命题1相关的是人的身体性。对于一门寻求在整体现实性中对人的场所予以规定、关于家庭的现象学理论（也即家园学）而言，与身体性的关系是其基本前提。在这里，"身体性"一词始终是在现象学视野中被理解的。在此视野中，主体本身的自我关系在它的身体中被表达了出来，"主体性"一词因此也是在向着身体化的主体的回顾中被把握的。

2. 命题2指出的是，人分有着场所关系，而后者是在人的身体性中规定自己的。如果"场所化"（Verortung）这个词意味着身体在现实中获得一个场所这样一个事件的话，那么"场所"这个概念所指的就是身体与其周围环境之间的关联，这种关联也就是身体通过其场所化而进入到它的"周围"环境之中。身体性形成的是更多诸如此类的场所关系，它们不仅相互回溯，而且彼此交融。

第一个本源场所，乃是一个不断移出自身的身体本身所展示出的边界。当某个赋有"身体性"的X意味着一个从自身之中、从一个自为的绝对中心点①中生活出来的存在的时候，被规定的就不仅仅是"主体性"的自在意义。这一事实同时也是一个原初切分，并借由下点导向了第一个差异：它是之后能在这一生命中心所涉及的东西和超出这一中心的东西之间发现进一步差异的条件所在——后一差异是另一语境中的第一个差异。第一个本源差异同时触及"边界"的本源意义，后者究其根本能为一个在典型意义上成其为身体-主体的存在而持存。在此意义上，这一边界刻画出了能赋予身体-主体性存在以烙印的那个不可或缺的第一场所。成为第一场所，意味着绝对

---

① 这个词指的是胡塞尔对作为一切"定向"之"零点"（Nullpunkt）的身体的刻画。参见胡塞尔：《纯粹现象学与现象学哲学的观念》第二卷，《胡塞尔全集》第4卷，W. 比梅尔编，海牙，1952年，第158页。

地在那儿(absolut-da zu sein);也就是说,在一种尚不存在复数形式的方式中去生存:在那儿(Da zu sein)就是绝对地成为这一那儿(Da)。这个"那儿"同时是绝对的在内(Innensein),是一个与划界而在(Grenzsein)这一事实相同一的在内。边界是同样的在内。这一在内也是绝对的,因为它就是边界本身,然而不能在与外在相对立这一意义上来理解。在这里,身体自我出离的边界(尚不)具有某个与"内在"和"外在"相关的居间性含义。当然,对"内在"的谈论是有其合法意义的:生命从自身之中流出,它本身绝对地只是这个内在。

第一个"一元论"差异,也即作为绝对单数的生命在其自身之内的分离的原初切分,对生命而言首先是被掩盖了。只要生命还没有在某个对立中持续地经验到自身,那么它就尚未自为地在一个绝对单数的存在中展开来。只有当在内返回自身时,它才把自己经验为内在;当在内与一个完全与己相异的东西,也即实在[1]针锋相对时,它才在一个自我关联中体验自身。只有在对于实在之无法感知的硬度与自我出离着的生命相对峙的原初经验中,那个不仅能为体验着的生命标画出边界,而且还能将其带入其样式的差异才会构造出来;唯有如此,这一差异才能让在内与另一个完全不同的在内面面相对,并为此创造基础,即:生命能在这之后构造出关于外界(Exterioren)的意义,并进而构造出关于内外之别的整个多样性。由于对实在的经验不仅意味着身体在其肌肤边界之外的领域内的外摄(ausgreifen)的结果,还同样对应着自身的生存论情绪,例如,在失忆或恐惧的情形中,也就是生命在其外摄总是遭遇到阻力的地方,异己的东

---

[1] 当我们联系着这一关于"实在"的意义而谈论"实在的遗忘"时,我们并不只是考虑欧洲哲学。据我所知,对克服这一遗忘的先行释义迄今为止只存在于马克斯·舍勒做出的一个注解(即:关于实在之在的经验都落在关于任何一种颜色的意义的经验之外,以及拉康的"实在"概念,这一实在与想象相对立,存在于符号之外)中。因此,关于实在的现象学伴随着一个困难,即赋予那些从一开始就被剥离了一切意义规定性的东西以意义规定。

西,甚至是与外在相异的东西已经在对实在的体验之中以原始的方式占据了地盘。

生命借以展开自身的这一关于本源边界的场所,因此也是第一场所,因为更多的场所关系只有在这一基础上才能形成。如果边界意味着一个生命只是"这一个那个",只是它所是(其余一切都不是),那么这一边界也就失去了对于人类此在①的本源性意义。也就是说,生命在构造出一切有意义的关系之前,首先只是朴素地去存在:它就是在自己那儿,在它的身体性那儿。只有从这一"在那儿"之中,才能产生所有其它具有共同前提的关系,而生命凭借着这些关系超越了它的"那儿"。

人们也许可以把下面的情形称作人类生命的悖论性基本处境:生命自我逾越,生命超越凭借其身体性而自我表达着的此在,然而并没有将这一此在的每个边界置之身后。不论生命现在是朝着作为其身体的实在周遭这一维度的逃逸,还是偏离到意义充实的整体关联之中去,它始终以身体方式聚集在自己之内,始终以身体方式驻泊在自身之内——它无法离开自己的身体。重要的是看到,这些可能的逾越始终以那个作为身体自身的边界为其前提(而不能将之置之身后);当生命在其逾越中自我安置着②忘记这一前提时,这一事实也

---

① Da-sein 一词严格说并不包含"此"的意思,按照本文的思路,应该译为"彼在"或"那儿之在"才是。但是由于"此在"已经成为一个学界默认的经典译法,因此这里循旧例译为"此在"。——译者注

② 动词 einrichten 的意思是"安置"、"建立",但是要注意到,这个词是由 ein-(向内)和 richten(指向)两部分构成的,因此具有"指向其内而安置"的意思。这里勉强译为"安置",但请读者注意这一词源学关系。同理,动词 ausrichten(安排、安放)也有"指向其外而安放"的意思,本文统一译为"安放"。《存在与时间》中译本将 ausrichten(Ausrichtung)译为"定向",似未体现 ein- 和 aus- 这两个前缀的区别,也未能体现这个词的"流俗意义",故不予采纳。参见海德格尔:《存在与时间》,陈嘉映、王庆节译,北京:三联书店,1987 年,第二十三节,第 122-131 页。最后,对于 Sich-richten 一词,这里还是按照本义译为"自我指向"。——译者注

没有任何改变。

在某个特定视角下,也就是说,当它安放自我时,身体能够走出它的"在那儿"。任何一个欲求都已经自在地是这样一个自我指向;在边界性身体行为遭遇实在之阻力的地方,这一自我指向已经本源地开始劳作了。然而在这里本源的边界尚未被触及。不仅我在移动我自己时无法离开我的身体,而且我的绝对"在那儿"也是任何一个自我指向之绝对的、不可逆转的和难以逾越的关联点。这样一个欲求着的自我安放是伴随着安置而形成的:当我由于实在接触而返回到我"在那儿"之中的本源性居位而在(Verortetsein)时,我开始在与我的欲求着的自我安放的运动的关联中将我的"在那儿"构造成我的场所,而只有安置和安放一道才使"世界"得以产生。但是在世界之语境中,边界以及定向活动的场所关系始终都已经被作为第三者的意义超越了:在我自己的一切所为中,我都与意义相关联,这一点本身适用于诸如欲求这样的行为,而意义关联只有在这样的行为中才能构筑出来。然而,从我始终已经生活在一个意义充实的、结构化的世界之中这一点,决不能推导出这样的结论,即:一切与我相关的东西都出自意义。定向着的安放与划界状态始终保持为其所是,也就是说,始终在身体之意义充实的场所关系之前、之外,即使它们在世界性生命中被意义所覆盖。

关于边界的身体场所(Leibort),以及关于移动和定向的身体场所,居于关于意义的身体场所之下。"居于……之下"(unterliegen)这个词具有双重含义:形象地说,意义不仅仅将方向和边界俘获在自己之内,使其听命于自己,以便使方向与边界处于意义的辖下;而且,意义始终是作为方向与边界的双重基础而与前者相关联的——意义建立在关于方向之身体场所的基础上,正如意义和方向建立在关于边界的身体场所的基础之上一样。其结果是,意义的区域也以身体性的方式驻泊了：除了方向和边界,意义还因此标画出了第三个身体场所,后者尽管与上述身体场所相联系,但却不可以还原为后者。

3.我们现在要表述的命题3,是与前两个命题的若干结论一并产生的。作为通向这一命题的桥梁,下面的结论是成立的:第一个身体场所,即边界的身体场所,在下面的意义上表现为最重要的场所化,也即,如果没有它,方向和意义等后续场所也许都是不可能的,因为,如果生命无法在清楚、朴素而必要的事实中绝对地在那儿,那么也就不存在自我安放的、与意义相关的东西了。如果一门家园学理论要在整体现实中寻求对人类场所化的规定,并在这里指明作为其基本前提的与人之身体性的关系,那么诸如第三个命题这样的理论越是能维持、揭示上述身体性场所之间的张力,就能在一定程度上越彻底、越概括地被理解。

为了推进对这三个命题的问题内涵的进一步澄清,我们在这里对关于场所的现象学理论的两个最杰出代表,即马丁·海德格尔和西田几多郎[①]的观点予以考察。

（二）关于场所的理论:海德格尔和西田几多郎

1.海德格尔。众所周知,海德格尔在"筑居思"一文中谈到了"场所",该文最初在1951年作为演讲而发表。[②]

海德格尔在这里使用"场所"这一概念,是为了提出关于人类存在方式的一个基本陈述:"居"是"有死者在大地上所是的方式",[③]正

---

① 西田几多郎(1870-1945),日本哲学家,京都学派的奠基人。——译者注
② 载海德格尔:《演讲与论文集》,《全集》第7卷,F.-W.冯·海尔曼编,美因河畔法兰克福,2000年,第145-164页。
③ 同上书,第150页,另参见第149页。

如该文后面所说的,它是"存在的根本特征,有死者据此成其所是"。① 在这一语境中,"场所"成了一个指示某个中心区域的概念,也即:把居指示为某个"与诸物比邻而居",②在此区域内,居促成着人与世界的相属关系。海德格尔在这里以桥为例,说明特定某物的场所汇聚着,"聚拢"着。桥聚拢着"四大聚合"(Geviert),即大地、上天、神祇与有死者;通过让这四者在场,桥也就变成了自己的"处所"(Stätte)。③ 场所如此这般"处所化"出来的这一处所,远比那个"空间"(Raum)更为本源,事实上,一个处所只是越过先行给予的地点和道路才将某个空间纳入其中(同上)。海德格尔用"敞开的地点"这一短语来转释"空间",因此空间就是"被纳入其中者",是"被释放者"被纳入、释放到了"一个边界、一个希腊意义上的 péras"之中。④ 依此解释,海德格尔就把"边界"规定为那个"从何处开始其本质",他的结论是:"因此,空间是从诸场所中,而非'那个'空间中获得其本质的。"⑤

在这篇文章中,海德格尔是在双重视野中使用空间概念的:空间,正如它自古希腊以来就作为可计算的参数而被构造出来的那样,是几何学意义上同质空间。与此相对应,一个空间就是从某一处所的场所性中获得其分别规定的那个领域。在该文集的第三篇演讲,即"语言的本质"[1957/1958 年]⑥中,海德格尔提出了关于"空间"的

---

① 载海德格尔:《演讲与论文集》,《全集》第 7 卷,F.-W. 冯·海尔曼编,美因河畔法兰克福,2000 年,第 163 页。
② 同上书,第 153 页。
③ 同上书,第 156 页。
④ 同上。
⑤ 同上。
⑥ 载海德格尔:《在通向语言的途中》,《全集》第 12 卷,F.-W. 冯·海尔曼编,美因河畔法兰克福,1985 年,第 147-204 页。

第三个概念:作为"时间-游戏-空间",空间也"将场所性与场所纳入其中"。① 作为使一个场所成为另一个场所的"移动"(Be-we-gung),②这一无时不移动着的时间-游戏-空间是一个"最内在者"("最属己者"),在此"最内在者"之中并凭借此"最内在者",大地、上天、神祇和人这四个世界周遭完成成己(sich ereignen)之举,时间-游戏-空间本身也展开了空间。以此方式而成己的最内在者就是"近处"(Nahnis),③而海德格尔将近处之本质导入了与语言的特殊关联之中;当他认为语言"不是人的单纯能力",相反其本质属于这四个世界周遭的"移动的最为内在者"时,他也可以说,近处的本质与语言的本质是"同一个东西"。④

当海德格尔在"筑居思"中对场所做出如此规定,给场所划出一个边界,让边界成为"从何处开始起本质"时,对他而言,场所不仅仅是一个突出的领域,而且四大聚合聚集的时间-游戏-空间也在其中各个展开其时间性与空间性,也就是说,如此这般成其本质;而且,这一本质是作为语言而发生的,语言也同时在其本质中成为自己,这样一来,本质与语言就构成了一个回文互义:"语言的本质:本质的语言。"⑤

如果对这一思想大厦的建筑术予以考察,我们就会看到,这一大厦具有一种向心结构:与绝对身体性的规定具有形式类似性的是,一个发生(Geschehen)借由"边界"被表达了出来。在此表达中,并不存在两个相互分离的异质性的领域;相反,借由这一表达,一个最为

---

① 载海德格尔:《在通向语言的途中》,《全集》第 12 卷,F.-W. 冯·海尔曼编,美因河畔法兰克福,1985 年,第 202 页。
② 同上。
③ 同上。
④ 同上书,第 203 页。
⑤ 海德格尔:"筑思居",第 189 页。

属己(最为内在)的领域被定义了。即便在这里,也存在一个(总是)绝对的,也就是说绝对不可比的维度,这一维度可用本质与语言的回文互义来刻画——但是在此回文互义之外,什么都不存在。在这里,不仅彻底的外在是不可思议的,而且显然也不存在对这样一个外在予以思考的可能性:这一外在对峙着(kon-frontiert)一个内在,并产生一个结果,即这一内在回溯并关联着外在的确定性。因此,海德格尔的回文互义在其每时每刻的成己中不仅是绝对的,而且绝对地是它自身,此外,只有在完全地考虑到语言,也即意义时,它才是如此这般的。

人们在这里可以看出,海德格尔设置了两个前提,二者均不能得到进一步的证明。第一个前提涉及这样一事态,即,只存在一个选择,一个存在于海德格尔意义上的"思"与计算着的、客观化着的作为西方形而上学史之遗产的"表象"之间的选择。而在我们的语境中,存在的只是场所-地点-空间与同质空间之间的对立,在此对立中被指明的是一个奠基关系,即,场所以本源性的度量工作为基础,后者本身为空间的估计与度量提供了可能性条件,并最终采用了几何学-数学方法。① 针对海德格尔提出的批判性问题是:在"朝向机器本质的进步"中,对被算计的和正在算计着的空间性而言,是否只存在着"返回人类本质的场所性质"这一选项,也就是只存在着返回到"我们已经所是"的那个地方去这一选项?②

与第二个前提相关的是,那个退一步才能企及的本源,一方面只可能是一个绝对自在的持存者,另一方面只是一个出自意义的网络——这一事态即便只是否定性的(ex negativo),也与某个与身体

---

① 参见海德格尔:"筑思居",第161页及后页。
② 海德格尔:"语言的本质",第179页。

的特定关系有关。值得注意的是,身体在"筑居思"中只出现了一次。相应的段落是:

> 当我要走向大厅的出口时,我已经在那儿了;如果我不是如此这般已经在那儿的话,我恐怕根本就走不过去。我从来都不只是作为徒具皮囊的身体在这儿的,相反我是在那儿的,也就是说,是承受着空间着的,唯其如此,我才能穿越空间。①

对身体性以及身体之场所关系的理解是否已经在这一陈述中被穷尽了?海德格尔悄无声息地采纳了一个等式,按照它,身体等于存在,存在等于意义。"当我要走向大厅的出口时,我已经在那儿了":走路这一身体活动完全被从"已经在某处存在"那里来把握了,也就是说,身体性居于归位(Einräumung)的指令之下,而归位是作为意义规定的归位(在早期海德格尔的思想中,与此相应的是关于世界先行绽开的理论)。海德格尔在这里想到的还是一个过于狭隘的选择:要么是这一观点,即通过聚拢的场所而进入到空间的先行归位,这一场所在语言之本质中(绝非他处)释放出物质本质;要么是关于身体的无足轻重的观点,即,尽管身体已经处在意义语境中,它在后者之内仍然可能被假定为某个隔绝在自身之内的东西——事实上这也许是荒谬的。然而没有被追问的是,对于身体的自我移动而言,一个本己的区域是否与身体的自我移动相适宜?是不是不存在身体中的本源生命,而这一生命在世界的绽开之前、在意义语境的设定之前就在自我显现着?

2. 西田几多郎。1945 年,在其生命的最后阶段,西田几多郎先

---

① 海德格尔:"筑思居",第 159 页。

于海德格尔的"筑居思"七年完成了"场所逻辑与宗教的世界观"这一研究。① 到那时为止,西田几多郎已经用了大约 20 年专注于对场所(日语:場所)问题的研究了。对其关于场所的基本思想,我们可以借助这一后期文本简短地总结如下四点。

(1)对西田几多郎而言,"场所"关乎人在世界中的场所化,还与"边界"有关。在寻求对人的世界场所予以定义的地方,就会产生这一边界。通过确定具体个体不是什么,就可以以否定方式首先获得这样一个作为划界的规定。按照西田几多郎的观点,人类个体以两个因素为其标志,当它们真正相互冲突时,就会呈现出悖论。一方面人们必须明察到,一个拥有绝对同一性这一意义上的绝对场所对具体个体而言是不相宜的;因为事实性生命是不断超越自身的;另一方面,个体也没有占据一个相对的场所,因为个体是其所是,但不是以隶属于他物这一方式是其所是。与之相反,个体化必须被如此这般地理解为一个绝对的东西,即它同时一道包含着本己的否定——因为除了自己的个体存在之外,永远还存在着其他人。对绝对的个体性(它同时是一个绝对的无)这一事实,西田几多郎是用"矛盾的自我同一性"这一著名的"场所学"(ortlogisch)概念来把握的:一个人类个体只有在此意义上,即他并非绝对地是他自己,才绝对地是他自己。

(2)在西田几多郎的理论中,值得注意的是:当他寻求在个体的基本结构中对个体予以把握时,他把其他人也一道牵连了进来。在一个个体如何实现其矛盾的同一性这一事件上,他人经历了一个本质性的角色。在这里,他人的角色首先也包含着两个异质性的因素:

---

① 日语名为"場所の論理と宗教の世界観",现重刊于《西田几多郎全集》第 11 卷,第 371-464 页,德语版为西田几多郎:《场所的逻辑:现代日本哲学的开端》(*Logik des Ortes. Der Anfang der modernen Philosophie in Japan*),埃伯菲尔德(R. Elberfeld)编译,达姆施塔特,1999 年,第 204-284 页。

一方面,与他者的遭遇能在个体出让其同一性的趋向中强化个体,也就是说,把自己与所有他人相区分的趋向;另一方面,通过在与他人的遭遇中隐晦地接受所与,并将自己投射到此所与中,因而放弃其绝对的在自身中存在,他人会激发个体去否定其绝对存在。

(3) 其结果便是异化,对此可以指明两种形式:通过固执于其个体性之上,个体可以使其在自己之内变得坚韧;或者相反,他可以使自己迷失在他人的镜像中。在两种情形下,"矛盾的自我同一性"这一概念所指出的特定平衡,也即那个稳定的非平衡性,就被破坏了:在第一种情形之下消失的是矛盾,在第二种情形下消失的是同一性。但是在任一情形下,两个基本因素之间的张力都会消失殆尽,而这两个因素本来是不可平衡的,是只有在二者之间的不可平衡性完好无损时才能得到维持的东西。

(4) 于是,对异化的回撤就在克服过程中发生了,我们甚至可以说,就在超越(Übersteigen)之超越中发生了。于是一方面,自我化的自己(das egohafte Selbst)作为自我(Ego),具有将自己纳入自身之内的趋向,当将自己超越进了孤立之中时,它自身也就被超越了,换句话说,这就是去承认绝对自我并非一切这一事实;另一方面,当自己将其同一性已经超越到他者之中,并首要地投射在他者之中时,这一自己也就将这一超越本身给超越了,这就是去承认,它还活在绝对的自我同一性之中。超越的这两种超越化方式不仅使矛盾的自我同一性现实化为人类生存的事实,而且现实化为一种保护着备受威胁的这一事实、使其免于崩塌的行动。

纵观这一思想进程就会发现,这里主要指出了一个富有意味的方面,而西田几多郎的思想正是凭借这一方面与海德格尔的思想区别开来:西田几多郎所采取的"退步"并不意味着栖居到某个本源性的时间-游戏-空间的发生中去,而世界周遭在此空间中"聚拢"着;在此,在聚拢不再与一个完全不同的个体处在张力之中这一意义上,聚拢也展示了一个绝对的成己(Ereignis)。场所的"在……之中"(In-Sein)在西田几多郎这里以如下方式获得了一个彻底被思的边界,即,不仅一个边界凭借并为了这一"在……之内"本身而出现了,而且它在其内在中还经验到这一边界。换句话说,以下面的方式对差异性和同一性予以整体思考变得可能了:只有从内在那里出发才能对外在加以规定,而内在同时也将绝对地被外在超越掉。

(三) 对实在的接受

总体而言我们可以说,海德格尔思考的是一个关于意义关系的弱边界;与此相反,西田几多郎思考的是一个强边界,因为他与海德格尔相反,是从一个绝对的内在出发构思出彻底的他在(Anderssein)和彻底的外在的。不过,这两个概念却有共同之处:它们始终在根本上联系着意义充实性。西田几多郎所考虑的彻底边界究其根本总还是意义充实性这一语境中的边界,它同样不是一切意义的边界本身。彻底地去思这一边界,意味着把它思为先于、外在于意义充实,思为一个能将就其自身而言的绝对内在与作为实在的外在区别开来的边界。纯粹形式地看,这一关系还是如此这般的一个"矛盾的自我同一性",当然重要的区别在于,这里的矛盾是实在。最迟在这里将表明,如果在一般意义上把实在理解为对象性的话,那么关于"实在"的言谈就会成为语言陷阱。这一表达并没有意指某个实体存在论规定中的指称对象,而是伴随着对这一规定的扬弃而指涉着任何一个直接、"主动"的可言说性的边界。正因为如此,只有借助像"矛盾的自我同一性"这样的形式性图型,才能对"实在"予以道说,后者也只能被理解为那个能将我们的能说以及与之相联系的意义充实之模式超越掉的实在。

这一矛盾，或者说在这一情形下的悖论处境，涉及我作为人而存在这一事实：也就是说，我自己绝对是作为原初情感性的生命而绝对地存在的，同时，我是被嵌入那个我绝对不是的实在之中而存在的。这一生存论的、人类学的矛盾不仅仅是我的事实性的全部意义，不仅仅涉及到作为事实的我，除此之外，为了使我就是如我所是的这样，也即作为赋有想象之天资的生物而实在地存在，这一矛盾也是必要的。假如没有向实在的嵌入，我的生存事实上就不能与想象出来的、梦幻的、不论怎么看都是虚拟的东西区别开来。即便是我在梦里备受恐惧折磨，实在也以这样的方式表现自己，而我在清醒的生活中始终是以这一实在为前提的；甚至在想象的诸因素中，由于它们每每表现出从实在中的退却，并在此意义上被证明是褫夺性的，但是正是对这些因素的避免，才预设和透露了它们所躲开的东西。

实在总是已经被我的生存和身体性所接受的，但却不是被理论反思所接受的，这并非偶然。因为正如想象一样，理论反思一般而言也依赖于对一个支配性的实在之在场的疏离；在此意义上，反思遗忘了那个它躲开的所在，这只是"自然而然"的事情。先验现象学的反思还包含着特定的自然性的残余，胡塞尔本人并没有看到这一残余，它还有待解决。只有当这一自然性被克服，当对我的生存以及在实在中我的嵌入而在（Eingelassensein）这一事实的实在性差异的遮蔽被扬弃，并且这一差异本身得到承认，西田几多郎用"矛盾的自我同一性"这一概念形式地表达出来的那个稳定的非平衡性才能被保持下来。有必要这样切断与实在的意义关联，以便作为实在的意义关联之条件的实在本身不被一起切断，而是相反，使其变得"可见"。

从我们向实在的嵌入而在是必要的这一事实，可以得出的结论是：提出对这一事实的追问、提出"什么是实在？"这一问题，在为了现象学地澄清这一必然的在实在中的驻泊这个意义上，是一件紧迫的任务。为了处理这一问题，需要一个特殊的解释学，一个在某种程度上可以说逼近了这一问题的边界，突入这一问题本身之神秘性的解释学。如果实在的标志就是站在一切意义充实之外，那么给这一无意义的、先行于意义的实在强取某种规定，就是一个特殊的挑战了。关于这点，这里只能给出一个非常粗疏、临时性的纲领。

在不离开我对实在的经验这一范围的前提下，还可以说，通过以阻力反抗欲望，实在不仅仅构成了对我的生命欲望的限制，而且它本身几乎就是主动的力场，是一个由阻力构成的力场，凭借着对边界的开拓而开启了诸可能性，甚至产生了可能性之可能性。实在本身就是可能性之条件这一事实，导致了在对这一条件予以追问的方式上的根本性差别：对这一事实予以澄清，一方面意味着去追问实在本身，也就是去追问实在成其为可能性之条件的"权能"；另一方面意味着去追问可能的可能性之领域是如何自我开启的，也即追问此在的时空性质及其世界性。现象学一直在致力于对后者的研究，但是对前者的研究还付之阙如。针对后者的规定包括胡塞尔关于意向及其充实的体系、早期海德格尔的"在……之中"和"在世界之中存在"（In-der-Welt-sein）、后期海德格尔的成己、梅洛-庞蒂的回文互义（Chiasmus），等等。当然这里要指出的是，如果对此在之时空性质的现象学分析能从把实在规定为这一时空性的可能性条件这一尝试来入手的话，这个分析就会迎来显著的变化。

实在在其阻力中作为阻碍着我们的东西而是敌对者，但也是使我们能够在的东西。通过成为人类生存的意义充实的边际之载体，实在因此也承载着人类的生存：如果实在使生存能够构建其此在的时间性，那么结果便是，因为生存凭借对一想象性时空的度量（Maß-Gabe），它就可以寻求不受那个僵硬的、胁迫着它的载体的伤害。但是这也意味着，人类生存这一如此这般地被嵌入实在的实体同样是指涉着这一嵌入过程的,正如它正是基于这一指涉而可受伤害一样。对它的度量因此就变成了手段,以便能对上述可伤害性予以补偿。例如,"和谐自然"这一观念的构造就是一个针对实在之硬度而提出的尝试。如果道德、习俗、法律和规范等等中的每个度量都是对实在之胁迫的回答的话,那么就要给关于实在的现象学指出这一任务,即:如果一个尺度不是通过生存对实在的回避、通过这一尺度及其场所化在实在中的遗忘而构造出来的,而是相反,它只有从对实在中的场所化的了解中才能产生出来,那么这应该是什么样的一个尺度?这是一个家园学的尺度。

现在很清楚的是,身体——在意义关联和安放中的身体,以及实现了边界的身体——的场所是回溯指涉着一个最终场所的,回溯指涉着作为人类生命的奠基性场所的那个边界场所的。生命只有在维持在其矛盾性事实中,才能完成其自我存在:如果生命能通过将实在的阻力与反抗对立起来的方式而合理地获得边界间的张力,如果生命不是把自己安置于这一反抗的意义形式(Sinnformen)之中,而是能把它的意义型式(Sinngestalten)与作为一般意义之彼岸的实在相对持的话,那么这一张力就会具有最为强大的持久力;只有以这种方式,生命才能完全与其生存的矛盾性事实相一致。不过,为了看出生命是如何在这一事实中安置自己、并且因此而超越后者的,就必须对场所与道德的整体关联予以指明。

二、道德与身体

(一)作为道德的场所

"éthos anthrópo daímon."这是赫拉克利特的一句名言(残篇

第 119）。海德格尔在"关于人道主义的书信"中引用了这句话，[①]并将它翻译为："对人来说，（安闲的）居留就是为（令人不安的）神的本质出场而开启的东西。"[②]

海德格尔把希腊词 éthos 等同于作为"人居于其中的、开放的范围"的"居留，居住的场所"。[③] 因此他也把人的居住读解为：为世界的敞开（aufgehen）及其"敞亮"（Lichtung）而创造一个场所的生命。在此意义上，海德格尔在前几页的某处说道："人是这样成其本质的：他就是那个'在那儿'，后者意味着存在的敞亮。"[④]"人是敞亮"这一断言包含着的意思是，他只是包围着他的发生的一个部分，虽然是一个本质性的部分；他本身并不能凭借其主体性产生出这一敞亮发生。

因而重要的是，海德格尔把道德的意义从欧洲思想的某个确定的趋向中、从这一概念的近代主体化趋向中释放了出来。然而问题在于，他以这种方式否定了每一种主体关联，是否因此就没有错失目标？颇成问题的是，"主体"这件事情是否只是在成为特定存在史纪元中的，也即西方形而上学纪元中的一个据点时，才能敞开自身。为了给这一观点增加一个修正项，有必要再次援引胡塞尔，不过这次是要以可接受的方式走出胡塞尔，而不用追随海德格尔的道路。必须要问的是，是否可以在主体观念——这一主体观念不用遵循近代形而上学的路子——的语境中，把道德问题当作一切伦理学的前问题来处理。

为了获得一个出发点，我们要问的是，海德格尔之思想规定的边

[①] 海德格尔："关于人道主义的书信"[1946 年]，载氏著：《路标》，《全集》第 9 卷，F.-W. 冯·海尔曼编，美因河畔法兰克福，1976 年，第 313-364 页。此处见第 354 页。
[②] 同上书，第 356 页。
[③] 同上书，第 354 页。
[④] 同上书，第 325 页。

界到底在哪里？当海德格尔把道德概念从近代式的主体理解这一方向中释放出来，并与场所这一概念相联系时，其后果在于：人不再是被孤立地规定着，而是被融入了一个他驻泊于其中的场域之中。这一规定的缺点在于，不会有任何反作用力伴随着这一规定被一道给定，人的场所化只有与某个中心相联系时才能被尝试把握。众所周知，早期海德格尔是用"在……之中"和在世之在的概念来表达这一中心的，而后期海德格尔则在成己中表述了聚拢的思想。此外，按照海德格尔本人的观点，《存在与时间》中潜在的主体主义也应如此来克服，即，关于中心的原则不再仅与人类生存本身相联系，不再与他在世界中的"在……之中"相联系。相反，人从自身方面将被嵌入一个自在地充满张力的中心、也就是那个关于天、地、神、有死者之四大聚合的中心中去。如果正如海德格尔在其对赫拉克利特残篇的改写中所说的那样，以这种方式，人在其"安闲的居留"中是一个开放者，后者使神之"令人不安"现出本质，那么人的中心位置就被彻底化了。因为，那个还与所有安闲处在差异之中的令人不安者，正是在这一中心里成己着自己。

在这一背景下，存在论差异是以一种双重方式对待人的生存的这一中心场所的：要么偏向其中一个分支，也就是人自身，并因此实现某种主体主义，后者不仅将其余一切东西变成他的客体，而且从这一客体存在出发来理解自身；要么接受中心位置，即他的道德，也就是嵌入到某个世界-建筑中、嵌入到存在的"时间-游戏-空间"中去存在。① 换句话说，存在论差异不仅没有怀疑中心的位置，而且相反，它乃是对这一中心的经验。但是这一点也再次表明，这一中心存在所嵌入其中的那个边界，也就是那个与中心和边缘完全不同的东西，

---

① 例如可参见海德格尔："语言的本质"，第 202 页。

在海德格尔的思想中没有扮演任何角色。

胡塞尔在这一点上则有不同。按照他的观点,主体性存在于某个张力之中,一个以先验方式自我世界化的主体和这一世界化的结果(即世界中的主体),同样存在于这一张力之中。① 身体处在这一张力关系的切分点上,这是因为,胡塞尔描述了这一先验主体的世界化过程,而这一主体正是借助"肉体化的身体"而被"锁定"在世界之中的。② 这样一来,身体就成了不断将自身世界化的主体性与已经被世界化的主体性之间的一个真正的转换地,成了先验性与世界性分分合合的一个场所。

作为一切定向的零点,身体二者兼备,它是零点,也作为零点而是一切定向的源头和载体。成为零点,这描述了它绝对的"在那儿"、及其作为凸出的边界领域的驻泊;先验主体性正是在这一边界领域中找到了落脚点,并成为世界性的主体性。只有在这一驻泊的基础上,定向才是可能的;那么在与这一领域的持续关系中,身体在一个自我相关并因此而开放着的空间性中构造出运动体系,但是这些体系也是在想象空间或想象与实在关联的交融这一语境中本能的、最终意向化着的侵入(Ausgriff)的体系。但是,由于作为零点的身体是边界,因此它不仅仅单纯地属于世界,不仅仅是自然主义态度这一语境中一切定向的源泉。就它表现为先验性转入世界性的转换地而言,它是并且始终是以先验方式规定了的。身体是向世界的突入。

如果身体如此这般地担保着,主体性不是在世界的"在……之

---

① 显然,对世界中的主体而言,存在于先验主体性和世界主体性之间的张力就是一个"人类主体性的悖论","为了世界的主体存在同时是世界中的客体存在"说的就是这一悖论(胡塞尔:《欧洲科学的危机与超越论的现象学》,《胡塞尔全集》第6卷,W. 比梅尔编,海牙,1954年,第53、54节)。

② 同上书,第214页。

中"中展开,而是维持着朝向世界的张力,甚至还可能是使世界始得开启的东西,那么致命的问题就在于:身体与自我构造着的道德、与人的世界性居留有什么样的关系?

在这里,对舍勒关于道德的规定予以简单回顾,可能是有用的。与胡塞尔这里的身体之角色具有纯粹形式一致性的是,马克斯·舍勒的道德概念指的是被意指的边界(Gemeinte Grenze)和过渡,是转换地。对舍勒而言,道德概念标划了一个领域,在它之中,超历史的先天结构在每个具体体验结构的"如何"中历史地生成着。[①] 因此,"道德"既意味着道德构造的发生,也意味着这一构造的各个结果:前者联系着在具体道德关联中常常被蒙蔽的道德的生成性-动力学展开,后者联系着在其中获得的东西,正如它被判断规则遮盖着,在具体生命整体关联中显现。这里同样存在着一个模式,它把人的场所锁定在历史性(世界性)与超历史性(前世界性)的切分点上,而不至于使这两个"领域"相互撕裂开来。事实上,它们是在同一个发生中既被统一又被分离的。

在这一背景中,那些把道德理解为居留、并将之放在世界之关联性展开(比如世界之四大聚合)中加以思考的规定,似乎是不充分的。理由是,仅仅把道德回溯到世界中加以规定,这种把握是不全面的。我们的观点是,道德并不是从世界中产生出来的,而是与世界一道产生出来的;它本身要在持续的改造中被理解,并在此改造中形成世界。当一个全新的先验主体伴随着他的出生而自我世界化着突入(一个)世界时,这样的改造就首先发生了。以这一方式,与身体变化一道自我实现着的道德构造就具有了与世界性的双重关联:一方面,

---

[①] 参见舍勒:《伦理学中的形式主义与质料的价值伦理学》,《全集》第 2 卷,玛丽亚·舍勒编,伯尔尼/慕尼黑,1966 年第五版,第 306 页。

先验主体世界化着自己；另一方面，在这一世界化过程中并伴随着这一过程，先验主体闯入了一个已经被构造了的世界，并扰动了它的结构——不是使它更好，就是使它更坏。

(二) 突入世界

道德具有度量世界、借与世界以基本轮廓的权能。然而，只有在一个自我世界化着的身体性的基础上，作为定向力的这一权能才是可能的，而且身体性才是定向的可能性条件。在身体之中、并通过身体而自我世界化着的主体性，是它突入的世界、一个已经相对构造完毕的世界中的一个切口。在现存世界的这一开放中，降临在作为边界和零点的身体上的，本身是一个划界行为——虽然是以身体不仅仅被切入世界，而且被切入实在这样的方式：身体需要空间，它也只能得到它的双脚总能覆盖的空间，以及它的肺部总能容纳的空气。当身体突入世界时，它便同时体会到了肉体的有限性的重压：肉体就像滔天巨浪中的一个浪卷一样，瞬间被实在的阻力撞得粉碎。

作为定向之零点的身体，就是作为存在于先验性与世界性之间的分分合合的边界的身体，是作为在世界之内自我切分出来的、事实上不可后退的边界的身体，是作为实在勾画出来的、并因此带入其样式的那个边界的身体。存在于先验性自我世界化之中的第一个越界过程，产生了其它两个划界过程，它们都是某个双重本源性暴力的表达：出生是一个暴力切分，它不仅对一个已然存在的世界是暴力的，而且对那个被实在的硬度所伤害的身体也是暴力的——这个身体本身则利用着实在的硬度，以便向它的世界施加暴力。

同时，这一双重暴力也是必要的，以便新的东西能够生成，以便世界能以这样的方式体验到一个改造，即：一个向世界不断侵入的身体性首先要给自己构筑自我化的原初范围，也就是说，要让质料堆积起来，以便扰动一个现存的世界。这个范围之所以是自我化的，是因为一方面，它是在不用顾及现存世界的情况下完成其构造的；它是自我化的，因为它的载体倾向于绝对地设定自己的产品，也就是说，要悄无声息地消除掉存在于它的个别场所与现存的场所之间的差别；它是自我化的，因为它的载体只活在这一趋向之中，而且不把自身带入与后者的关联之中。

俄狄浦斯打乱了现存社会和家庭性社会的结构，杀死了他的父亲拉伊奥斯，并与自己的母亲伊奥卡斯特同床共寝，但是他并不知道被杀死的是他的父亲，与他乱伦的是他的母亲；换句话说，他不知道他破坏的就是孕育了他的那个世界。刺瞎双眼，就是对他的复仇。世界的报复方式就是，把这个侵入者俘入其中，剥夺掉他的彻底性。既然世界已经被他毁坏了，那么这一侵入者就通过被他自己的（共同）造物所俘虏这一方式而出现在世界上。但是他对此一无所知，因为目盲夺走了他的视力，也夺去了对他自己个体命运的洞见力；就像之前对他所从出的共同体之从属性、对他的繁育之根源一无所知一样，他现在也失去了对其个体性的认识。他遗忘了自己的个体性，他被社会化了。他的自我化的初始道德（Proto-Ethos）回到了所有人的道德之中，在这里他才第一次发现了自己，才把自己彰显为一个共同体的存在。

在传统神话语境中对神话的先验生成分析，也许可以厘清在这些神话中自我显示着的道德形式之结构。这一分析始于某个双重化视角的询问：一方面涉及某个已经被孕育在现存世界及其道德之中的个体之视角的生成，另一方面是这一世界的视角本身及其道德的生成。俄狄浦斯的神话告诉我们，一个伦理化的知识领域——这个领域已经超越了个体的视域，也就是说，已经超越了德尔斐的神谕自在主张的那个知识——是如何产生的。这个知识占有着不证自明的真理,也只能逐步地放弃这一真理;而且,当一个已经与生俱来就已经有所缺失的个体对事实有效且在此意义上成为"自然主义"的道德加以怀疑这一危险持续存在的话,那么他就必须一步步地放弃这一真理。出于对失去自己的稳定性的担忧,自然主义道德总是领先一步;它必须使个体最终失败,并因此维护合法性的假象,也就是说,它只允许说出一半真理。

道德的构造形式应该把相当数量的人组织成一个共同体,并对这一共同体化的持续存在予以保证。这一构造形式指明了一个对各种文化具有决定性的基本模式,后者与身体性处于亲密的联系之中;神话本身也展示了关于身体关系的特定形式的缩影。然而,神话的方向感也为魔力结构预设了前提:以运动结构的线性特征为标志的魔力是一个初级欲望,它不仅意欲将欲望的客体据为己有,而且也要将实现这些目标的权力据为己有。① 在这一关系基础上,魔力就在社会视野中失去了稳定性,它导致了松散的共同体形式。因此而论,魔力还只是某个初级自我主义的运动形式。

为了强化魔力的世界进路,神话就是必需的。而只有在人从猎人和采集者的生存方式过渡到定居的存在方式的地方,这才能在事实性世界历史中首次发生。定居构筑了与场所的确定关系;人驻泊了自己,其后果是,他不仅必须稳定与同辈的联系,还必须稳定与先祖、与神祇的联系。形象地说,魔箭的方向感被折弯成了犁头的方向感,圆形轻而易举地分解成了直线。只要产生了定居地和城市,就必须要划定疆界:罗慕路斯(Romulus)②围着他选定的区域画了一条

---

① 格布泽(Jean Gebser)曾就此而谈到某个"通向权力的悲剧性强力"。参见《起源与当下》(*Ursprung und Gegenwart*)第一部,《全集》第 2 卷,沙夫豪森,1986 年,第 96 页。

② 在罗马神话中,罗慕路斯(Romulus)和雷穆斯(Remus)是双胞胎,也是罗马城的缔造者。——译者注

线,这就是帕拉丁山丘。边界是社会性之持存的可见保证。

这里汇集了两类空间性:首先是从实在那里夺取来的空间性,作为城市,它是与荒野相对立的处所;这一空间性变成了本己的、被挑选的和被选中东西的实在性化身,变成了与一切非家庭性的、野蛮人的、陌生人的东西相对立的家-世界。与这一世界相应的,是一个想象性空间的结构,是神话空间,在这里,实在的与想象的结构以独特的方式相互叠加、渗透和混合——或者如同上文已经详述的那样,实在接触以想象的方式被抬高、被遮盖,但是却并没有因此而得到解决。因为,实在的分界线和神话的教条这二者保证着社会生物的实存。用一个分界线来包围自己,揭示神话的循环性质,是通向同一目的的两条道路。为此,身体性反思着返回到它本源的边界,也就是以割裂的方式在世界中存在,但也只是为了提高("升华")这一个体性的边界,并作为此一边界而听命于遗忘的主宰。

边界与神话构成的自我封闭的整体,融合成了一个无条件的、"存在于大地上"的尺度;因为这一度量必须以复数形式才能被读解出来,所以只有在此基础上荷尔德林才能说,大地上不存在尺度,①它不是一个尺度,不是那个唯一自然的、被终极构造出来的规范。然而,每一个规范对于那些理解或服从它的人来说都是无条件的。对规范的冒犯同样会得到坚决的惩罚,其极端的可能性就是剥夺冒犯者的生命。当雷穆斯(Remus)越过了罗马卫城,越过了这座新城的墓界时,他就开始犯下了滔天大罪。这个罪行对于这一通过卫城而奠基、并在其中获得稳定的社会性的效力而言,也是可以设想的:也就是说,完全越过这一社会性。正如这一尺度的内在逻辑所要求的

---

① "大地上有尺度吗? 没有。"参见荷尔德林:"在迷人的蓝光里"(In lieblicher Bläue …),载《荷尔德林诗集》(*Gedichte*),温特图尔,1944年,第374页。

那样,罗慕路斯的反应便是杀死兄弟雷穆斯。超个体的尺度的新秩序超越了家庭纽带。

(三) 道德的尺度

然而,通过神话而维系的世界面临着一个双重危险:循环式的运动结构可能会造成一种担忧,这一担忧又会使通过神话而被定义的世界的成员完全暴露在这一危险之下。这可能是尺度独立化的危险,也就是说,是一个遗忘了其边际的危险,是一个遗忘了差异性的危险,而这一尺度的内在正是在这一差异性中与其它那些不包含在这一尺度中的东西相对立。当本己的内在延伸到不再感受到任何阻力的地步时,那个正好为这一内在、这一尺度(也就是界线)提供保证的东西就无不悖谬地成了牺牲品。随着不再能够达到任何边界的内在的延伸,这一界线本身就消失了,最终随之消失的,还有作为定向的社会性零点之持存的那个保证。

这就是希腊化中的希腊古代世界解体的结构-现象学意义。尼采曾在《悲剧的诞生》提到这一点,并且在《历史知识的利与弊》中做了进一步阐释。在这里,实在性接触和想象也是相互关联的:人类历史上的第一次全球化,也即亚历山大大帝真实的(同时也是超越了神话的)世界王国,伴随着实在性接触向可能的意义世界的扩散;字母,还有图书馆里没有尽头的书架上作为被保存下来的记忆而存在的著作,此刻都成了自我目的。当超尺度(Über-Maß),也即尺度的超越者——也就是说,要对被尺度预先给定的社会性中的一切事务予以规束的这一功能性角色——已经颠倒成了这样一个不再能辨认任何差异性的超尺度时,这样的一个共同体也就土崩瓦解了。

以神话系统为前提的第二个危险存在于这样一个解体中:这一解体产生的基础并非神话系统的中心之毫无节制的延伸,而是相反,它从自身之中为自己设定了边界。只要神话尺度对于社会成员或成员群体变得软弱无力,难以信服,这一解体就会出现;当尺度的超越性演变成了与这一社会中的成员之需求相抵牾的超尺度时,也即产生出内在的分歧时,这一解体也会发生。革命和变革一刀切断了共同体迄今为止得以维系的纽带,然而这充其量不过是为了创立一个重新提出绝对性主张的尺度而已。针对这个双重危险,能有什么样的出路和道德呢?

"Ne quid nimis."(过度之中一无所有。)[①]奥古斯丁的这一名言表达出来的道德,可能会导致某个与差异性的特殊关系。也就是说,它涉及的是既与对差异性的抹平,又与在同一个中介中的差异化过程区分开来的差异性。从结构上看,抹平和内在划界是重合为一体的;两种方式所思的,都不是一个与其体系本身的界线相对立的彻底差异性。然而,把这一界线本身带入视野的行为之标准又是什么呢?

系统是通过保证着社会性的神话来维持其边界稳定的;同时,这一稳定者本身又是通过它所稳定的东西,即与社会的关联,来规定自身的。正是这里才显出神话的边界,即它的循环性。这一循环性常常受到欲求着的个体的干扰,于是,作为立法的任务,度量就旨在扬弃个体的欲求——虽然采用的是他或她(通过神话解释)被说服,从而加入某个社会关系这一方式。

显而见之,这里的问题并不是说,神话的边界把它与社会性的关联给稳定化了;相反,问题在于这件事情发生的方式,也即暴力劝说

---

① 奥古斯丁:《论基督教教义》(*De doctrina christiana*),马丁(J. Martin)编,蒂伦豪特,1962年,第2卷,第58章(德译本:《论基督教学养》[*Die christliche Bildung*],波尔曼[K. Pollmann]译注并撰后记,斯图加特,2002年)。奥古斯丁的这句话在字面上是与泰伦提乌斯(Terenz,公元前罗马共和国剧作家——译者注)的作品《安德罗斯女子》(*Andria*)第61行有关的,事实上,也与继承希腊(亚里士多德)伦理学中的尺度性这一主张有关的。

这一方式。在劝说中,个体得到的不仅仅是关于他的场所——被切入世界中而存在的场所——之知识的机会;对他而言,当他习惯于在已被构造的社会这一超场所中占据一个位置时,前一场所从一开始就是被剥夺掉的了。然而,这一升华不能忘记了它的源头。在每一个革命,也就是在每一个内在的差异化过程中,那个本身已被异化的人都是这样来复仇的:在一个新的整体之名义下,同样向那个曾经向他施暴的整体施加暴力。

因为与生俱来的向世界之切入展示的是一个不可驾驭的绝对事实,因而后者能关涉的,只是进入到一个与这一占位(Ort-Nahme)相宜的关系之中去——也就是说,要获得人各个屹立于"大地之上"的知识。关于这个"各个"与我的具身化一道产生的绝对边界的知识,也许也是与每一个我的个体性的关系,它越过这一绝对差异性的假设,稳定着由那些自我"社会化"着的人所构成的结构整体。只要这一差异性被维持在个体性的突入世界和世界的持存之间,只要它保证着二者之间的关系,那么这一差异性也许就是一个稳定的非平衡性。

有两个因素构成了这样一个稳定的非平衡性的产生的前提:首先,自我在世界中的展开必须有一个退步。对个体生存已经适应了的社会的还原,不仅仅导向了身体的原初边界,也是克服暴力的第一条件。一旦从社会调节的枷锁中解放出来,自我就是自由的,就不会再以暴制暴。但是,自我并不只是在与自己的联系中才是自由的;在社会关系中,当他把他人揭示为他人,当作一个同样由于与其身体的原初边界不可分离而在难以克服的差异中与我并肩而立的他人时,他也是自由的。

第二个因素必须承担、维持与生俱来的向世界的切入。这一承担意味着去接受凭借自己的身体性而切入到实在之中这一事实。与我的身体性一道发生的向实在的切入,是切入世界的第一个可能性条件。设定条件这件事,不能被简单地理解为一个先行性。因为,一旦向实在的切入不能允许任何距离,那么作为从实在之逼迫性之中的拯救,这个切入就容易激发起某个想象性原初空间性的多样化,而后者正是世界的建筑材料。同时,对切入世界的接受意味着某个本源性自我主义的还原,因为自我向其身体性的回溯不仅把自我经验成了被转渡到了实在之上的东西,而且也同样经验成了依赖着实在。

这里的"依赖着"这一说法与其说表达了某个依附关系,还不如说表达了这一状况:自我不可救药地指涉着实在,即便当它伴随着世界的展开而对自己有所表达时也是如此。但是,由于世界是依赖于实在的,它不言而喻地不仅不能作为"依赖着"的一个原则而发挥作用;而且因为它不能作为这一原则而发挥作用,所以也就难以对自我主义予以还原。在实在中我的身体场所化和世界中的我的身体性开放构成了层级有序的交织关系,这一关系为我的生存陈示出某个亏欠假象。只有当我接受对实在的依赖,并接受通过这一依赖而遭遇到的世界之开放时,这一亏欠才是可以被弥补的。

如果人是能在自我关联中回到自己的存在,那么在向着切分点——我就是这个切分点,我身体性地过着这个切分点的生活——的返回之中,家庭(Oikos)这一现实家政(Haushalt)之中的平衡性,就可以被度量了。这个家庭就是尺度,我伴随着我的生存就是这个尺度。为了找到这一家庭的尺度,还必须把自我关系的可能性承担为另一关系的可能性,后者把我置于与那个将我嵌入实在与世界之中去的基本轮廓的关联之中。这一承担改写了道德的本源性意义;这一意义之所以是本源的,是因为它展示了一切伴随着世界之开放而自我彰显的道德关系的结构性条件。如果我在我身体性的核心中总是体会到实在与世界的这一差异,那么只有在我能够将稳定的非均衡性当作家庭之原则而加以实在化的地方,我才能发现我自己。这可能是某个另类社会性的条件,是聚集在家庭之中的真实他者的社会性的条件。这一家庭刻画出来的是一个乌托邦,是一个乌有之乡(outopos);但是,这个乌有之乡却不是臆想出来的,关键在于,它是凭借我的身体性的原初场所预先刻画出来的。

(石福祁 译)

大地与身体

——从胡塞尔现象学出发探讨生态学的场所[①]

一

在《稳定的不平衡》一书中,生物学家暨生态学家赖希霍夫就自然生活基础的保育及存续,提倡告别平衡原则。[②] 他借着提出"稳定的不平衡"的概念,倡议一种动态的平衡,使人不必在某种静态的平衡与"盲目相信一切可被操纵"之间二择其一。[③] 他的论点取自于自然界,尤其取自于在演化生物学家视点下得到观察的自然界:据此,自然界是稳定不平衡的——这意味着"适者得到保存"以及"向新事物开放","演化原则"由此得到表达。[④]

可是,如此联系到演化理论,并且把首次在热动力学中得到表述的"流动平衡"考虑在内,是否就足以走近赖希霍夫提到的目标,亦即模塑人类的未来,这是成疑问的。[⑤] 诚然,人们需要知道,"多大量的能量流动和物质转换,才不至于不成比例,不至于对其他人,乃至地

[①] 此文译者卢冠霖先生将 Oikologie 译为"家乡学",这里照顾到全书译名的统一,改译为"家园学"。——编者注

[②] 约瑟夫·H. 赖希霍夫(Josef H. Reichholf):《稳定的不平衡:理性生态学》(*Stabile Ungleichgewichte. Die Ökologie der Zukunft*),美因河畔法兰克福,2008 年。

[③] 同上书,第 128 页。

[④] 同上书,第 129 页。

[⑤] 参见同上书,第 136 页。

区性、区域性或者全球性的自然界,构成损害"。① 但人同时亦牵涉其中,作为有关计划的行动者,如此一来,仅仅以自然科学方式关涉自然界,是否就足够呢? 吾人难道不用首先指出,必须满足"稳定不平衡"这个概念的,不单是人这个可在演化生物学上得到考察的生物,还有——而且尤其是——他的生活世界的肉身构成,而这即意味着,在其生活世界的定所(Verortung)上,生命正是变化,甚至要求置身于变化之中?

早在1901年,胡塞尔在写给马赫的一封书函中,就曾提到这个定所。② 胡塞尔当时还没有走向超越论哲学,便已在书函中谈到一切可经验之物的那个"原初境域"(ursprünglicher Kreis)。可经验之物并不是绝对的,而是必须关联到某一个经验者。在今天,人们一般会说"第一身的视角"。而自然科学的观点,或者演化理论的观点,则会是"第三身的视角",这可以说是一个中立的视点,既不是我的,也不是你的。不同现象学家虽有不同立场,但对于下述论点则大抵意见一致:在经验结构的问题上,一个"第三身视角"并不容易与"第一身视角"相协调,因而就更不能声称是最终的"真相"。

第三身视角不但主导着自然科学思维,还在日常生活上主导着自然科学思维之于生活世界的意义沉淀。这便导致一个后果:几乎没有任何生态学理论成功摆脱对这个视角的片面执着。世界可以说已变得过分向第三身的平衡倾斜。就如任何一种平衡那样,这只会引向一种破裂的不平衡,而非一种稳定的不平衡:也就是说,人,倘若总是离开其"原初境域"而思考及行动,就只会将自身以及其它所有

---

① 约瑟夫·H. 赖希霍夫(Josef H. Reichholf):《稳定的不平衡:理性生态学》(Stabile Ungleichgewichte. Die Ökologie der Zukunft),美因河畔法兰克福,2008年。

② 胡塞尔:《胡塞尔书信集》(Briefwechsel),《胡塞尔全集:文献编》第3卷,伊丽莎白·舒曼(Elisabeth Schuhmann)、卡尔·舒曼(Karl Schuhmann)合编,多德雷赫特/波士顿/伦敦,1994年,第6册:《哲学通信》(Philosophenbriefe),第256页及后页。

事物都移置到某个无名的外面去,冷眼旁观在那个外面所发生的任何事情,而他所置身其中的看台亦不得不以第三身"既不是……亦不是……"的权宜方式来标识。

另一方面,现象学——以一个发展过程为背景,就欧洲哲学史而言,从库萨的尼古拉,经由莱布尼茨,直到尼采——提出了一系列核心操作,正是引向稳定的不平衡的:例如在胡塞尔那里自然态度与超越论态度之差异,在海德格尔那里非本己存有模式与本己存有模式之差异,在芬克那里世间内存在与世界关联之差异,在列维纳斯那里有限欲求与无限欲求之差异,又或者,在马里翁那里偶像(idole)与圣像(icone)之差异。在这一切个案当中,关键并不在于以一种关联模式来取代另一种,而在于两者之间充满着张力的关系,在这里,张力,亦即稳定的不平衡,总是由后一种模式产生和维系的。年青时代的帕托契卡早已着重强调,"振动中的生活"肯定远比"平衡中的生活"来得可取。[①]

可是,迄今为止,现象学几乎没有在生态学问题上积极发挥其理论潜力,以求思考稳定不平衡。而在胡塞尔那里,倒是存在着好些切入点,起码允许进一步的理论思索。据此,吾人的核心提问该是这样的:第三身视角的发展及其理论意涵在生活世界中的流注,是否不仅仅是种种不稳定的平衡的诱因,而且也得为下述一事负责,即迄今还没有发展出这样一种生态学思维,它会就提问者本人的处所(Ort)进行系统考察。碍于篇幅所限,以下论述只能阐明有关提问,将生态学(Ökologie)追溯到家园学(Oikologie)的观念去。

[①] 参见扬·帕托契卡:"平衡中的生活,振动中的生活"(Leben im Gleichgewicht, Leben in der Amplitude)[1939年],载氏著《帕托契卡著作、资料与研究书目》(*Texte, Dokumente, Bibliographie*),L. 哈根多恩、H. R. 塞普编,弗莱堡/慕尼黑/布拉格,1999年,第91-102页。

二

作为后来所有现象学身体理论的基本模型,胡塞尔的身体现象学乃是他对于一切经验从之产生的那个原初境域的理解的贯彻展开。是什么界定着这个境域,这个境域原初地又是在于什么呢?如果这个原初性意味着,一切经验和一切得到经验的知识皆奠基于运行着的身体,那么这个运行着的身体本身就是那个"境域"了,对它而言,一切向它呈现的东西都是存在的。众所周知,胡塞尔亦曾把身体的这个原初领域称为"原点"(Nullpunkt):"原"意味着不再能进一步追问的那个原初——而境域倒不是一个点。所谓的点,实际上总已是某个关系的表达:这个境域如何组织自身,又如何为自身提供方向。身体乃是一个定向中心(Orientierungszentrum)。[①]

定着于原初境域的视角,一旦关联到身体及其在空间中的种种基本运动可能,便可说是具体的。胡塞尔的意图,不单是以现象学方式揭示这个原初视角,亦即肉身化的第一身视角,还要指出它到底如何沦为种种平均值,尤其沦为第三身的无处所视角。后一个视角,在客观世界图像那里早已得到发展,并且在近代自然科学世界观那里得到更激进的实现。

胡塞尔在1934年那份广为人知的研究手稿"关于自然空间性之现象学起源的基本研究"[②]中,从与大地(Erde)的关联出发,阐述了

[①] 关于身体作为一切"定向"的"原点",例如可见胡塞尔:《纯粹现象学与现象学哲学的观念》第二卷,《胡塞尔全集》第4卷,W. 比梅尔编,海牙,1952年,第158页。

[②] 胡塞尔:"自然空间性的现象学起源的基础研究"(Grundlegende Untersuchungen zum phänomenologischen Ursprung der Räumlichkeit der Natur),载 M. 法伯编:《胡塞尔纪念哲学文集》(*Philosophical Essays. In Memory of Edmund Husserl*),纽约,1968年第二版,第307–325页(出自胡塞尔档案馆藏未刊手稿 D 17/1–22)。

第一身视角与第三身视角之差异——亦即前科学和科学以外的生活世界的视点与哥白尼之后的自然科学的视点之差异。值得注意的是，胡塞尔在界说我们与大地关联的"原点"时，正是严格地以我们身体的"原点"作为类比。如果说，我们无法与身体产生任何空间上的距离，这一点正好界说了我们身体的原点——我们身体的"形躯"部分当然还是通过空间而被给予的——，那么，对于胡塞尔来说，这亦尤其适用于存在与大地的关系：从原初的生活世界的视点来看，大地乃是"一切物体的地基"。大地作为地基，正是那个绝对的关联场域：大地本身不动，但不论运动，还是静止，唯有与之关联，才有意义可言。① 在这份研究手稿中，胡塞尔所关注的问题是：在哥白尼式的世界观那里，大地到底通过什么方式不再作为根本底基，反倒成为众多物体之一；在这里，胡塞尔把大地的这个构造过程与身体如何得以成为一个物体的构造发生过程加以比较。

把自己身体作为一个物体（Körper）的统觉，预设着他人：通过彼此把对方的躯体（Körper）统觉为他人身体的这么一个相互经验，他人躯体才得以被构造为一个"就如我的身体一样"的身体（Leib）——这个特殊的物体，亦即"身躯"（Leibkörper）；其次，我是通过他人的眼光而认识到作为客体的自己，并且把我的身体也同样地构造为那样一个物体。再者，在这种相互构造的过程中，关于一个充满着物体的空间世界的理解便得以产生：这些身躯不再（仅仅）是绝对原点，而是彼此相对而立，处于"客观"空间性的关系之中，后者乃产生自它们之间相互的齐一化比较（Ver-Gleichung）。②

---

① 参见胡塞尔："自然空间性的现象学起源的基础研究"，载法伯编：《胡塞尔纪念哲学文集》，第 309 页。

② 可参胡塞尔的标准描述，例如：胡塞尔：《笛卡尔式的沉思》，《胡塞尔全集》第 1 卷，S. 施特拉塞尔编，海牙，1950 年，第 49 节以下。

胡塞尔这里所描述的,即是一种平衡。这种平衡必然是不稳定的,之所以如此,是因为构成着这种平衡的组成部分,就其自身而言总是某个与这种平衡相矛盾的东西:不是别的,正是各自的绝对原点。这些原点本身在这种平衡当中并无任何功能地位可言,因此这种平衡会趋向不稳定。相反,关联到这些原点的视角,则是不平衡的,同时却又可以是稳定的:之所以是不平衡的,是因为身体原点本身无法彼此混同起来;之所以是稳定的,是因为它们的相互关系多少能够稳定下来——不是依据某种先定的和谐,而是通过不断尝试进行寻求稳定的行动。每个个体——原点般的存在,不平衡的存在——越是得到保存,那么一个行动就越能获得成功。相反,以平衡为基础而进行的任何行动,或多或少早已注定失败。

大地的情况又如何呢?与身体原点定向的类比是否那么深刻,以致在此亦可谈论稳定不平衡?确然,在大地与身体之间,存在着莫大差异:我们原则上似乎可以舍离大地,但却完全无法舍离身体。那么,大地本身仍然具有一种绝对关联定着的功能,就其自身而言仍然能够与第一身视角并行不悖吗?对此,胡塞尔明确地回答说:是的!

胡塞尔认为,假若有人在一艘"空中飞船"上出生,这飞船就会是他的地基、他的"大地"了——当然,一旦他发现,他的"家园"不过是个飞行物体,只是在某次执行任务时才从地面飞到空中,情况就会变得不同了。[①] 那类家园只会是相对于大地这个"原家乡"(Urheimat)而言的,就如一个相对的家乡世界的历史性亦得回溯到一个"原历史"去。[②] 在谱系学式的考察下,众多家乡世界可以彼此重合。对于胡塞尔来说,这便示明了一个不再能够进一步追问的"一切现实和可

---

① 胡塞尔:"自然空间性的现象学起源的基础研究",第318页。
② 同上书,第319页。

能的存在意义的来源",亦即"已被构造的世界其正在进行中的历史性"。① 在这个历史性的连续发展中,大地不可能失去其"作为'原家园'(Urheimstätte)的意义"——而这就如胡塞尔所强调的那样,是与"原身体"(Urleib)相类似的,所谓"原身体",亦即总是先于任何齐一化比较的原初肉身性。② 结论就是:一切"唯有从我的构造发生出发才有存在意义可言,而这个'大地'进程总是先行的"。③

原则上总可当下化的意义发生(Sinngenesis)的事实,因而也就得以成为那么一个关键环节,借助于它,与某个原家园的联系可以得到证明,并且这个联系本身亦可产生效用。在这个情况下,亦可得出一种稳定的不平衡,但其结构方式却有别于肉身性:如果说,在后一种情况那里,肉身性意味着"原身体"的多样性,众多的"原身体"就其自身而言无法彼此混同起来,那么,在大地那里——预设了人类整体——,则只有一个独一的原地基(Urboden)。作为第二大地的众多家园,总会与那个独一的原家园相对而立(不平衡),但与此同时,也都定着于这个原家园(稳定)。

我们甚至可以进一步追问,之所以有这个独一的原地基,是否仅仅因为我们无法舍离身体,亦即是说,因为我们总是绝对地定着于身体?若是这样的话,身体就可以说是一切稳定的不平衡关联的根基了——尽管还不知道是以何种方式。无论如何,大地与身体的关系总不会仅仅是某种比较视野的张力而已。这一点,胡塞尔只是略为提及,他注意到,"那个正在进行中的历史性"唯有关联到某个自我,才得以成其为所是。④ 倘若谱系学式的意义构造总是自我论的

---

① 胡塞尔:"自然空间性的现象学起源的基础研究",第323页。
② 同上。
③ 同上书,第324页。
④ 同上书,第323、324页。

(egologisch)，由一个超越论自我所构造并且为了一个超越论自我而构造，那么，关于大地这一个原家园的谱系学证明，必然与某个构造着意义的自我的事实捆绑在一起，这一点便是显而易见的。可是，胡塞尔在此并没有进一步追问这个自我的肉身性——而这正是关键之点。

意义发生之回问引向一个原地基，不但指出了一个同质化操作的来源，通过这个操作，原家园才被设定为物体，并且示明了，在什么条件之下，这个原家园本身才具有有效性：对于以生活世界态度生活于大地上的人来说，太阳如常"升起"，更确切地说，不是源自某种习惯见解，而是基于直接观照。通过类似的回问，胡塞尔把近代自然科学建立过程中的同质化操作，还原到前科学和科学以外的生活世界去，并且把在"更早发生"的客观世界构造过程中的同质化操作，还原到原初的肉身性去。还原到大地这个原家园去，以及还原到生活世界去，都会引向这样一些领域，我们在其中感觉在家或者能够感觉在家，然而还原到原真领域（Primordialität）去的回问，却会引向一个抽象物，之所以如此，是因为肉身性对于胡塞尔来说总是与某个自我联系在一起的，而这个自我则总已处于一个共同体化的进程之中。这是否会更为明确地指向关于肉身性的意义发生回问的特定界限吗？

从意义构造的提问方式出发去解决肉身性的论题，会面临两个问题：首先，仅仅取道于意义及意义构造而去思索自我与身体的联系，这是否足够；其次，这个联系，对于在生态学理论框架之内设想稳定不平衡这个任务而言，究竟意味着什么。在我们看来，起码这一点是确定的：如果所指出的身体之稳定的不平衡的界限，亦即胡塞尔所说的"原初境域"被超出了，就会出现危险：我的原肉身性受到削弱，我跟自己异化疏离，挤进他人的领域去，与他们同化，如此一来，就会有因着过分改造和拉平差异而蒙受伤害的危险。① 然而,我在生活世界-未完全客体化的世界图像那里,总已超出了这个界限。但推动着这个同质化操作的,到底是什么呢?这个同质化操作只是一个意义构造过程,还是别的什么?其来源难道不是要往意义在其中才得到表达的身体定向中心的那个方向去找?

三

对于这个问题,胡塞尔亦给出了一个大致的解答方向。就客观世界的建立而言,我不但从我身体的"这里"出发,认识到"那里"的那个躯体乃是一个就如我的身体一样的身体,而且把他人身体还有我的身体都理解为一些特别的物体,即身躯。胡塞尔在此亦对这个过程的意义构成(Sinnbildung)感兴趣,而对于下述问题则不那么感兴趣:原初的肉身性从这里到那里到底采取了哪些运动。但为使意义得到构成,如此超出己身,能够转移我的身体处所,仍是有必要的。既然不可能舍离自己的身体,我的"这里"与某个"那里"的关系就只能意谓:就肉身而言,我总是能够通过身体而改变我的身体位置,亦即移动我自己。为要把一个"那里"理解为一个"那里",我本人必须首先从这里到那里走过去,并且实际地由同一个路段走回来。如果我实际地经历了这个运动可能性,我便能够通过想象而予以超越。但在这个完全已在意识中执行的动作当中,还有一个意义先行的方向环节,是后者赋予前者以动力:意向性是意义和方向性。

要追踪一切意义构成背后的身体方向行为,其中一个方式便是

---

① 参见谷徹(Toru Tani)的研究,例如:"超越论自我与暴力"(Transzendentales Ich und Gewalt),载 H. 迈厄(Harun Maye)、H. R. 塞普编:《现象学与暴力》(*Phänomenologie und Gewalt*),维尔茨堡,2005 年,第 113-122 页。

对视角(Perspektive)加以分析。视角性的体验,作为空间揭示的方式,是与第一身视角相关联的,因为视角性的体验是与一个身体定向的"原点"捆绑在一起的,一个空间世界向之开启自身。视觉空间原初地只能给出一个"平面的(二重的)杂多",就如胡塞尔1893年在那部未完成的空间著作的某篇笔记那里所言;[1]但就算他随即补充道:"一切关系到视觉纵深的东西,唯有通过想象和判断证实才得以产生",[2]他还是没有提到,视觉纵深必然源自肉身,唯有这样,才可以通过想象而被产生。

一个在视角上一致并且得到经验和描绘的空间,总已是某个同质化操作的结果。在这里,原点不是被搁置了。毋宁说,恰好相反:整个空间,作为一致的空间,是关联到这个原点而展开的。一个据说是正常视角的视野和描绘方式,正是一个特别个案,示明了从一个必然在运行中的第一身视角出发,空间的同质化如何可以得到实现。在人类的发展过程中,这在欧洲古典时代盛期很晚才出现,在庞贝古城房屋内的壁画那里达到暂时的高峰。尽管原点以及由原点出发的方向在此被赋予了关键功能的地位,但它们严格而言则被描绘方式所"遮盖"了:这个视角性的描绘方式乃是古希腊剧场舞台背景的进一步发展,这并非偶然。在这里,意义世界完全凌驾身体的种种方向能力,亦即种种运动能力。

以据说是正常视角的方式塑造一致的空间,这在早期文艺复兴时代的透视法构图那里得到更激进体现,阿尔伯蒂(Alberti)1435年在其著作《论绘画》(*Della Pittura*)中,即根据布鲁内莱斯基

---

[1] 胡塞尔:《算术与几何学研究遗著选辑》(*Studien zur Arithmetik und Geometrie. Texte aus dem Nachlass 1886 -1901*),《胡塞尔全集》第21卷,施特罗迈尔(Ingeborg Strohmeyer)编,海牙,1983年,第406页。

[2] 同上。

(Brunelleschi)约于十年之前所实践试验的方法，首次以理论方式论证了透视法以及几何学方法的运用。直观空间的这种几何学化，导致身体原点的进一步激进化。虽然原点仍然存在——否则也就不会有透视法描绘方式了——，但这个原点却是完全去肉身化的。作为以透视法构图的图像空间的展开过程中的关键点，这个原点成了一个纯粹的几何学点，与另一个几何学点——亦即消失点——相应。消失点事实上指向无限，因此在"这里"的关联定着，不再仅仅通过某个舞台描绘方式的意义世界而被"遮盖"，而是被撕裂开来，往一个几何学空间的无限奔驰而去，身体定向的方向性从而亦完全转向一个意义构造物。身体的原点及其定向性被一个视角所取代，这个视角是与奠基着这个视角的系统本身相应的。这个视角，总是依赖于其几何学原点，从而是个"个体"的视角；但既然原点都已变得几何学化，它们就仅仅依据几何学方式（more geometrico）还与那些身体原点相应。借助于几何学（几何学原点）而强烈地去实现主体化（原点）——这样一个结果完全是自相矛盾的。在伽利略使自然界变得数学化的两百年之前，这个矛盾便已相当明确地标明了一个发展过程的开端，就如胡塞尔在其《危机》一书中所述的那样，在这个发展过程中，生活世界被一个"观念外衣"（Ideenkleid）所覆盖。

几何学系统把原点本身扬弃了，从而尤其不再与第一身视角的肉身化原点相关联，便产生了某个完全崭新的东西：没有任何定着的观察者，与系统本身相应，亦即是第三身视角。虽然第一身视角作为几何学原点对于系统稳定性而言是必要的，但系统本身却完全凌驾了第一身的视角及功能运作。这样一来，几何学系统就通过其同质化活动而产生了一种平衡。然而，一旦牵涉生活世界，这个系统便会在双重的意义上是不稳定的：首先，既然原点变得去肉身化，而消失点又落在无限那里，那么这个系统在自身之外，亦即在生活世界那里,就不具有任何定着了;此外,就算这个系统与生活世界有关涉,也不是因为它覆盖了这个生活世界,而是因为它不但以粗暴的方式歪曲了主体性,而且——更为糟糕地——它以几何学方式,甚至以近乎神圣的方式把主体性过分高举。

拜占庭-俄罗斯的圣像画则提供了一个相反的模型。在这里,人们一般会提到"相反视角"的运用,这并非偶然。"相反"在此意味着,那些线条并非沿着地平线朝向那个消失点不断收窄,反倒在观察者、在他身体的原点那里交汇在一起。观察者作为有限存在的身体,遭遇到神圣者的目光,被他注视着。如此一来,原点在遭遇一个绝对地超越着它的他者的时候,并没有被遮盖,甚至没有去肉身化,反倒可以说被"举起"了;原点并没有变得相对化,反倒被带进一个关系之中。这个关系意味着"这里"的主观力量的扬弃,因为它从"这里"出发置入某个"那里"的彻底差异之中;但这个"那里"并不可以跟"这里"混同起来,因为它作为神圣者绝对地超越了这个"这里"。这亦意味着,与他者的经验在此与随后发生的"客观"共同世界之构造并不存在任何关系。这里并不存在"假如我在那里"的关系,[①]而只有"假如我是一个绝对他者"的关系。我经历着这个绝对他者,但却永远无法成为他,也就是说,正是在经历到这种完全异他性的时候,他与我的有限存在的差异才得到显明。

因此,这里存在着一种不平衡性,因为我与绝对他者的差异无法解消;只要我被要求一直维持着这个差异,这个差异便会是稳定的。与此同时,我们可以清楚看到,稳定化的因素并不是这个绝对他者的单纯意义,毋宁说,他那无限地超越着我的异他性,唯独通过拒绝正

[①] 《胡塞尔全集》第 1 卷,第 147 页。

常视角的视野才能得到体现,而这正是通过我的身体定向性——我惯常地通过它而与周遭世界中的事物及他人建立关系——的破裂而发生的。我被要求去采纳的方向,可以说超越了我正常的超越,而正是在那个时刻,我感受到一个绝对他者向我迎面而来。在这个不平衡的可逆性(Reversibilität)当中,并没有任何第三者得到构造,只有处于无法克服的差异之中的我与你。

四

从原点出发但却只往一个方向发展的那些运动,既会引向等级秩序,亦同样会引向种种同质化,无论在何种情况下,都会引向不稳定的平衡。这些运动在单行道上行进,而意义则要赶来提供帮助。既然意义把持着这些运动,早已预先设定了其发展流程,这些直到终点去的地狱之旅便不可仅仅通过对意义构造进行谱系学解释的方法学原则而得到照亮。意义解释乃关联到一个共同世界的"我们",但后者已是拉平差异的结果。但其反面却不是一个独存的我(solus ipse),一个不完满的原真自我,这么一个原真自我实际上并不存在,因为由他出发的共同体化总已发生;毋宁说,其反面乃是列维纳斯所言的分离意义上的自身。[1] 意义忽略了总是与处所捆绑在一起的有限存在,亦即身体——不论就空间而言,还是就时间而言——在其原点那里所标明的界限;意义亦覆盖了身体向世界开启自身的方向。意义是可分享且可传达的,与复制相关联;身体处所却无法复制,它

---

[1] 列维纳斯(Emmanuel Levinas):《总体与无限:论外在性》(*Totalité et Infini. Essai sur l'Extériorité*),海牙,1961年;参见第一部分第二章"分离与话语",第 23-53 页,以及第二部分第一章"分离作为生活",第 81-94 页。

是分离的自身,就此而言亦是分离之物本身。[①]

一个分离的自身,是第一身视角的激进表达,同时亦是实现种种稳定的不平衡的可能性条件。这就是说,唯有人,可以通过他的事实(身体的界限)以及基于这个事实本身的视角(身体的方向),把某种不平衡带入自然界。因此,一门基于身体理论的现象学家园学,其任务即在于指明:这个不平衡性如何转变为一个稳定的不平衡性,并且可以避免出现种种不稳定平衡的状况。

不稳定平衡之所以是有缺陷的模式,是因为越出了肉身的界限,并且仅仅发展出一个方向,而在这里,两者在被意义所覆盖的时候遭到遗忘了。这既可带来自我统治的可能性,过分强调自身的处所,亦可带来拉平差异的可能性,舍弃自身的处所。这两种可能性看似相互矛盾,实则彼此相属,使得自身受到损害。这两种可能性最终在非人格的第三身大行其道的地方彼此重合,达到顶点。从第三身视角的基础上出发,不可能开出一门把人类包含在内——或是作为作者,或是作为主题——的家园学。之所以不可能,是因为它决不会获得所需的稳定性。

如何在承认第一身视角无法进一步追问的同时使其不平衡性得以稳定下来,这个根本问题牵涉另一个问题,即众多第一身视角如何能够彼此稳定下来,而这又同时考虑到一个事实,亦即我们总已是需要跟共同生活的种种同质化形式打交道的。这个问题所涉及的,不是一门作为人际行为理论的伦理学;毋宁说,作为家园学问题,其切入点必定是更深入而久远的,也就是说,恰恰涉及众多第一身的定

[①] 关于界限身体、方向身体、意义身体,可参笔者的一篇文章:"图像与身体"(Bild und Leib),载尼尔森(Cathrin Nielsen)、施泰因曼(Michael Steinmann)、特普费尔(Frank Töpfer)编:《身心问题与现象学》(*Das Leib-Seele-Problem und die Phänomenologie*),维尔茨堡,2007年,第173-183页。

着,是这个定着保证了他们的不平衡性。以社会化过程为出发点并且关系到社会化过程的那些伦理学考虑,能够在某个特定时空下发挥着积极效用,总错不了。

无论如何,为使一个稳定化过程可以从人的方面出发而得到实现,有两个最低条件总是必需的:(1)我们必须理解到,人到底以何种方式违反了稳定的不平衡,这只能通过诉诸肉身化的第一身而得到说明。当威尼斯共和国为了伐木建船而不断开垦辽阔的达尔马提亚海岸时,单纯指出自然界的平衡将会受到损害,这并不足够。诚然,在某些特定情况下,要证明那样一个平衡,可以是困难重重的,但撇开这一点不谈,有关的问题域亦非单单通过确认平衡受到干扰并且找出肇事者,就可得到解决。肇事者原则实际上可以具有法律意义上的有效性。但事实上,关键在于别处:在于理解到,到底发生了什么事情,也就是说,在于觉察到,某个第一身(威尼斯的辩护人)越出了他的处所,形成了某个朝向现实的特定方向,而这却不外是一心只想着扩张权力的无限欲求,从而开出了一张永远无法兑现的支票。如此一来,不稳定早已包含其中。

(2)反过来说,稳定的不平衡只会一些地方得到实现,在那里,人敢于闯进他实际的身体定所,同时亦把所有其他受到牵涉的人的处所考虑在内。

实际的身体定所,亦即是每个人诞生于其中的时空有限性的个别具体化。定所就是划界,通过它,我得以个体化,成为人格(Person),并且经历到我的肉身化。我的诞生把我置于现实存在的"地"基之上:我的身体安立于这个地基之上。这还不是一个经由意义构造之回问而可以通达的地基。毋宁说,这是一个赤裸裸的事实:我通过双腿触碰到"我的"地基——不论这到底是怎么样的地基。无重状态只会是个派生模式,因为我们原初地不是一个悬浮于空中的存在。

与此同时,这个地基之所以是我的,亦不是因为我扎根于其中。我绝对地定着于仅此一个事实:"在大地之上",我注定是我的身体,这个身体是动态的,仅仅触碰到这个地基。我毕竟无法如植物一样扎根,亦无法如动物一样定着于其本能行为范围之中;毋宁说,我作为生物,只能就这个地基提出最为微不足道的主张。一切"拥有主张"都是非常次要的事情,来自于传统结构中的种种意义设立。但我就如每一个他人一样具有完整的存在权利,这个权利无法通过任何传统而受到质疑,因为它是先于一切意义设立的,通过划界并且基于我的诞生早已被给予。与此同时,我的诞生使我刻入世界之中:世代性的世间意义关联出现了一个裂缝,我的生命通过其原初的时空性而居于这个断续之中。这个裂缝意义深远:我既可能会对人类福祉有所贡献,亦可能会成为坏人。倘若我把我的这个裂缝拉宽——既对他人构成损害,亦对承载着我和他人的大地构成损害——,我就会是个坏人了。

因此,每一个有限存在都具有一些可能性;这些可能性可以分为与这个有限存在相应的可能性以及与之相违的可能性。与之相应的那些可能性得以稳定下来,而与之相违的可能性则产生着不稳定的效果。只要不发展出带来等级秩序和拉平差异的种种状况,这些可能性就是相应的。唯有这样,这些可能性才不致过度透支自身,亦不致跟自身异化疏离。但这也就指明了一点:与自然界打交道的问题,无法跟与他人打交道的问题分别开来——不过,这或是先于社会化过程,或是位于社会化过程之下。

以上讨论仅仅把我们引到一门现象学家园学的前院。而这么一门现象学家园学本身,则必须通过分析界限身体、方向身体、意义身体的基本身体功能而展开,并且以稳定不平衡原则为引导。在这里,稳定不平衡原则本身必须有其定着,对于我们人类来说,这只能在关于肉身化第一身的理论当中找到。

（卢冠霖　译）

人　　格

——戴着面具的自我[①]

　　人格的概念和内容是与欧洲文明相联系的，且构成了欧洲如何在世界上安营扎寨、组织运行的奠基性要素。接下来的阐述的主导论点是："人格"代表的是"自我"的实现方式。从而，"人格"所指的是一个进程、一个运动，在其中当今流行的以自由、自律、人之尊严这些概念得到表述的人格之诸规定实为后来的阶段，它们的可能性奠基在更早的阶段中。此进程是一个流动着的媒介，其中人格的意义运动着、移动着，在此进程之上，欧洲这个家居（oikos）得到了很大一部分的定义并且获得现实基础。这一切所发生的地点是欧洲这个剧场，在其中它重新定义自身，其基本坐标则成为了欧洲人的居所，并且扩展到整个世界。对此进程加以详细的描绘则会是一个单独的任务。这里只能将此进程的结构在家园学（Oikologie）的上下文中呈现出来，家园学的任务是展现人之存在是在哪些条件之下介入（eingreift）到人之共同体和自然的环境之中的。

　　由于这里所涉及的是一件事物本身的结构，这样的一种分析也就与概念史研究有着不同的进行方法。形象地来说，它所关注的并不是对一栋建筑之建造的物质技术上的重构，而它所询问的首先是这栋建筑的结构与设计，并且意图阐明那些导致此建筑实际建造之

[①] 此文译者江璐博士将 Oikologie 译为"家居学"，这里照顾到全书译名的统一，改译为"家园学"。——编者注

结果的决定,最终是为了一个家园学的目的,即以在此建筑的意义维度中所具有的可能性为定位,从而可以在它里面更好地构建一个未来的居家。① 从那借着欧洲悲剧(在此表述的双重意义上)之起源所固定下来的场域出发,有着一所建筑,它自原初而来就有着脆弱、短寿、变化多端的特性,且有着不稳定的危险。随着欧洲这个剧场一起,欧洲人也一同登台亮相,他试着演出他自身特有的那场关切欧洲的戏剧,希望他的这个尝试也获得相应的结构,也就是说,具有铺陈(Exposition),这是一个出发点,进入到突转(Peripatie),其中危机呈现而出并要求得到解决,且进入到悲剧终局(Katastrophé),这里冲突得到化解。

一、铺陈

众所皆知,人格这个概念来源于"persona"——这是戏剧术语中的一个表述,指的是"面具",从而"人格"也就被定位在欧洲戏剧源头的环境中。演员佩戴面具——这是悲剧诞生之际的一个残余,是从对酒神狄奥尼索斯的崇拜中发展出来的。意味深长的是,面具在成为了"persona"之后,获得了一个显赫意义转变。当然几乎所有的文化都知道面具。其共同的基本含义在于,于一段特定的时间之久在一个特定的地方为另一位人。仪式性的庆典使得个人脱离他日常事

---

① 因为这个说法是有效的:"哪里没有了源头,那里也就无法把握住任何东西"(柯美尔[Dean Komel]:《传统与工具:欧洲的跨文化意义》[*Tradition und Vermittlung. Der interkulturelle Sinn Europas*],维尔茨堡,2005 年,第 115 页)。此外还可以补充到:"而哪里无法把握到任何东西,那么在未来展现之前,在那儿也不能实际地构建当下。"——柯美尔以他的著作给予了哲学性的欧洲研究丰富的现象学出发点(也参考他的著作《交互世界:一种解释学现象学构想》[*Intermundus. Hermeneutisch-phänomenologische Entwürfe*],维尔茨堡,2009 年)。我们在这儿不讨论将此类关于"场域"或欧洲这一"家居"的研究融入到家居现象学里,这种现象学还有待发展。

务的环境，而某一特殊的服饰以及特别是面具则具有完成这种脱离的功能。面具隐藏了戴面具的人，为的是让他接近神。阿提卡悲剧的面具也遮盖了其佩戴者，也就是演员。同时它却也进行着揭示，不过，这却并非是揭示对一种原初根基的可能分有，而是展现出一种新的凸显方式，即个体性的隔离，它以一种同样鲜明或更具有丰富轮廓的方式从它的共同体背景中脱颖而出，同时，单个的人也就开始从他的共同体中解放出来。

在人格的面具中，自我并没有退隐到一个无名的原初之中，相反，它将自己作为个体彰显于世：站到了舞台的光锥之中。人格的姿势则完全是一种铺陈（expositio）：一种自我彰显（Heraus-Stellen）。它的运动方向更强化了绽出（ekstasis）：这是奠基在欲望中的意愿，并把握着时间与空间——首先是它表演之地的空间以及表演长度的时间。戏剧之铺陈却只有在它之中那个自我彰显的个人意欲要有一个时间性、摄取并占据一个时间的情况下，才会是如此。它的时间性为戏剧的时间做了奠基；它的意愿则为戏剧之开展做奠基。个人的自我彰显能够为人格开创出一个时间空间，开创世界。与此偕同而前的，则是一种可见化的过程，这却并不着重佩戴面具的特殊性。个人并不隐藏自身，而是展现自身，即便他这么做也不仅要借着面具，而是首先作为面具而展现出来。他作为佩戴面具的自我之彰显同时也是一种外置（Aus-stellen）。通过将其面具前置之下而毫无保留地呈现自身的做法，他不仅变得触手可及，而且也变得可被胁迫。

自我通过人格这一概念在一个由它自身所影响的世界中展现出自我，而它本身对此世界却并无可支配的权力，它的人格试图想要在这世界之中占据一足之地——但却失败了。的确，我们可以说，人格将它以面具所掩盖住的自我拉入到了发生的旋涡之中，而这些发生是人格所唤起的。从而，人格最终所达到的并非是自我的释负，它并不是人们可以将生存托管于它的代表，最后，它也不是自我表达、清除自我规范和约束的有效手段。它反而是自我的记录，自我出发是为了借着（整体）可见性来征服世界，而它的戏剧就在于，陷入了它自身的创造中——首先是在如同戏剧那样的创造中，而此戏剧恰恰是想标识单个个人之混杂状态的。而另一方面，此类创造是唯一可引入到"自我"本身的痕迹，自我一开始就脱离出来了，它一直都是在背后待着的，而这些痕迹的特殊之处在于，它们所指向的东西还有待被发现。阿提卡悲剧发出的哀叹落在了它的意图之后，它并不能实现此目的，因为很明显，它的手段并不合适。

那么，在阿提卡悲剧中的人格到底意味着什么呢？在基督教之前的世纪中，埃修罗斯、索福克罗斯、欧里庇得斯这些名字标识了这种人格。通过它所引起的那些现象学成分又是什么呢？在一方面，这是人格，面具本身：它得到了复制。它凸显且外置个人，从而它就变成了两个。这就是人格性分裂的诞生。它将自我在此给予——并使其变得更为可见，这是发生在借着对舞台之时间-游戏-空间加以隔离性的限定所获得的有限性之可见的限定中的。而另一方面，通过一个进一步的分化又出现了内与外之间的两分。从而就得在借着面具而从自身中凸显的、且想要在外呈现的东西，与那以此方式被外在呈现的、自我展现的东西之间加以区分。自我展现的进程却是不会展现出来的：在一个自我影响的生活之间以及其可见性的呈现、外化（Veräußerlichung）和让渡（Veräußerung）之间有着一个不可跨越的隔阂，后者引发了前者，并将自身向外运转，却实际上无法处在外部。第三点则是发现一个视角，一个特定的视角，即那个能够多重复制自己的视角。埃修罗斯和索福克罗斯先后发明了主角，第一个人格，以及其对立角色，第二个人格。第三个人格也就在沉默中被发现且添加。第三个人格是观众。从一开始起，他就与面具，人格，即第一个人格相互关联，因为后者已经呈现出来。借着面具的自我外置，即将自身带入到可见性之中，这要求一个自我外置可向其呈现自身的目光。随着面具转移为凸显之后，观众也就登场了：而随着凸显创造出一个时间游戏空间，观众之支配领域也就得到了定义：他并不是在舞台上，他无动于衷。与有限的舞台相对，他处在一个无限之中——当然是相对而言的无限，因为他的存在是依赖于面具的。在这个意义上，他既有参与，又是没有参与，他作为不参与者参与。他是必需的，戏剧需要他。他以离心的方式面对着舞台中心——处在舞台之外，但是却关注着上面的发生，并且舞台完全是需要他的。

当第一个自我客体化的进程成为了人格之后，自我就完成了成为第一个舞台人格的转变，从而第三人格的视角也就得以出现：作为戏剧媒介中静观(theoría)的诞生，一位观众首次登场，他自恃居高临下——就像剧场的座位逐排增高一样——然而却还是受制于自我之世界化(Verweltlichung)。就如同自我异化为它的人格(并陷入其中)，舞台上真正的戏剧也为第二阶的戏剧所围绕，此戏剧将人格以及其舞台与它的观众融入到同一环境之中——从建筑上来看就是一种圆形露天剧场，后来的方形剧场是从这演化而来的。为了使戏剧之表演空间以及剧场的空间本身也能起到功能，不仅仅得着重有限舞台和无限观众席之间的相对界限，而这是就整体而言的，也就是说，着重斜坡，而且也要着重舞台背景。它通过隐蔽的方式展开了世界之深度。这种掩蔽，即背景图，制造出一种幻境，好像在这里世界真的是被创造了一样，只要人愿意，并且不被台上的发生所阻碍，这个世界可以无穷尽地被穿越。舞台上的发生以及仅是视觉上看似透明的舞台背墙使得观众留在他们的座位上。更甚的是：它将他们固定在那。

当戏剧性的发展开展出一个时间游戏空间的时候，也就发展出一种神秘的东西：这是一个环形，一个圆圈。阿提卡悲剧中的神话之运动图形也就在舞台上，并随同它一起，开展出具身性。此神话的图形之下有一个不可见的魔法图形，它使得舞台发生于观众间的关联获得稳定性。在与人格之外置相连的绽出运动的定位中，有着一种魔法的东西，它不仅想要使所获取的存在显得更加可信，而且首先也想利用此可信度来抓取和捕捉，想要紧紧地吸住观众的目光。这种吸引创建了人格与观众之间的联系——而如果没有它的话，这种联系也就消散了。这种使人被固定的吸引力还借着一个手段得以加强，而且它是专门用来稳定观众之目光的，这就是舞台背景。希腊的戏剧与其舞台绘画，也就是具有视角性的舞台背景，创造了欧洲的透视概念，后来它继续发展为中心透视法。这种视角就是那严格安排的目光图示，它驯化观众的目光。无论从观众席的哪一面出发来观看，它都会将人的目光引导到它按照这种目光图示所安排好的中心点上，它迫使观众的目光相对应地注视和回应，这么做，它增强了观众与舞台上的发生之间的关联。总体来看，这当然是自我沉迷的过程，并且是自我在构建人格和观众的时候如何不断地陷入其中的征兆。因为第一位观众就是这个有层次的包含舞台空间和观众席空间的世界之构建者。

尽管或恰恰是因为观众一直是依赖于舞台上的发生的，所以他的场域对他来说也就是一种非场域（Un-Ort）。相对舞台上的发生而言，观众不在任何地方，在虚无之处，没有场域。观众的发明同时也发现了无居所的状况（Unbehaustheit）。他的无场域的状态甚至可以在身体上得以体验，因为只有他的目光才被舞台上的发生所吸引、转移到舞台之上，而他的身体却停留在此处，在斜坡之外。之后，观众席渐渐隐退到黑暗之中，直到剧场将观众和观众席完全裹在深黑的空间之中，而一层明亮的薄膜照亮它，使其可见，在这层光的薄膜上,现实又生动活泼地在观众面前展现——这是他无名的状态的最终结局,是他的离弃状态(Verlassenheit)。当观众出于与面具的对应关系而绽出之时,虚无,即那在他与舞台间所敞开的深渊,也就在自我之转移之中获得了一个驻点,其中面具得以构建。实际上,如果自我想通过它将自身投射至面具的行动,通过这种自我客体化的过程,来拯救自身的话,而且它在此所做的,是在自己面前置上一面镜子,观看自身,并期待借此可获得锤炼和净化,那么,它从所有这些活动中都一无所获,它毫不息息地走出自身,重新发明自身,却根本就找不到它所渴求的东西:即自我获取和自我把持。与此相反,在它的反思中它不断地分裂,且丧失了那个将它与神灵们联系在一起的支撑点。在欧里庇得斯那儿,人之自我解放得以完成,而神仅仅作为解围之神(deus ex machina)而降临。

二、突转

观众毫无场域,这一点指向面具的地位:人格同样是没有场域的,因为它的场域是一种幻觉创造的产物,而其中就有着这两个方面:它作为一种被创造的东西具有一种二手的存在,它就是纯粹的表面和可见性,从而具有短暂性的特征。更甚的是:自我借着面具得以固定,并借此获得了一个面容,并想要在面容中完全地自我给予,却无法真正地成为此面容,因为它在变得可见的过程中并无法得到把握,正因如此,它的地位是虚幻的。从而,在人格之前和之后,都有着一个深渊,之前,是它与观众间的深渊,而之后,是它与自我之间的深渊。从而,从一开始,它就是扭曲了的存在之总概念,同时也表达了自我"设置"、从外来把握自我的不可能性。观众在此也不改变什么:他依赖于人格,他只能肯定外在的部分,即面具本身。

通过发明人格来固定自我、使其合法的目的也就失败了。这里所涉及到的,是通过人格来加强自我吗?情况难道不更应是,阿提卡悲剧的目的恰恰就是要阻止任何将自我作为成长中的个人从人们作为自然物所接受的共同体之世界进程中解放出来的企图吗?毫无疑问,情况正是如此。但是,引人注目的是,从埃斯库罗斯一直到欧里庇得斯的悲剧发展中,不仅没有达到这个目的,而且恰得其反,个人逐渐获得了自主性,离诸神越来越远。但主角却以失败告终,而这意味着,人格引发了两个方面的发展:从自然的始基(Urgrund)中被驱逐,以及抵达新的"家园"的这两个运动。

如果面具本身就已经是一种转移,因为它借着虚幻的手段使得人格摄取了自我的位置,那么,它还强化了这种转移,因为它并不让个人抵达目的。它何以能够容许这个呢?面具可是排除了一切个体性的。从而面具自身分裂为二,人格则满怀着个体性存在的诱惑,被驱逐到了无场域之处,在那,它不再是自我,也还不是自我,因为它实际上并不要求要在面具的幻象中获得一个新的场域。人格如同一个鬼魂一样从面具的移动中逃逸而出,它在自我与面具充满张力的领域中定居下来,并且表达了,自我实际上并没有能力借着面具登场,向观众展现自己,因为自我在这儿已经从自然的世界运转中走出,并且想要在新创造的世界中获得一席之地。这样的情况也已经暗示,欧洲的人格概念带着一个浮游的状态,在此,自我总是试图重新具体化,却实际上无能以这种方式来"拥有"自身。看来,自我作为人格只能以此来拥有自身,也就是它并不拥有人格。

希腊悲剧以这种方式带来了两方面的失败:它使得主角成为一种混合体,个体在此失败,它也展现出一种无法在外得以居身的无奈。前者是戏剧的主题,后者则是通过剧院之现象性得以展现的。原本要使用戏剧之手段来抨击个人之自我独立的意图也同样失败了,而剧院本身就是同谋。因为表演不仅仅呈现了一种自我独立了的存在的幻象,也阻止后者外化,而仅仅只能停留为一种居间世界中的幻想的存在,在这个居间世界中,存在既不能前进也无法后退,这样就真正地被囚禁在面具的幻想媒介中。戏剧也就以这种方式来使个人得以个体化,同时将个体化进程引入歧途,因为它并不仅让个人停留在未完满的状态,而且还制造了一种生存之未确定性的威迫情绪。

而解决方案也就只可能是一个新的、同时为被迫的、且也是自愿做出的锚定行动,然而这一锚定行动却远离了其出发点,从而离开了戏剧舞台的基本结构——当然并不可能放下它进行悖逆的那个体验。苏格拉底和柏拉图那里就构建出了一种张力,此张力在刻意避开图像特性之下,尝试着来稳定与内在一面的关联,此关联同时与一个超越且同时也有着奠基性作用的理念世界相关,从而为存在创造一个据点。戏剧的结构则以一种出于否定的方式为那种要将自身从现象界之规定性概念中解放的尝试提供了基本轮廓。因为进入自身的这一回转也只能在那里获取它的出发点,人格也就被推入到这个方向来寻求他的自我:即进入到面具的外在一面。苏格拉底和柏拉图的企图是给那没有场域的人格在内心、在灵魂中创造出一个家园,这个企图从而也就从此以内和外的二元划分为定位,并且以回到内心的形式为其实现,胡塞尔仍还是用奥古斯丁的"回到你那"(in te redi)来为他的整个超验性"后问"(Rückfrage)做根据。[①] 在基督教中这样一种确定性很明显是活生生可见的:这种回转的成功的前提是,希腊传统之视觉关联,即自我之向外的转向,有多大程度能够扭

---

① 埃德蒙德·胡塞尔以这些话语来结束他的《笛卡尔式的沉思》,《胡塞尔全集》第 1 卷,S. 施特拉塞尔编,海牙,1950 年,第 183 页。

转自我被投出到可见之处的倾向。在德尔图良，以及他之后首先是波爱修斯将人格之概念重新推出其无人之地，推回到灵魂之自我之中，且赋予它另一个实体（substantia）之名的时候，这不仅仅体现了与希腊哲学的联系，在此蕴含着的是，人格的整个生成谱系、其发展的进程，也就变得隐晦了。

希腊的戏剧渐渐被边缘化，从而也发生了更多的人格之转化，其重要性绝非是可忽视不计的。这些转化的特点是，它们不再将自我与一个想象的地域相关联，而亦是将其推移，并使戏剧变得严肃。在罗马审判的语境中，审判的实施也就是一种上演，一种与现实相关的演出，在此，人格的含义也就被转化为对角色的指谓上了，人们可以获取律师、公诉人或法官的角色。在圆形剧场里上演着真实斗争的同时，舞台也就被转化为一个生与死得以决定的场所。在最真实的意义上，行动者的面具落下了，他们为了赤裸裸的生存而斗争，这涉及到他们的实在，而只有那构建了一个内在的实体的人，也能够依赖他心中的一个不可摧毁的东西。

教会试图在理念上使得无动于衷的观看者重新回到一个团契（communio）的具有参与性的成员地位，但是，它在以神学为形态的反思性潜质里无法克服希腊的基础，这些基础也在背后继续起到作用，也规定着教会在世界中锚定的战略。在这个上下文中，当然具有重要性的是提及东方和西方教会之不同的现象性概念。在此发展中，自我与其可把握性的关系这一基本问题仍没有得到解决，这是在古希腊之视域中，首次在自我和面具上得以展现的这样一个关系。由于人们并未以此本身的形态来讨论这个问题，基督教的实际发展在两者间来回摆动，一方是试图使教会以其有力的潜能外在地展现，并锚定在外，也就是所谓加上面具，而面具在时间推移中渐渐不再被感受到为面具，而另一方则是与此相对地从在表面的生活出发，要求回到自我不可触及的内在的努力。教会不得不外化,从而按照未曾得以质问的希腊之现象性的概念而在世界中获得一席之地,这却迫使不仅个人而且集体反其道而行,这些行为是在朦胧中感觉到,却并非意识到为"宗教改革",它们为自己宣称拥有基督教原初本有的悔改的精神。

随着柏拉图和柏拉图主义,中心从自我和面具的关系(以及面具与观众的关系)转移到了一种跨越自我和原初的深渊之间的关系之上,同时也就有了自我在世界中戴着面具出场的可能性。与此相对应的是柏拉图关于理念世界、世界和世界中的虚构的三分。随着把面具的重要性化约为自我进入到世界之可见性的场域,观众的角色也被最小化了,而自我从原初的深渊那里获得了其实体性的存在,也就是某个原型的摹本。摹本与其原型的关联不只是指出了摹本在自我与面具之关系中的起源,因为摹本指谓了具有世界的真实自我、指谓了在世间戴着面具的灵魂。自我被包裹在它的世界形式中,分有着神性的原始火花,由此也就是实体、人格。在柏拉图之前的思想中,自我在悲剧的语境中、在其面具中外化,而在柏拉图主义中,面具与自我之间的空间首次内在化,人格也首次转移到面具之自我的空间之中,其次转移到世间的自我与其原初深渊间的空间之中。这两次中,自我都仅仅是在与其关系的汇总中得到规定的,即它已经不是什么了,或还不是什么——它不再是面具,却仍还未与神在一起。

欧洲近代伊始之际,又发生了另一个转化。时间有待着一个作为观众的生涯,面具和观众进入到一种新的联盟。哥白尼的转化也恰恰可借此得以描述:神与世界之独一无二的关联被转移了,因为地球不再是星球轮转的中心,观众自己变成了中心:他变成了一个强大的主体,这个主体赋予自己图形。观众与面具之间的新联盟蕴含着,观众就是视角的导演。他摄取了定位的绝对原点,并让世界舞台在他四周展开。制定和创立中心点的手段首先是艺术,随后是自然的数学化和超验哲学以及政治理论。观众却对他诸多规定中的一个保存忠诚:他始终停留在暗处。作为他自己创始出来的阿基米德的基点,他把一起都与自身关联起来,从而似乎显得没有他能够与自己达成距离的空间了。他也没有任何与自己建立关系的意图,他将他这强力式自我中心化行动的结果装点为中立的第三人格。

自然科学之数学化随其而展开的那种去蔽的风格使观众之中性化得以完成,观众被允许了一种可能性,即可以获得一种所谓的"客观的"立足点。观众自己戴上了面具,借着它的帮助,他可以使他的外在的主体化的成就显得像是其方面、显得似乎是对世界的去主体化似的。他的伪装通过对世界之认知的面具、通过对"公式化意义"(Formelsinn)[①]的相应改变而显得可信,这种公式化意义将面具变得非常精妙,从而可以将对其的使用作为不可质问的真理之条件而加以贩卖。以这种真理的名义便出现了伟大的去蔽戏剧,这是卸妆和脱下面具的行为,却只是将伪装作为对在实在面前的去蔽性的信仰而更加变得极端。在涉及对自我之自在存在之去蔽之处,在医学科学领域,这场戏剧甚至得到了延续——从文艺复兴的"解剖剧院"(theatrum anatomicum)一直到根特·冯·哈根斯的"人体世界"展览(Körperwelten)。[②] 面具,即去蔽之实现,被展现为卸下面具的行为——这不仅奠基在对化学和生理过程的展现上,而且也特别是借着赋予图形的过程而认为以此方式能够发掘出一个真实的自我,这

[①] 胡塞尔:《欧洲科学的危机与超越论的现象学》,《胡塞尔全集》第 6 卷,W. 比梅尔编,海牙,1954 年,第 9、10 节。

[②] 参考笔者的文章:"从想象到理论:论冯·哈根斯的'人体世界'展览"(Dall'immaginazione all'ideologema: i mondi corporei di Gunther von Hangens),载《哲学杂志》(*Magazziono di folosofia*)(米兰)第 17 卷,2010 年,第 180-194 页。

个事实看似矛盾地证实了自我的伪装。

  这种对自身蕴含着的主体性的否认以及其表面式的客观化展现,有着失落自我的危险,这或许引发了超验哲学作为反之而行的反应,在此,回溯到主体的做法有着在观众和自我之间创建一种联系的意图。这里不可忽视的却是,超验哲学与数学化的自然科学在这一点上是相通的,因为两者都以一个强大的观众视角为出发点,在观众反思型的潜质中,超验哲学见到了将自我作为实在的基本机制之可能性的条件。同样也不可忽视的是,客观性和主观性都发自于同一源泉:也就是发自于那种为在其起源中就已经失去家园的人格(persona)寻找一个立足之处的不确定性。在回溯到一种不可动摇的奠基的同时,是想要获得一个自我,人们一如既往地认为,它虽然常常在黑暗中逃逸,却仍然可被捕捉,就如同夜间的盗贼会被抓住那样。我们当然知道,这并不会发生,也不可能发生,因为关于这样一种作为的需求之可能性恰恰创立了一个与其所渴望的对象之间的一种不可逾越的鸿沟。

  无法被排除在外,却还变成中枢点的观众在双重意义上完成了一种绝对化的解脱:他将自身绝对地隔绝开,使得自己绝对地脱离,因为他回到了他所要求占据的阿基米德点上,并且与此一同在先就做下决定,给自己一个解脱,因为他不再在任何受制的关系之中了。这个过程不仅在视角的展现中,在科学之数学化中可见,而且在某种意义上在超验观念论中也可以找到,它也影响了近代政治理论的一股主线:主权的思想。就如同让·博丹的首先设计的那样的主权统治者,其地位也是由这种双重的解脱而得以刻画的——作为绝对君主的主权者首先是因为他首先使得自己脱离了在他所支配的权力下面的一起关系网,而他另一方面在此意义上不可能受法律谴责,因为他身处世俗法律之外,也就无法被其约束。在构建主权统治者的概念的时候,博丹以一家之主(pater familiaris)的榜样为出发点:就像他为一个家庭的头领,且无条件地领导它一样,主权者也应如此来领导他的臣民。[①] 这样,博丹也就将古典的家园(oikos)的结构移植到了整个国家之上,家园的原初意义也就与城邦(polis)的意义融为一体。如果说,私人家庭和公开的、政治的领域间的区分被取消了的话,从而得出了另一种谱系的可能性,这与君主之名号的继承制谱系顺序有所区分:人一出生就进入了一个领域,其中家园的范围一开始就与国家相联系,反之,绝对君主也将他的大权延展到了人的生命之起源处。

在绝对君主制的情况下,具有主权的观众给自己提供了一个这种制度的图形:在别处为思辨系统或形式意义的东西,在这里在最佳情况下成为了一种代表性的表面,然而它也能被绝对化,从而成为一种广泛的控制和宣传机制,或成为一种表演进程的机构,而这一切会发展为一种消灭式的战略,使得它的面具之可见性最终陷入深渊,不过却不能够摧毁面具。面具一直都会透露那个想要用他所摄取的权力来强暴世界的人的行踪。观众在变得中性化且绝对化的同时,也从此最终成为了具有现代色彩的独裁者,此时阿基米德支点变成一个盲点的危险则在增加。中性和绝对的观众也有着陷入到他自认为凌驾其上的那些纠缠之中的危险,这样他就无法对其加以操纵了,而是要受到操纵。最终所有人都成为了牺牲者,同时也很难在他们之间找到作案者。终局,那巨大的收场,在三百年之后以这么一种发生即将降临,也就是自以为主权的欧洲民族国家在一种毫无先例的理性与狂欢混杂中相互残杀,这个收场以第一次世界大战的形态临近,

---

[①] 参见让·博丹:《国家六论》(*Les six livres de la République*),巴黎,1583年,第一卷,第三、第九章。

而它，以帕托契卡的话来说，引入了一个时代，从而拉开了"作为战争的世纪"之序幕。①

三、回转性的收场

在《纯粹理性批判》中已经有一段话，其中可见反抗沦陷的尝试。重要的是，以此为目标的思索是以观众为出发点的，而且要让他不可不反思他的地位，这样，他就将自己纳入反思，从而进入到一种关联。在"第三谬误推理的批判"中，康德质问了人格同一性的可规定性，从而也质问了作为实体的灵魂，如同康德所述，至少是在涉及"我们对自己知识通过纯粹理性所做出的扩展"时，"它从同一自己的单纯概念中拿主体的某种不间断的延续性来欺骗我们"。② 人格的同一性知识基础在时间的内在直观的形式之上，而满足了我的意识连贯性的一个形式条件，仅就此而言，它有着合理性，但是人格同一性却无法在完整意义上得以完成，因为这在康德看来需要由综合的认知来做。康德又说到，这里需要的是一个观察者，他能够如同像他者那样观察到自己，而同时又不是一个他者。由于根本就没有这种观察者，自我观察也就只能获得那种康德所称的"同义反复"的解决办法。"但由于当我想要在一切表象的更替那里观察到这个单纯的'我'时，除了又是我自己之外，我并不具有把我与我的意识的那些普遍条件进行比较的任何别的相关物，所以我就只能对一切问题给出同义反复的回答，因为我以我的概念以及统一性置换了那些应归于作为客

---

① 帕托契卡(Jan Patočkas)的《异端的历史哲学论文》(*Ketzerischen Essays zur Philosophie der Geschichte*)之第六和最后一篇论文的标题叫作"二十世纪的战争和作为战争的二十世纪"(由莱曼[Sandra Lehmann]译出，柏林，2010年)。

② 《纯粹理性批判》第一版，第366页。(中译参见康德：《纯粹理性批判》，邓晓芒译，北京：人民出版社，2004年，第322页。——译者注)

体的我自己的属性,并把人们本来想要知道的东西当作了前提。"①

这里清晰可见,我们站在一个分岔路前。"同义反复"的发现暂且可被视为一种微弱的想要拯救观众之独立地位的尝试。同时明显可见,观众变成了多个,他在我们当中的每一个身上,为了给自己人格的观众地位奠基,恰恰同义反复就不能被视为充足的。但观众不再具有能力,在自己家里来把握纵观的话,那么,他就更不可能认识到他自身之外的东西了。结论也就是这样:观众之潜质是不足以来证明人格之统一性的,因为他实际上并不拥有一个足以确立这一整体性的阿基米德点。从而可推出这么一个结论:这是康德没有在表达中明确说到的一点,即人格之同一性逃逸其可观察性。这种逃逸也就含有多重的内容,首先,一方面,认为有着在绝对的观众和他的面具之间有理所当然的关系的做法被放弃了,在此,观众企图借助面具来主宰自我和世界;而另一方面,标志性的是,一位观察者尝试用来把握自身的工具总还是面具,同时无法真实地把握自身,换言之,"人格"也就类似一种流变的结构,类似一个运动的图形,它不断地在面具(观众)和"自我"之间运动,而这也恰当地对应了人格的场域,这在古希腊就得到描述了。

足足十五年之后,诺瓦利斯在他的费希特研究中将"自我感觉"和"自我观察"放置在一边,从而也就蕴含地指出,如果人们想要在与感觉之内在形式不同的一种方式中、或想要在自我观察之可能性的框架中来试图关于人格同一性的问题的话,那么这个问题就提错了。②

---

① 《纯粹理性批判》第一版,第 366 页(中译参见康德:《纯粹理性批判》,邓晓芒译,北京:人民出版社,2004 年,第 322 页。——译者注)。

② 诺瓦利斯:《诺瓦利斯著作·日记·书信全集》(Werke, Tagebücher und Briefe Friedrich von Hardenbergs),梅尔(Hans-Joachim Mähl)、萨穆埃尔(Richard Samuel)编,慕尼黑/维也纳,1978 年,第 2 卷,第 18 页。

这不仅仅指的是,除了反思性的自我客体化之外,还有另一种渠道来获得关于自我的知识,另外,这另一种渠道还指出,人格性的生命实现之本真的领域到底是什么。此领域后来被称作体验(Erleben)的领域,同时就此也就说到,作为体验本身——从而也就作为所有经验之"中心",即人格——是不可被对象化的。

人格一般是无法被把握、无法被客体化的,恰恰这一点以消极的方式描述了人格的本质,马克斯·舍勒在第一次世界大战爆发之前不久也强调过这一点。① 最终是赫尔穆特·普莱斯纳(Helmut Plessner)在大战爆发之后的那几年内以明确的言语将这一发现表达出来了:人格的存在"确实是建立在无之上"。② 它在无之中,因为体验本身是"无居所的"。人只是在完成他的体验时,才具有一个中心——用普莱斯纳原本的话来说——"只有在实现中才会有一个实在的中心"③。为了能表述这一句话,也就需要现有某物,这可以用诺瓦利斯的"自我感觉"来称谓:即关于其本身的体验实现的前对象性的知识。当人明确地与他的体验达成一种关系的时候,按照普莱斯纳的说法,他是以离心的方式面对自身的。由于能够与自身相关地行动且同时也确实如此行动才是在完整意义上描述了人的地位,人的地位本身就应该被称作为离心的。只有在离心的过程中,人才获得位置:因为作为位置的中心只能被体验而不可被把握,体验本身也就无法被定格。在这个意义上,体验是"无居所的"——这是就体验的位置是否可被定格来讲的;而由于体验哪儿都不在,因而也就可

---

① 参见舍勒:《伦理学中的形式主义与质料的价值伦理学》[1913年],《全集》第2卷,玛丽亚·舍勒编,伯尔尼/慕尼黑,1966年第五版,第386页以下。
② 赫尔穆特·普莱斯纳:《有机体的诸阶段与人》(*Die Stufen des Organischen und der Mensch*)[1928年],柏林,1975年第三版,第293页。
③ 同上书,第290页。

以说,"他的体验之主体",即人格建基在无之上。

在这需要仔细地注意就此种无而言的关系:人格之所以建基在无上,是因为它无法被固定,也就是说,无法被观察到。它对任何一位观察者的目光来说都是不可见的。从而也就没有一种属于现象(Erscheinung)(面具)和直观(Anschauung)间关系的某种能力——此能力能够给予体验本身(即在其实现之中);这又使得,没有一种观察性的视角可以正确地规定人格和具体的人格到底是什么。但是,当另外有可能可以把握体验以及规定人格的时候,由于是离心的位置构成了人之存在,这样的规定也就必须一直要与被规定者联系在一起来查看,并且只有针对面具和观众的关系才有效力。从人格不可把握的这一认识出发,并不得出这样的一种结论,即它是不可规定的,这却是在有着一个关于把握的可能性和界限的意识伴随着人格的前提下才成立的。人格不仅因为它作为人格,正如体验本身那样,不可固定,而建基在无之上,而且严格地来看,是出于这样一种原因,即它处在一个在那不可对象化的自我与要将其变为对象的企图之间所伸展开的无人之地中,而此类企图同时又是具有自身功能的体验。

从而得出三点:

1. 普莱斯纳关于人格的规定取消了在历史上具有深厚影响的那两个进一步构建希腊意义上的"人格"的趋势;这两种趋势分别是古代世界晚期基督教的作为灵魂实体的规定(这一规定具有内在的视角)以及近代的对观众的强调(观众通过他的外在视角,仅仅从内在之物的躯体性面具方面来认识内在)。此时当然不可忘记的是,其中灵魂作为实体并获得对象化经历的规定也是从一个外在的视角得以观察的。普莱斯纳所想到的是这样两者的统一,即人格之内在的视角作为"灵魂",以及其作为"身体"的外在视角,而且是以这样的方式,如同他自己所述,要展现"一种存在之不可取缔的双重面,一种真实的与其本性的断裂"。① 这种双重面指的是自我和面具间,即可见性与它从未能够被视为整体的超越之间的张力——总体来说,是一个运动场,这是被视为人格的领域,这只能被视为人格的领域。

2. 对这个断裂的接受,对人格完成在体验和反思自我离心式的运动中这一事实的认可,很明显以另一个断裂的发生为前提:即不可能有着一个同一的包罗四方的观众的视角。针对近代的趋势来看,这样的体验意味着一种转向,一种视角的反转——例如东正教会在之前几百年内试图用圣像的传统来试验的那种视角的反转,这是一种观察方式,其中,世界不是在一个对其进行观察的眼睛之前展开,而是在其中,人被神纳入了视角。近代的视角中的一个类似的转向是大约1900年在西方发生的,也就是现代艺术,例如立体主义,与传统的视角进行了决裂——这是一种在胡塞尔哲学中也有着所相对应项的过程。② 在此,使之成为可能的是一种特殊的悬搁,它将以中心为目的的视线加以中断,从而使实在的多棱性,其多样的各种层次以及用来整合这一多样性的工具本身,都得到了突显。两者都是使其可见性条件本身变得可见的方式。

3. 从方法上来看,这种进路产生于一种现象学,此现象学所关心的是要揭示出一种实在的人格性自我理解的潜质。这涉及到已经完成了的那种人格的固定描述,或用胡塞尔的术语来表述,一种构建性过程的最终构建性形态,其生成式的展开是可以重构的。在这样一种生成过程的重构之中,最终不仅是实在的、确实出现的那个过程之

---

① 赫尔穆特·普莱斯纳:《有机体的诸阶段与人》(*Die Stufen des Organischen und der Mensch*)[1928年],柏林,1975年第三版,第292页。

② 可参见拙文:"作为现象学问题的立体主义"(Der Kubismus als phänomenologisches Problem),载巴德斯(Ernesto Garzón Valdés)、齐默林(Ruth Zimmerling)编:《真理的方方面面:韦威尔教授荣休纪念论文集》(*Facetten der Wahrheit. Festschrift für Meinolf Wewel*),弗莱堡/慕尼黑,1995年,第295-321页。

阶段被揭示出来了，而且那突显出来的可能性的视域也得以揭示，简而言之：那个或这个这样展开的关系之潜能。所谓的"人之图形"（Menschen-Bilder）之相对的展现也就会呈现某些被动的成就之面貌，即那些已经被确定和那些仍未被确定的成就。这样的一种呈现当然在过程中也是一种确定式的，即便是意识中知道它所确定的其实是不可持久的，因为主题性地被把握住的人格性存在在其本身就是一个关系和其流变性背景的张力域。

在这样的限制下，但愿借着对人之图形的分析能展现居家（oikos）的形式。这指向具体的场域，在这些场域的条件下，形成了不同的体验风格；而这些风格又规定着在自然和社会性中都向外展开的人之构建性力量。针对戴着面具的自我进行发问，而且是针对自我的关系和角度（在这种关系和角度中，自我的图像映入眼帘）进行发问，这种尝试是一种卸下面具的工作，而这样一种工作还是被局限在面具本身的视角中。这样的一种对面具的解构揭示了一个真相：当然，此真相是仅仅对它所采纳的视角之关系而言的，并且在这一方面，是不可比较的。从而，要来呈现这一真相的努力也就逃逸了那种想要主宰的企图，如同它基于其不可比较性而不可被后者所主宰那样。同时，它仍然能够每时每刻都添加其它关系的结果。这样的一种位置摄取就会在那想要实现人格这一张力结构的地方得以立足。这是一种离心式的位置，其合法性是，它试图与人格之离心的场域相对应。它根本就不是一个第三人称的角度之居家，后者在要求具有崇高性的同时也还属于自主性的年代；在建基在无上的人格之得以揭示了的境遇中，它缺乏任何一种基础，并且在被绝对化后，就仅仅是虚构。

（江璐　译）

法律与世界

——格哈特·胡塞尔与他父亲的对话

"人类是在-世界-之中-存在的。"这是格哈特·胡塞尔献给他父亲埃德蒙德的论文"法律与世界"中的第一句话。① 文章发表在1929年值此埃德蒙德·胡塞尔七十周岁生日之际的《纪念文集》上。这篇文章的主要论点是,法律是超越的——这意味着,对世界"天真的"、自然的体验的超越,如格哈特·胡塞尔所说。②

一个中心问题已经从这里提出,即:这两个表述——人只在世界之中生活的表述以及法律超越世界的另一表述——如何都有效?人们如何处理这样一个明显的悖论——在世界之中且与此同时越过世界?接着由这些问题所揭示的有疑问的结构,我们将尝试破译被保留或被封闭在格哈特·胡塞尔的或多或少将有疑问的东西隐藏在公开论题里的阐述中的潜台词。一开始我们就已经想明确表达这个论题:这种处理法律的方式并不是仅仅意味着对一个客观维度的指涉。相反,关键要素是关联自身,与法律的关联,并不仅仅涉及人类生存

---

① "Das menschliche Dasein ist ein In-der-Welt-sein."见格哈特·胡塞尔:"法律与世界"(Recht und Welt),载《胡塞尔七十寿辰纪念文集》(*Festschrift. Edmund Husserl zum 70. Geburtstag gewidmet*),萨勒河畔哈勒,1929年,第111-158页;重刊于其《法律与世界:法哲学论文集》(*Recht und Welt. Rechtsphilosophische Abhandlungen*),美因河畔法兰克福,1964年,第67-114页,此处引文出自第67页。下面的引文引自该书第二版(页码在括号中)。

② "天真的经验……根本不能使对人类而言的法律获得本原的自身被给予性。"(Naive Erfahrung ist […] überhaupt nicht imstande, dem Menschen Rechtliches zu originärer Selbstgegebenheit zu bringen.)(同上)

本身——且不仅仅涉及生存的一个特定范围——而是以一种为它提供它的最严格张力的方式指向生存,简单地说,这张力是:我在这里并且延伸到与我这里完全不同的事物那。

为了展开所讨论的有疑问的问题,首先,我通过解释其时间结构来概括格哈特·胡塞尔对法律的立场;其次,我对格哈特的现象学分析进行方法论上的回顾,主要是将它与埃德蒙德·胡塞尔的和海德格尔的现象学观点相比较。这两个步骤都可以给第三且是最后的步骤准备基础:更好地理解上面提到的悖论实际上所指。

一、在不同的时间中

当格哈特·胡塞尔说法律是超越的时,"超越的"和"超越"在这个语境下是什么意思?答案是"超越"的含义必须关联到时间性来理解。当他说对经验着的世界的自然态度不能在法律的本原自明上把握法律,格哈特的主要论题看似与其父的观点相一致。为什么自然经验不能实现法律的明证?格哈特回答:因为自然态度有某种时间的理解,一种与时间性的特定关联;在她或他的自然态度中,人留在世界-经验生活之流中,且这样的生活是以一个关联于时间的不确定性为特征——人们不能确切知道明天将会发生什么(第68页)。

从生活的这种根本性不稳定的视角来看,与法律的关联似乎是意图寻找相对安全的地方。这里人们的意思可能是,人类创制法律领域仅仅带着将其从生活的暂时性营救出来的目标。可能这是创制法律的一个必要原因,但这很难说是充分的;人必须考虑到法律维度代表一种特殊的时间性,这种时间性并不等同于时间的常态流逝,因为它使得那些相关于生活的环境继续像它们曾是在生活的非持续流之内的岛屿一样成为可能。

格哈特强调法律的这个维度不是完全独立的，这是重要的；法律不是一个越出世界的领域。它只以我们关联于它的方式予以我们，这样的关联始于我们以一种特别的"出离"(ekstasis)(第 70 页)、"上升"(Aufstieg)(第 68 页)或"跃升"(Aufschwung)(第 114 页)生活在世界中。这样的出离不是消除世界，而是一个"疏离世界"(第 69 页)；它是一个允许一定稳定性的领域——法律领域相对地免于怀疑——的相关物，一个相关于常态的生活世界、同时又是超越的和无限的维度。通往这个维度的行为在它的特别的时间特征中且参与其中，这样的出离行为，格哈特称为"去-时间化"(同上)。当参与在这个共同体中的每个人作为一个"法律同行"(同上)都是共同体的部分时，这种行为指向一个由"法律共同体"(Rechtsgemeinschaft)(第 79 页)的意志建立的王国。成为这样的一个同行意味着表达共同意志作为有关的法律秩序之基础的态度。只要法律持续，这种行为就没有改变，没有变更，没有发展——在一个世界中：它没有未来。它不是趋向着结束，当然它不是永远的，而是全时的。这样的时间特征，格哈特称为"抽象时间"(同上)。

　　然而，这法律的"完成了的世界"(同上)及其抽象时间并非没有一个在人们的历史语境中与他们的关联，以至于可以说，法律领域在它的时间结构方面是两面的：以一种抽象时间在自身中得到刻画，它也能够被应用到正被讨论的具体历史世界。通向法律领域的入口，即出离，引发永恒意志的态度并包含一个人格的改变。格哈特评论道：成为一个法律同行的人从现在开始要为法律辩护；这承诺揭示了社会现实的不稳定性，且通过使不安定的自我中心的意志从属于法律的永恒意志而给出法律的确定性。[1] 他补充说：这样一个对法律

---

[1] "法的确定性，其永恒意志使摇摆不定的自我意志变成从属。"([⋯] die Gewißheit des Rechts, dessen bleibendem Willen der schwankende eigene Wille untergeordnet ward.)(第 81 页)

的承诺有一个伦理-宗教的特征(因而人们可以理解在很多文明中法律的"神圣的"起源)(第80页以下),但为法律辩护的人并没有对终极的意志。因为她或他不(并且不可能)想要一个通向完全没有怀疑的世界的入口,他或她的兴趣不同于宗教抱负本身。这是为什么格哈特在由作为一种"前院"(Vorhof)、一种在-之间的区域(Zwisch-enregion)(第81页)的超越上升而得到把握的法律相互关系中确定法律维度的原因。

问这样的在-之间的真正结构是什么并不是多余的。初看上去,人们可能将这种"之间"简单理解为在两个其它领域之间的一个领域,正如人们可以说字母"b"是位于"a"和"c"之间。确实,人们可能会说法律维度是在……之间:一方面是以自然态度把握的世界,另一方面是可能通往一个深层宗教体验的超越世界。然而,这样一个解释对这"之间"的恰当理解是否充分,肯定可以受到质疑。更准确地,它不是三个部分之间的关联,而是在两个部分之间的活动,因为法律的主题超越并涉及这样一实际世界,这一世界的社会结构要求更多的稳定性。但是,为什么这个关联中法律维度的一方,扮演一种在-之间的那一方?

为了回答这一问题,我们应该考虑到格哈特不仅仅谈论到出离,去-时间化作为到法律区域的抽象时间的一个上升。他也提到回返去承担"再-时间化"、Verzeitung(第82页)的必要性。当然,对于人类来说,与法律的关联只有在法律可以以其社会角色发挥作用时才是有用的,即将它的力量用来禁止恣意妄为和专制,也就是,为了实现法律,通过它们对社会事实的应用来使法律规范时间化,或者如格哈特所述,在一个具体事实中转换抽象法律(同上),这是必要的。具体法律的时间样式,在历史时间中现时地固定了的法律,不同于法律的抽象原则的时间模式。尽管如此,如格哈特所强调,具体法律不是自然地被经验到的世界中的一个被给予的部分(第83页)。考虑到这,我们可以找到我们曾寻找着的第三步,因为现在我们可以看到被应用的东西,即具体法律,明显地作为在我们的自然世界和(抽象的)法律区域之间的一个居间者起作用。然而,由于这三个部分的相互关联依赖于去-时间化和再-时间化运动,所以一开始就谈论三个客观的领域而不谈论联结和居间于这三个领域的运动是不够的。这个运动,将以上升和下降的形象被实现,是整个事件真正的居间者。换句话说,法律维度只有允许自身从两个方向——一方面通过自己建立具体化,另一方面通过得到具体化——被传送到自然世界,才是一个在-之间的领域。这些双重运动的主体是立法者和法官。虽然格哈特在他的文章中较少注意立法者的功能,但他对法官有详尽的解释,这并不是偶然的:正义的施行是整个运动获得其内在目的之处,这就是要去审理社会紊乱的具体案件。

到了这一点,我们可以看到建立一个法律的去-时间化领域引起了实现一个非常特别的运动的原则可能性。这个运动让生命可以担负难以置信的东西:越过它经验的自然类型的分界线而没有离开它世界的生存——为了回到世界的经验,即使被强烈地转换。超越自然世界的法律区域是持续存在的,但同时是脆弱的,就它既依赖于其法律共同体的根基也依赖于具体化的成功途径而言。事实上,它只"活"在于实现去-时间化和再-时间化的不断演替的运动自身之中。

二、一个方法论的插入

在现象学哲学发展的背景中,值得注意的是格哈特的文章是发表在1929年——在同一年胡塞尔访问巴黎并在那做了著名的演讲,

《笛卡尔式的沉思》的核心内容。[1] 这一年也被两个其它重要的现象学文本的日子所框定:马丁·海德格尔于两年前1927年发表的《存在与时间》[2],胡塞尔的助手欧根·芬克大约在三年后的1932年所写的《第六笛卡尔式的沉思》。海德格尔的书在发表之后立即征服了哲学界,芬克的文本却直至80年代才发表,[3]在此之前,只有少数几个读者熟悉他的现象学研究。然而,格哈特1929年的文章处在什么位置呢?

格哈特的文章没有脚注,并且参考文献中没有他父亲或海德格尔的文本。尽管如此,人们可以碰到大量指向这两人观点的标志。格哈特没有仅仅像其父那样使用自然经验或本原自明这样的特定概念,或者仅仅使用此在、在-世界-之中-存在、绽出这样的海德格尔式的概念或新词——这是他是海德格尔《存在与时间》的第一批读者的真正证据。但是,最重要的事实是——在致力于现象学地澄清法律和世界关联的背景下——格哈特尝试结合胡塞尔和海德格尔的观点。这个面对的结果已经由上面引文的第一个句子(人类是在-世界-之中-存在)得到表达,也由对法律的关联超越自然世界这个陈述所表达。这两个论断是那已被提到的悖论自身,它们是这样面对的结果。这不是一个简单的糅合,而是对两个不同立场的一个新的哲学回答。

格哈特避免两个极端:强调人类的真正位置,即在世界中的位置,他避免将超越行为理解为实际地从世界中抽离——众所周知,这

---

[1] 见胡塞尔:《笛卡尔式的沉思与巴黎演讲》,《胡塞尔全集》第1卷,S. 施特拉塞尔编,海牙,1950年,第3-39页。

[2] 海德格尔:《存在与时间》,第一版,《全集》第2卷,F.-W. 冯·海尔曼编,美因河畔法兰克福,1976年。

[3] 欧根·芬克:《第六笛卡尔式的沉思》,《胡塞尔全集:文献编》第2卷第1分册,H. 埃贝林、J. 霍尔、G. 范凯尔克霍芬编,多德雷赫特/波士顿/伦敦,1988年。

曾是海德格尔对胡塞尔的主要指责，指责胡塞尔建立了一个超越论领域，而"世界"只是超越论主体性的构造产物。另一方面，他从他父亲那借助了彻底步骤去揭示在世界经验之外的一个阿基米德点，这阿基米德点能够仅在它的社会方面决定自然态度。这样两个步骤的结合绝非一个空洞的妥协；倒不如说，它打开了一个现象学研究新视角可能性的视野。表面上看起来像是一个简单联结的东西，实际上是一个新的、第三样立场的创立。为了看出在何种方式上这样的立场异于胡塞尔和海德格尔的观点，我们将看一看超越概念。

埃德蒙德·胡塞尔在 1907 年的《现象学的观念》讲座中已经将超越问题描述为现象学研究的一个中心问题。当自然经验与对象（这种对象超越把握它的意识）相关联时，现象学分析的任务是去淡化或切断这个关联的作用。与对象的关联被还原后所留下来的是关联本身，所以这关联本身可以首先作为研究的主题；因此人们可以看到超越的对象已经相关于意识行为被转换成内在的意向含义，这些意识行为相关于呈现意向内容的行为"构成"这些意向内容。因此，对胡塞尔来说，超越是一张可能的诸关联之网的永恒构造，这些关联终结于他把由主体性构成着的诸过程来称为"世界"的东西。

人们可能会说，胡塞尔式的现象学家超越了自然态度（第一步），为了以超越论主体性的方式（第二步）澄清朝向超越对象的过程。格哈特·胡塞尔只采纳了第一步；当他声言与法律的关联必须超越任何世界的经验时，他并不是指与法律的关联必须作为一个由主体性构造的过程予以澄清。然而，第一个步骤是关键的一步，因为自然态度的分界线，我们的在-世界-存在的分界线，是有问题的。

在《存在与时间》中，为了描述未来、过去和当下现象作为时间性的 Ekstasen（它标志着时间化的本原的过程，即像"在-自身-之外-存在"这样的事实），海德格尔用了"绽出"概念。对他而言，时间性是

ekstatikón 本身,①他将绽出的时间性称为首要的调整力量,这种力量将"此在的所有相关的生存论结构的可能统一"作为在-世界中-存在来规划,②所以他可以说:"世界通过时间性使自身时间化。"③这意味着世界的可能性的时间条件在于这样的事实:时间性作为一个在-自身-之外-存在的结构的绽出统一,有一个本原的延展,一个"哪里",一个"视域",被称为"世界"。④ 现在海德格尔评论说,世界是超越的,就其奠基于绽出的时间性的视域统一之上而言。⑤ 稍后在其也于1929年出版的"论根据的本质"文章中,他将超越定义为人类生存的内在特征:去生存意味着去超越,⑥并且超越是与在-世界-之中-存在相等同。⑦

在其结构上,海德格尔的超越定义并不离埃德蒙德·胡塞尔试图将超越带回一个绝对的内在生活的层面的做法有多远。不同之处在于,胡塞尔设定一个被称为现象学旁观者的较高层面,这个现象学旁观者可以看到主体性如何生成它与被抑制的外在者的关联,而海德格尔则尝试在超越自身中分析它的源初事实。为了建立这样一个旁观者,胡塞尔必须离开世界经验的维度,而海德格尔则没有越过在-世界-之中-存在的界线,并且也不必这样做。⑧

---

① 海德格尔:《存在与时间》,《全集》第2卷,第435页。
② 同上书,第464页。
③ 同上书,第485页。
④ 同上书,第484页。
⑤ 同上。
⑥ 海德格尔:《路标》,《全集》第9卷,F.-W. 冯·海尔曼编,美因河畔法兰克福,1976年,第138页。
⑦ 同上书,第139页。
⑧ 参见拙文:"胡塞尔与海德格尔的思想分歧"(Husserl, Heidegger und die Differenz),载贝尔内特(Rudolf Bernet)、登克尔(Alfred Denker)、扎博罗夫斯基(Holger Zaborowski)编:《海德格尔与胡塞尔》(Heidegger und Husserl),《海德格尔年鉴》(Heidegger-Jahrbuch)第6卷,弗莱堡/慕尼黑,2012年,第233-248页。

到了这点,人们可以清楚地看出格哈特·胡塞尔模式的特别结构。尽管他强调超越自然态度(为了获取法律维度的通道)的必要性,他同时又指出这样的一个超越并不意味着离开世界、不理会人类生存就意味着生活于一个世界的事实。以这种方式,他构成了以一个第三立场,既不同于胡塞尔的也不同于海德格尔的现象学的体系结构。然而,这意味着什么,这种第三立场的特性是什么?为了回答这一问题,我们必须记住格哈特如何解释超越的过程。

一个关键词是格哈特的"出离"概念,当然,这个概念不同于海德格尔的"绽出"。后者刻画了在-世界-之中-存在的时间结构的特征,而格哈特的"出离"意味着人类生存的变化与其在世界中存在有关,所以人们可以说,在这里超越作为在-世界-之中-存在将在其自身中得到超越——但不是超越世界本身,例如凭借一个现象学旁观者的机制。格哈特不仅避免设定这样一个机制,他也避开相反的方面,即如海德格尔所展示的,自身-经验的生存只有在其世界的现存之内才以一种迂回的方式回到它自己。在这个意义上,以一个出离延展朝向法律的人没有离开其世界的特征而超出世界。

从一个海德格尔式的观点看,人们可以问,是否这样朝向一个超出世界的标记事实上不再属于欧洲的形而上学传统。格哈特·胡塞尔没有使用诸如"上升"、"参与"在一个超越的宗教中、"去-时间化"这样的概念吗?我们知道巴门尼德就已经以他的上升到神的方面的解释开始他的哲学诗篇,柏拉图谈论在灵魂死后回家的理念世界中的灵魂参与,长久以来这两者都决定了欧洲哲学的和宗教的心灵。然而,至少那么一些片刻我们可以在格哈特的论文中找到不同于这种传统的上升和下降运动的事实证据。

首先,所讨论的上升并不意味着一个知道其终点并且将到达最后标志的航行;它的运动不是对上升应当得到实现的目的(télos)的趋向。当然,去-时间化是与一个其自身没有发展、没有未来——但与此同时,它也真的不是永远的——的法律接触的条件。因此,法律维度也不是一个规范的理念,因为这样一个理念总是超越的:人们不能上升到这一理念的领域。相反,人们可以来到法律的层面但不可能在总体上掌握它。所以,法律的本质地位明显地既不是一个实体的"纯粹理念",也不是一个规范的理念;它更多地是一种典型的、拥有另外期限的结构,而不是实践活动对象。其次,这点更重要:法律不仅不是永远的,而且诚如我们所见,在其只活于它的建立和具体化的实现的意义上,也就是在上升和下降的双重运动之间,它也是脆弱的。尽管法律的范围和地位是有限的,但具体化的实现方式是无限的——在没有任何具体化可以宣称总体地和全时地充实法律这一严格意义上是无限的。门保持敞开:每个对此刻来说是明见的具体化可以被一个更好的具体化所超过。每个被宣判有罪的男人或女人在原则上可以对他或她的定罪提起上诉。

值得注意的是,这种上升和下降的结构奇怪地与欧根·芬克三年后在《第六笛卡尔式的沉思》中展开的结构极其相似。在芬克的分析中,现象学旁观者的位置变成了关注焦点。这不是偶然的,因为这个应该结束胡塞尔的五个沉思系列的沉思,其任务是现象学方法论的反思,是"现象学之现象学"。现象学旁观者之我改变了局面,因为它作为在自然态度和现象学态度之间的居间者起作用,从世界的到超越论的经验,然后返回,也就是,处于去-世界和再-世界——以一个明显类似于格哈特·胡塞尔的上升和下降概念——之间的态度中。在这个范围之内,不仅自然态度和现象学态度更加接近,而且现象学反映出它在世界生存中的不可消除之根——只要现象学家的人格是两个领域的居民,并且以世界的自我和超越论的自我的分离性格生活。结果是,现象学家的生存论立场忍受着强烈的张力:他或她的世界态度在它自身中实现了它自己的超越。

以这种方式,芬克也实现了一个第三立场,因为他面对胡塞尔和海德格尔的观点并结合两者。一方面,他保持了转入到超越论主体性方面的彻底主义,另一方面,他保留了在世界中的植根。从这样一个新模式运动来看,下面的关注焦点不再是人们如何可以通达现象学研究的源初维度的问题,相反现象学的去世界和再回世界的连续演替成为了主要的问题。换句话说,人们不是找到一个从一个起点到一个新领域的开启的简单线性运动,而是可以找到一个在两个领域之间的循环运动,一个"在自身中循环"(In-sich-Kreisen),①即双重公民身份的现象学的"我"的运动之中的循环,并且借助这个运动而做的循环。就现象学家永远不可能将他或她的世界归属迁离这个方式而言,他不可能一次地和全部地把握到明见,但是可以,并且必须,一次又一次地运动。在这样无尽方式的研究中,他或她可以揭示免于经验怀疑的明见——但不是永远的。

胡塞尔已经说到现象学研究是一个开放的-无限的运动的必然性。可能只有通过芬克在他的沉思中展开的结构,以及格哈特·胡塞尔在他的法律和世界之关联的分析之中所发现的,这个必然性的表述才能得到它的现象学证成。

三、法律的差异

1.在写于1914年的未完成的小说《审判》中,弗兰茨·卡夫卡将短故事"法律门前"整合进来。我在这里引用几行:

---

① 芬克:《第六笛卡尔式的沉思》,第125页。

"法律门前站着一位门卫。向门卫走来一个从乡下来的男人,央求允许进入法律。但是门卫说他不可能这时候同意进入。那个男人想了一下问是否允许他稍后进去。'这是可能的',门卫说,'但不是立刻。'"那个男人坐下等待——"日复一日,年复一年"。在他临终前,"他的视力开始下降,他不知道世界是否真的更暗了,或者是否只是他的眼睛欺骗他。然而,在他的黑暗中,他现在意识到法律之门不可抑制地流出的光芒。现在他没有长命可活了。在他死之前,他在这漫长年月中的所有体验在他心中集中成一点,一个他还未问过门卫的问题。……'每个人都向往法律',那个男人说道,'那么所有这许多年来除了我自己外没有一个人乞求进入,这是怎么一回事?'门卫知道那个男人已行将就木,为了让他日渐衰竭的感官能听清楚,便对他耳朵大声吼道:'其他人也不能允许进入这里,因为这道门只为你而开。我现在要将它关上了。'"

在告诉我们一个意愿的失败的同时,这个故事隐含地展示了实现与法律的关联的三个模式,就它们与自然态度相关而言,头两个模式合成整体像同一硬币的两面。第一个模式是对通往和进入法律是相当容易的这个天真信念的表达。这种方式只存在于想象中,依靠于一个保证能实现的自然指望。第二个模式以铁的事实为特征:想直接进入法律的人不准入内,必须在门面等待。这个不显眼的词门前——文本的第一个词——描述了与法律的这种关联的时空位置。有趣的是,时间流逝而地点却没有变化。只有到了最后,第三种可能性才将被揭开:曾经可能进去但如今为时已晚。第三条路出现在已经不可能踏上它的时候。但是原则上,存在着向前走的可能性,存在着穿过大门的可能性。当然,这种可能性只是对决定改变地点的人而言,决定将门前改换为向前一步,有勇气真正地向前走,这意味着去改变时间性自身的模式。那个从乡下来的男人满足他的希望以便使他的渴求与他的时间和生命相协调。假如他决定要走,他必须首先放弃他的渴求,因为他不可能确切知道在他前面的是什么。向前走是去接受一个根本的不确定。到达大门就像来到一个十字路口,来到世界生存的分界线;就是那里,洞察人类生存之不确定的可能性产生了,只有对这个事实的接受才可能是通往法律维度的真正入口的钥匙。是这样的话,那么实际上穿过分界线的决定同时也是要承担居间的认可,去居间世界——在其中,一方面是从摇篮到坟墓自我中心渴求一路伴随着并要求在其生命的每一阶段都予以充实,另一方面是一个已建立起来的、不可能以 1∶1 的关系被应用到事实世界的规范领域。这样的居间预设了尝试突破它时间进程的线路和风格,人们可以并且必须在有限的时间内获得实现的信念,与其寻求稳定性,不如就接受人类生存的根本不平衡的事实。

2. 法官对格哈特·胡塞尔而言是一个卓越的居间者,因为法官机制是一座"桥"——但是没有任何安全扶壁。就其接受在世界之内没有永恒和稳定性而言,这个机制的主体屈服于不确定的事实,同时,法律维度是一个既抽象又有限的维度,它的规范要被具体化且从一个又一个案件中得到证明。在这个意义上,就像格哈特描述的这个机制,法官事实上在生活-世界和法律之间进行居间调停,处在这两者之间并且标示着法律将本原自明地得到揭示的真正地点。人们可以说法官是一个去-和再-时间化的代理人,因为他或她必须承担一个双重努力:首先,为了上升到法律领域——也就是,到法律共同体的意志——将他或她的人格退至作为一个法律同行的位置是必须的(第 84 页)。其次因为一个法官的任务是在具体情形中施行正义,所以必须要看到,简单地将被固定在抽象时间中的法律规范应用到手头的案件是不可能的。因此,为了使法律与案件关联,不仅有必要指向法律,而且同时要抽离这个关联——也就是"暂时成为应当被应用的法律的陌生人",①也就是,设定一个"我",这个"我"既避免作为一个法律共同体一员的法律态度,并且相关地,也避免原则上可以在这里被应用的法律规范本身。人们可以清楚地看到,这个相关于法律(法律共同体)的我和那个从这种关联中抽离的我,对应于上升和下降运动或者去-和再-时间化。以一种世界处境的视角,这个避免着的我可能是整个运动过程的内在要素,是在与世界的关联和与法律的关联之间的真正中间者;并且可能地,这个我与那个现象学旁观者的我有关,现象学旁观者不仅应该以作为对抗世界经验的自然模式的"中立者"的去世界行为而起作用,而且应以再-进世界(re-enworldling)的方式回返世界——类似于法官。

但是这个我只能运动,因为他也与自然我和法律我有关,也就是说,因为法官在她或他自身中构造了自然、法律和应用于世界处境这三个维度间的鲜明张力。如果法官不能够为了坚固地使用法律的力量而达到法律维度,或者他或她没有能力通过同时减弱这个力量来应对手上案件,这张力将是太弱的。同时,人们必须意识到,这样一个运动只能是一种接近;如已被提到的那样,它也是人类生存的有限性的征兆,而这种有限性是最后审判公正地对待所涉及到的世上所有的不能被提及的人的。格哈特恰当地评论(第 96 页),德语词汇 richten,判决,正好显示了这种运动总是面向一个超越自然经验的且永远不能在总体上被达到的目标。法官和现象学家因而都永远地是"在路途中"。

3. 在反面镜像意义上,格哈特·胡塞尔把罪犯描述为法官的一

---

① "对于自身为了时间以及作为囿于法律目的的认知者疏离的被运用的法律,因此——从法律共同体的立场来看——就成了他者。"([...] dem anzuwendenden Recht sich für Zeit und rechtszweckbegrenzt als Erkennender entfremden, mithin-vom Standpunkt der Rechtsgemeinschaft gesehen-ein *Anderer* werden [...])(第 89 页)

面镜像。通过损害某些法律规范,罪犯事实上违反了法律。与法官相似,罪犯弃绝法律——但是为了违背它。格哈特把这样的违背看成是意志的不连贯:罪犯不是打算摆脱法律秩序;在依然保持为其法律共同体一员的同时,他以他的犯罪行为弃绝法律并违反他自己的法律态度。因此罪犯也构造了其人格的分裂,且与法官相类似,他进行法律的再-时间化。在这个意义上,罪犯也使法律朝向世界。然而,与其弃绝法律及世界的时间化相对的,当然不是去判决一个具体案件的任务,而是意图将法律系于一个自我中心的意志。格哈特谈及"颠倒判断"("inverses" Richten)(第100页)。罪犯阻止法律在世界上生效,这可变成真实的;他的时间化只是否定的时间化:他把法律移交给世界,以至于人们可以说他通过迁离法律的差异来消除法律。

就罪犯违背法律规范来说,他违反法律,因为他将法律系于自己的意志并让它在自然态度的背景下消亡。与法律的关联的这种"死亡"是历经差异且继续在路途中的行为的消极对应。

在他的论文中,格哈特·胡塞尔区分了罪犯与破坏法律规范的人。罪犯以损害某些规范的方式违反法律,而规范-破坏者危及法律条件、法律系统,也就是说,危及宪法。格哈特把宪法称为法律共同体的法律状态、法律的开端与终结(第93页)。当法律的每一具体化预设着应用的法律会受质疑时,宪法自身却不受被具体化的影响。不过,为了使宪法不确定,需要一个革命性的行为。宪法是一个法律共同体的法律的表达,如果它被废除,法律领域则被留下。因此,规范-破坏者以重新形成法律意志的方式遣散法律共同体。

格哈特没有提到规范-破坏者变成罪犯的情形。然而,最晚到1933年,人们必须问这个问题:在什么情况下,遣散法律者、宪法本身的规范-破坏者可以被发现犯了罪。毕竟,我们从格哈特的分析中所了解到的是,人们可以简单地说一个规范-破坏者是一个罪犯,当他或她满足一个罪犯的显著结构时,且这结构以这样的态度为特征:将任何与法律的关联指向某个人自己的自我和通过把法律拉下而将与法律的关联限制在自然世界中。明显地,在人类生存中相关于罪的问题时,没有地方真正是可以清白的。对所谓的普通人来说也是如此,如同卡夫卡的故事所展示,它告诉我们所有人都没有处于成为有罪的危险之外,因为我们不能且或许不可能突破我们自然态度的限制。所以,说自然态度当然不已经是犯罪的本身而是任何犯罪行为的必要前提,这不是牵强附会的。当生命通常地倾向于相信它生存在其中的世界是总体时,①或者当自我首先和主要地倾向于认同于它的整个周围环境时,②像胡塞尔或舍勒这样的现象学家判定自然态度支持总体和同一化,就不是偶然的了。

4. 人们可以在卡尔·施米特(Carl Schmitt)的主权者(sovereign)或 nómos 概念中发现一个自然态度的同样结构。在施米特1922 年的《政治的神学》中,著名的第一句话是:"主权者是决定紧急状态的人"③,稍后人们可以读到:主权者"尽管是法律秩序的部分,但是身在常规生效的法律秩序之外,因为他能够做出宪法是否可被

----

① 参见胡塞尔:《纯粹现象学与现象学哲学的观念》第一卷,《胡塞尔全集》第 3 卷第 1 分册,卡尔·舒曼编,海牙,1976 年,第 30 卷。

② "我把自我中心主义理解为这样的幻想——把自己的'周遭'当作这个'世界',也就是说,把自己周遭的幻想的被给予性当作'这个'世界。"(Unter Egozentrismus verstehe ich die Illusion, die eigene "Umwelt" für die "Welt" selber zu halten, d. h. die illusionäre Gegebenheit der eigenen Umwelt als "die" Welt.)(舍勒:《同情的本质与形式》,《全集》第 7 卷,M. S. 弗林斯编,伯尔尼/慕尼黑,1973 年,第 69 页。)

③ "Souverän ist, wer über den Ausnahmezustand entscheidet"(卡尔·施米特:《政治的神学:主权学说四论》[*Politische Theologie. Vier Kapitel zur Lehre von der Souveränität*],柏林,2009 年第九版,第 13 页。)

完全悬搁的决定"。① 与格哈特·胡塞尔的阐述相反,人们可以看到通过引进主权者,施米特构建了一个可靠的立场:同规范-破坏者一样,主权者处于法律秩序之外,但与规范-破坏者不一样的是,他同时属于它。主权者不仅拥有改革法律系统的力量,而且拥有控制它的权力,并且可能没有去改变现存系统的任何兴趣,而是会去利用它的所有资源。人们能够以何种方式判断这一点?至少就这种主权彻底化犯罪行为先决条件的自然态度的中心要素来说,也就是倾向于总体和同一性来说。这个主权的概念把法律秩序完全系在宪法之外的相等力量上。那意味着:基础不再是宪法自身或者法律共同体的意志,而是一个人造的等同者,一个由处于外部且最终获得全面控制的普通人造成的想象的产物。

在纳粹的灾难性犯罪之后,施米特改变了他的理论并以他写于1950 年的《大地的法》中的 nómos 取代主权者。法律的希腊词汇 nómos 的最初意义是——如他所写——表示原始传统和习俗的整体,简单地说是原初的标准(Ur-Maß)。② 而且对他来说,这个标准是合法性和任何合法(legality)的条件。通过与主权概念类比,nomós 机制也标示着一个绝对的起点;它不依赖于任何其它事物;它本质上是自私的;并且同时它是任何法律秩序的第一条件,所以一部宪法不能达到别于它 nomós 的另一标准。寻求基于某个法律系统的隐含成分的生活世界的结构当然是合理的,但是当这样一个结构将被孤立且被宣称为一个绝对的核心时,是令人担忧的;而且,当

---

① 主权者"处于常规生效的法律之外,他决不属于这种秩序,因为正是由他来决定是否完全暂停宪法"。(Der Souverän "steht außerhalb der normal geltenden Rechtsordnung und gehört doch zu ihr, denn er ist zuständig für die Entscheidung, ob die Verfassung in toto suspendiert werden kann".)(同上,第 14 页)

② 卡尔·施米特:《欧洲公法的国际法中的大地的法》(*Der Nomos der Erde im Völkerrecht des Jus Publicum Europaeum*),柏林,1997 年第四版,第 16 页。

考虑到这样一个核心可以清楚地在每一个民族或共同体中被识别的影响时,以及当在任何法律结构被系在一个已经发生了且被记在一个民族心中的东西的情况下,与法律关联的运动将提前陷入瘫痪时,更是如此。施米特明显没有注意到,不但 nómos 而且正是 nómos 与一个动词 nomizein 相关联着,比如,瓦尔特·普雷尔维茨于 1892 年编撰的词源字典清楚地说①:当自然态度指向所声称的自己的身份时,nomizein 既表示相信,也证明仅仅存在着信念、欲望的表达。当与自身第一次面对且已受到在外部有其起源的事物的影响时,每一个主体的生命都已经超越自身。

5. 格哈特的文章的最后一句说,某人可以认识到在其自己的家-世界之中创造一个指向超越的(beyond)法律领域的范围的悖论,并且当某人是"向法律前行"(fore-running to law)②时,这个世界的范围可以被延展至一个"法律生活的世界-领域"。我们最终的反思应当针对这个向前(fore)的含义并揭开它与在词语 transcending 中前置词 trans-的关系。向前(fore)对应于 forward,对应于保持一直在路途上的事实。但它不等于海德格尔在《存在与时间》第五十三节所展开的"先行向死"(fore-running to death)。

---

① 瓦尔特·普雷尔维茨(Walther Prellwitz):《希腊语词源字典》(*Etymologisches Wörterbuch der Griechischen Sprache mit besonderer Berücksichtigung des Neuhochdeutschen*),哥廷根,1892 年,"nómos / nomós"词条。

② "人们能够完成其人格存在的这种出离上升,以构型的方式对流淌着的体验的短暂此在世界发生作用;通过形成一个指向彼岸法律世界的此在领域,从先行的法律到法律生活的世界区域,人们扩大了这一此在的区域。"([…] daß der Mensch diesen [...] ekstatischen Aufschwung seines Personseins zu leisten imstande ist, wirkt in die vergängliche Daseinswelt fließender Erlebnisse gestaltend zurück; durch Schaffung einer auf die jenseitige Rechtswelt bezogenen Daseinssphäre, die der Mensch auf das Recht vorlaufend zur Weltregion des Rechtslebens ausweitet.)(第 114 页)

对海德格尔而言,与死亡的特殊关联是一个独特的可能性的现实化,因为它是一个关涉到世界上所有可能性的行为。日常世界的诸可能性与对象相关,而与死亡的关联却是独一无二的:不仅因为死亡只是我们生活的最后可能性,而且因为作为一个"向死存在"(Sein zum Tode)①这样的关联应当将诸可能性作为本身的可能性"释放"。因此,这个可能性既是所有与内在-世界的诸可能性关联的不可能性,也是所有这样的诸可能性的可能性,因为所有可能的世界关联只有在理解人的生命之终结的最后可能性的基础上才是可能的。对于海德格尔,"先行向"死是一个领会的特别模式;它是领会"本真的生存"的可能性。这样一个生存揭示了一种情形,就它失去与世界上的事物的关联而言,在这种情形中它已经生存且正生存,但不知道它自己的能力。这个运动描绘了领会的循环结构。通过开放它的先前隐蔽的生存模式,它将自己改变成它真正地所是的东西——通过领会它的真实存在的意义。从这它允许极端可能性作为向死的存在,标示着不可渗透的界线,一个不可穿过的边界。海德格尔用它不能被逾越(unüberholbar)的说法来刻画这个独一无二的可能性。② 当然,对人类生存有限性的强调并不简单地意味着我们是有死的;它更是表明所有人类生存可以完成的变化将会终结于起点,在此,生存知道它本真地是什么的事实与生存真实地是其自身的事实相一致。这样生存论的同义反复将被海德格尔的中心论题——极端可能性的开放包括整个此在(des ganzen Daseins)③的一个生存论的期待——所反映。解开连接生存与对象世界的结,人的生命获得通往其自己生存的这种整体才有可能。

---

① 海德格尔:《存在与时间》,《全集》第 2 卷,第 345 页。
② 同上书,第 350 页。
③ 同上书,第 351 页。

格哈特·胡塞尔通过将超越与法律领域关联起来的超越世界的概念不能整合进海德格尔的世界领会和在-世界-之中-存在的领会。原因是,在与法律关联的情况下,朝向的结构角色完全不同于海德格尔意义上的在-世界-之中-存在的循环结构。格哈特的向前行(fore-running)没有回到我自身,通过将在……之前——即在-对象-之前-存在的模式——的生存论关联转换成抓住它最后的可能性(即我的实存本身),它设立了一个本真的生存;它的向前风格动摇了结构本身,动摇了在-世界-之中-存在的结构,且不只是将不同关联关涉到一个"结构的整体"(Strukturganzes)①中,这个"结构的整体"在非本真的生存中是潜在的且成为现存的本真模式的专利。

朝向法律的出离(ekstasis)是一个没有任何保证到达本真性将被实现的地带的启程;不如说,它是一个体验——在其个体的和社会的关系中,这样一种本真性对人类存在者来说不能是决定性的——的表达。这正是为什么不喜欢忍受的生存依然没有选择而要承担永恒超越的原因。因此,供替代的选择既不是在世界的对象中失去自身,也不是通过赢得自己而获得本真性,不存在像获得一个对象那样去获得的超越世界或者指向一个能够构造所有可能关联的现存本原模式的供替代选择。最后,也没有这样的替代方案:相信一个通过准-神的力量而完全从人类意志中拿走的法律领域,或者确信法律事项可以绝对地由人控制。在这些替代方案之外的第三种方式是向前走、去承担超越:那意味着抽离人们自己得到某些对象的欲望并代之以设定伊曼纽尔·列维纳斯称之为一个永不终结的欲望那样的东西,一个不趋向于终止且无意去抓住那恰恰永不能被占用的东西——不论它是一个永恒的天堂还是某人自己的自身本真性——的

---

① 参见海德格尔:《存在与时间》,《全集》第2卷,第340页。

欲望。

在这个意义上,人们可以说格哈特·胡塞尔对与法律的关联的分析,以上升和下降双重运动的方式,不仅预见了芬克三年后试图发展的现象学之现象学的基本结构;出离的超越关联的描述也告诉了三十多年后在列维纳斯的书《总体与无限》①中所出现的东西。可能没有谁比埃德蒙德·胡塞尔——"永远的开启者"——更好地践行了这个事实:不可能达到诸开端,只能承担重新开始的尝试,永远一再地,通过进入到不确定之地。可能正是这种精神也缠绕着格哈特和列维纳斯去尝试将一个与无限关联的欲望的可能性和必然性囊括于有限的人类生存——不是到一个无限的目标而是一种无限的趋向。这样的一个尝试聚集于运动自身,不论它是一个无限欲望的概念还是一个超越上升的概念,或者如埃德蒙德·胡塞尔在他很晚的著作中所评论的,聚集于目的论地存在的事实而不是让运动在与一个客观的目的的关联中死去的事实。②

正是这个想法,在还未真正得到公认的现象学之神父尼采的思想中是核心的一个想法。在1873年的《历史知识的利与弊》(在他的《不合时宜的沉思》中),他就已经明确表达了所讨论中的悖论,当他说人类生存必须认识到由以下这两个步骤同时来表达的张力时:每个生命"只在一个视域之内"才是"健康的、强壮的和丰富的",所以有必要"去划出一个围绕着自我的范围"——然而与此同时,人们又必须不能绝对地被固定在自己的自身中,而是更要设法通过"将自己的

---

① 列维纳斯:《总体与无限:论外在性》(*Totalité e infini. Essay sur l'extériorité*),海牙,1961年。
② 胡塞尔:《欧洲科学的危机与超越论的现象学》,《胡塞尔全集》第6卷,W. 比梅尔编,海牙,1954年,第275页。

看法囊括进陌生视域中"而超越"自己的自私"。①

没有什么比这个张力更驱使着那个叫作查拉图斯特拉的人。在查拉图斯特拉一而再地超越他自身的意义上,整本《查拉图斯特拉如是说》都是一个有限的存在者在路途中的记录,当然,书的结束并不是这种运动的结束。这样的运动不简单地是在一个永不终止的线性顺序的意义上是无尽的;它是无限的,因为没有一个目标将会被全然达到的时间,且没有他人和自己的自身可以最终地被占获的地点,所以于人类生存必须断然地忍受既与自己关联也与他人关联的张力。结局总是悬而不决的。但与此同时,将要到达的并不是虚无,不是一文不值;将要得到的东西增加了经验,并且是一个有效的明见,直到将被一个更大的明见所废除的时候。尼采召唤支持这样一个无限倾向于"超越"(Übergang)的运动,他用了桥的隐喻,强调人类存在是一座桥而不是一个目的。实现他所谓的超人就是只要接受这样的事实且去承担上升和下降的运动——用尼采的话是 Übergang 和 Untergang。② 哲学发展的讽刺和悲剧是,尼采思考的透彻结构在像施米特或甚至海德格尔这样的作者所采取的立场中消退,而它却尚未被识别地存活在看似离它很远但事实上是让这个结构自身展现得更

---

① "这是一个普遍的法则:任何生命只有在一定范围之内才能健康、强壮和丰富;如果它不能给自己标划出一个范围,或者太自私了,从不听取他人的意见,这样他的视野将会变得陌生,从而也就与世隔绝,那么他就很快耗尽生命,加速衰亡。"(Und dies ist ein allgemeines Gesetz: jedes Lebendige kann nur innerhalb eines Horizontes gesund, stark und fruchtbar werden; ist es unvermögend einen Horizont um sich zu ziehen und zu selbstisch wiederum, innerhalb eines fremden den eigenen Blick einzuschließen, so siecht es matt oder überhastig zu zeitigem Untergange dahin.)(尼采:《悲剧的诞生 不合时宜的沉思》,考订研究版《尼采著作全集》第 1 卷,G. 科利、M. 蒙蒂纳里编,柏林,1999 年,第 251 页。)

② 尼采:《查拉图斯特拉如是说》,考订研究版《尼采著作全集》第 4 卷,G. 科利、M. 蒙蒂纳里编,柏林,1999 年,第 17 页。

多的立场中——像列维纳斯的哲学与早已说到的埃德蒙德·胡塞尔和格哈特·胡塞尔的哲学。①

(黄迪吉 译)

---

① 这篇文章源自研究项目"身体体验的哲学研究：跨学科的视角"(Philosophical Investigations of Body Experiences: Transdisciplinary Perspectives,捷克科学基金会资助项目：P401/10/1164),完成于布拉格查理大学人文学院。——感谢惠特莫耶(Keith Whitmoyer)对我的英语写作文本的热心修正。

给予与暴力

——一门在身体理论意义上锚定的人类学之构想蓝图

下面的论述致力于,在暴力(Gewalt)与给予(Gabe)现象的关系中,讨论什么是暴力。乍一看我们会有疑问:究其根本,难道给予不是与暴力的发生相矛盾?这两者又如何可能结合在一起?[①] 为了更好地回答这个问题、切近可能的答案,我们将从身体-现象学的角度来分析给予和暴力的关系。这里的重要视角和身体性的特质联系在一起:如果身体使暴力经验成为可能——无论是在潜在的暴力接受性上还是在承担暴力的意义上,那么我们必须如何理解身体?对这个问题我们先暂时作答。第一,满足这个条件的身体性,必须既能展现和实在相遇的能力又能展现中心化的能力。第二,给予是通过实在实现的中心化了的存在(Zentriertsein)和被触及的存在(Betroffenwerden)原初地交互作用。这就已经暗示我们,给予(以及暴力)原初地并不展现意义现象。于是,给予和暴力的关系变得更加难解:我们追问的关系如果已经不再与意义现象有关,那么关于这一关系

[①] 日本现象学家谷徹(Toru Tani)已经指出给予和暴力之间的关联。参见他的文章:"超越论自我与暴力"(Transzendentales Ich und Gewalt),载 H. 迈厄、H. R. 塞普编:《现象学与暴力》(Phänomenologie und Gewalt),维尔茨堡,2005 年,第 113 – 122 页,以及"生死现象学"(Phänomenologie des Lebens und des Todes),载 H. R. 塞普、山口一郎(Ichiro Yamaguchi)编:《生命作为现象:弗莱堡东西方现象学论坛文集》(*Leben als Phänomen. Die Freiburger Phänomenologie im Ost-West-Dialog*),维尔茨堡,2006 年,第 231 – 241 页。

的现象学又如何可能呢？不过，既然我们说"原初地"，那就是说在原初中是可以去尝试，从抽去意义结构的东西中获得有意义的规定。因此，对暴力和给予的关系的分析是对意义本身形成的分析。分析的对象不是这样或者那样的具体的意义体（Sinnbestände）的生成，而是意义一般领域的谱系。为了展示这样的谱系，我们把身体性概念区分为边界身体（Grenzleib）和方向-意义的身体（Richtungs-und Sinnleib）。这一区分首先是一种分析。它拆解开在我们生活的实行中早已综合起来的东西。在这个意义上，任何以实行中似乎已经完成的结果为鹄的的现象学，都不能把那种力量呈现出来。正是那种力量把实行的成果展现为生命外表的意义成果。

一、边界身体

"边界身体"这个术语标识的是一种原初的身体体验。为了进一步规定这个体验，下面我们从其最重要的基本侧面去刻画它。

1. 如果把生命看作是对官能的使用，对作为在自身之中并且超出自身存于外的身体之总和的诸官能的使用，[①]并且在这个意义上的身体活动还能激起反阻，那么，对于实现出来的完整生命来说，其边界就生长于它的身体性的这种实现之中。在区隔（Begrenzung）的意义上，"边界"是绝对的，这不仅是说区隔对于体验着的内在来说是持存的，而且还意味着内在是一种初始的内在（Proto-Innen），一

[①] 现象学中，对原初内在（Innesein）的把握从一开始就引导着生命概念。在超越论现象学形成数年前的1901年，胡塞尔在写信给恩斯特·马赫时，就谈到了所有可体验的"原初界域"（ursprüngliche Kreise）（胡塞尔：《胡塞尔书信集》，《胡塞尔全集：文献编》第3卷，伊丽莎白·舒曼、卡尔·舒曼合编，多德雷赫特/波士顿/伦敦，1994年，第六册：《哲学通信》，第256页及后页）。对于胡塞尔和大多数现象学家，这样的内在不仅仅和意义相关，而且只能在意义的关联中被分析。

种与外在一同生成的内在。由于边界限定了内在,它只能从内在自身之中被触及。因此,边界不是分割两个区域的"之间"(Zwischen)。因为假如边界是"之间",它就需要两边兼顾的视角。视角不属于边界任何一边,而只能浮于其上,这显然是不可能的。身体在与反阻的无名的 X(X des Widerständigen)的纯粹接触中使它的"内在"活起来(lebt sein "Innen"),无名的反阻之物挡在身体的向外生存(Sichausleben)的机体趋向上。身体不是简单地使其内在活起来,而是原初地限定着它的内在,这种限定还不涉及任何意义构成,而是反过来使得意义构成成为可能。如果非要给这个 X 命名,那就可以把它称作实在(das Reale)。不过需要注意,这个实在的意义恰好不在视域之中,因为视域作为视域总是意义的视域。实在是结结实实的质料性的事实,①实在证实,我们的身体不是穿透在"质料"中的精神身体。身体在它"内在"的活出来之中碰撞到无法穿透的东西,正如在身体性与外在的关联中,身体在它的内在之在中展开自身形态,并且由此获得了最初的对内外差异的经验;又如,在内在自身内部,内在通过内在的反阻或障碍,比如失忆、害怕等等,结构化自身。我们要注意,内在与外在的区分,形成于内外之分得到表达之前;而恰好是言语表达的内外对立关系,作为哲学上提升了的二元

---

① 不只是在欧陆哲学的视角中人们可以就实在(real)的意义来讨论对"实在的遗忘"(eine Vergessenheit des Realen)。这里特别重要的可能是,对欧洲和东亚传统中的"实在的遗忘"进行分析。在我看来,目前只有马克斯·舍勒为克服对实在的遗忘指出了方向。舍勒指出,对实在存在(reales Sein)的经验在任何一种意义经验之外。雅克·拉康的"实在"概念与想象概念相对,处在符号的东西之外。对从一开始就脱离所有意义规定的东西进行意义规定,这是实在现象学的难逃困境。如果依然要尝试去规定,就必须在其它途径之外找到第三条道路。这条道路既不同于在第一人称视角下现象学地去研究被意义规定了的生活世界,也不同于在第三人称视角下发展出的自然科学生命理论。这里决定性的区别不在于第一还是第三人称,而在于第一人称内部自身包含着一个根本性的区分,即在第一人称内部存在着一个"坚硬的外在"(hartes Außen),后者根本就不是自然科学分析的对象。

论,促成了现象学家的回应。现象学把内在作为不再依赖外在的绝对的经验基础,并且把对这个经验基础的分析确定为优先的研究领地,例如胡塞尔对意义构成领域的探究、海德格尔的在世存在以及梅洛-庞蒂的身体论。①

2. 就身体现象学来看,不存在什么已经为了生命而在那儿的意义确定的东西。首先,在那儿的东西既不能仅仅被描述为关于意向的对象性(胡塞尔),也不能仅仅被描述为关于实践的亲缘整体(海德格尔)。② 意向相关项(Noemata)只是为了确定的交道而在的对象性,而亲缘的整体性则是为了理论的把握而在,理论把握试图让自身和实践的实行(Vollzugsgeschehen)取得相同的地位。然而在这两者中身体性早就发挥了作用。质料(Hyle)并不比身体性更早,因为对质素加以思考不过是尝试,由其自身并在其自身之中超越意义的领域,这一点也适用于对原初构成(Urkonstitution)的全域。在胡塞尔的设想中,整个原初构成总是已经和意义、和意义生成关联在一起。比意向相关项、质料、意义生成,以及实践的交道对象(Umzu-Bestände)更早的唯有先于意义并且意义无涉的(sinnfrei)的按压(Druck)。按压属于边界身体的经历,它强迫着身体永新地进入到自己的样式中。

这个样式可以被描述为取位(Verortung)或者入内(Innung),

---

① 由此可见,对传统的内外二元理论常见的现象学批评以及这些理论本身分享共同的前提,即全然只是在意义领域中讨论内外关系。

② 这个"现象学的内-在(Insein)"是意义无法通达的。萨特已经就身体锚定的自我,通过自在(An-sich-sein)概念(摆脱意义关联的我的深度),以及《恶心》中罗根丁对"自然"不可言说的质料性的经验(闭锁的世界的深度),对这个内-在的边缘进行了勘探。在自在的离弃和物的闭锁之中我与世界关联的时空(Zeitraum)展开了自身。我们可能会争论,萨特的立场在多大程度上能够对这一结构进行分析。不过比起质疑,更为重要的是肯定,无论有意无意,萨特的想法指向了这一边界。后者为所有意义和所有对于意义绝对统治的信念划上句号。

且被看作是一种锚定(Verankerung),锚定随后把生命解释为在此,解释为活的身体实实在在依托于其上的东西,即在意义的语境中被称作"大地"的东西。这种样式有两个面向:正面是碰撞着边界的现实的能(Können),负面是基于与能在相关的边界,从能在中抽离的东西。值得关注的是,负面在更加根本的层面上,使得生命超越经验界限成为可能。因为对外在的原初经验以及对有限性的原初经验,作为根本性的经验,处于对边界事实的先行于意义的经验之中,后者是一种基础性的经验。两者经由在原本的边界经验的负面形式中唤起的经验,导致了原初空间性和原初时间性的产生。

3.在对实在的反阻性经验和对自身活动的有区隔性的经验中,生命经验着外在性的原初意义。总是有什么把我的边界身体——在为"我"的身体的意义上——的可用潜能从现实性中切割出来,而这个东西的彼岸就是外在性的原初意义。[1] 原初外在的空间性还没有分化成实在的和想象的外在空间。实在的外部空间的构成是随着越过我的皮肤边界而实现的。这里的"我的"的意思不是我看见的皮肤,不是我的或者别人的皮肤,而是感觉着作为器官的皮肤这一事实:感官以一种不确定的昏沉的方式感觉着自身身体能力的始与终。对感觉能力本身的感觉,作为一种自身缠绕或者自身回返的早

---

[1] 米歇尔·亨利(Michel Henry)在他的晚期作品中指出,"第一外在性"(eine "erste Außenheit")是如何在身体的意义上构成的,这里亨利已经非常接近对实在经验的分析。但是他的分析过于依赖绝对生命的内在视角,最终错失了进入"实在"(Reale)的道路。见米歇尔·亨利:《具身化:一种关于肉身的哲学》(*Incarnation. Une philosophie de la chair*),巴黎,2000年,德译本: *Inkarnation. Eine Philosophie des Fleisches*,屈恩(Rolf Kühn)译,弗莱堡/慕尼黑,2002年,特别见第28至31章。另参见拙文:"图像与还原:论米歇尔·亨利对现代艺术的解读"(Bild und Epoché. Eine Anmerkung zu Michel Henrys Deutung der Kunst der Moderne),载比斯科夫(Hartwig Bischof)编:《艺术与生活现象学:米歇尔·亨利哲学研究》(*Kunst und Lebensphänomenologie. Untersuchungen im Anschluss an Michel Henry*),弗莱堡/慕尼黑,2008年,第53-65页,特别见第58-62页。

期形式[①], 也为一种不言而喻的确定感 (Gewisssein) 的早期形式铺平了道路。这种确定性在于, 它能让我们知道, 身体的可用能力 (Verfügenkönnen) 在伸展入实在的外在空间[②]时, 究竟止于何处。皮肤既是器官又是区域, 器官促成了确定感, 而区域之上我的身体伸展的边界在总是新的状态中构成自身。属于想象力的外在的构成——外在的意义也包含对身体可用能力的边界的当下体验的超越——本质上与第二个要素, 即有限存在的原初经验, 联系在一起。

4. 有限地去存在, 这种确定性同样奠基于基础的身体的边界经验中, 而身体的边界经验指向着与身体的向外生存相对立的反阻 (Widerstände)。但是需要注意的, 即使这一确定性也是潜在的: 生命不是朝向它的有限性的现实而行为 (sich verhält), 而只是作为有限的东西在进行 (sich vollzieht)。有限地去存在, 作为从有限存在的边界经验而来的, 指示给我们的东西, 是未经语言表述的模糊知识, 因而比反思的自身确定性更加原初: 有限地去存在, 这一直接的体验, 给出了对于超出自身体验的东西的预感 (Ahnung)。这种预感与一种原初的开放性形成相关。假如超出自身体验的东西在经验中给出自身, 那我们在预感中就已经形成了接收它的准备。在有限性的经验中构成了预备着的对可能的分派自身的给予 (Gabe) 的接收。

这里的发现包含着两个重要要素。其一, 一个可能性的区域伴

---

① 属于这样的身体论的彻底意义无涉的边缘, 在意义生成现象学的基础上是无法被发现的。梅洛-庞蒂的身体理论更加偏爱视觉意义——"我的身体"是"我为这世界的视角"——而胡塞尔在《观念 II》中至少将触觉置于优先位置。见梅洛-庞蒂:《知觉现象学》(Phänomenologie der Wahrnehmung), 伯姆 (Rudolf Boehm) 译, 柏林, 1960 年, 第 95 页; 胡塞尔:《纯粹现象学与现象学哲学的观念》第二卷,《胡塞尔全集》第 4 卷, M. 比梅尔编, 海牙, 1952 年, 第 35-42 节。

② "实在的外在空间"这一表达指出了两种意涵: 其一, 作为实在的原初空间的构成, 这个原初空间的存在是原初身体意义上的为我而在; 其二, 实在的空间本身, 如其作为自在的实在为我而在, 并且实在空间本身还能为后续规定, 例如近代的数学化, 提供基底。

随着对"能做"(Tunkönnen)的边界体验以及与此相关的对有限存在的经验,这一经验构成了并且同时指向那些可能获取的东西。这同时是时间体验的深刻的变形。在纯粹向着反阻的东西的冲撞中,经验活在"在当下中"(im Gegenwärtigen)。通过边界经验和隐晦的对有限的做(Tun)及对其所能及之物的知识,一种对于"尚未"(noch nicht)的体验自主形成了:当下的做包含着宽度,同时宽度和做也是分割开的,因为行动的这一新的面向不允许"做"在宽度上无限制地延续。这就使得我们第一次意识到,生命是如何在两种时间形式间创造界限(Hiatus)的。而这两种时间形式就是后来被称为"当下"和"未来"的东西。

第二个重要的要素如下:时间体验的质的延展基于隐晦的对有限性的知识。随着时间体验的延展,生命从它活出去时经验到的界限性那里——从实在的反阻性中——解放出来。生命始于将自身置于想象的层次上:生命总是指向可能性的、作为原初未来的区域,而在那里生命已然不是实在的。这一事实就是生命借助想象力实现的自身移位。不过这样带来的后果是,生命从此刻起不仅仅是"外在",而且能够在想象之中被经验。生命也总是越发地和想象的东西联系在一起,透过想象去理解,进而生命不仅遗忘了其在对反阻实在的指向中的来源,而且把实在(das Reale)和这指向性(Verwiesenheit)本身看作想象的东西。

5. 实在的反阻性经验以及与此一道产生的自身能力(Vermögen)的界限的构成,是每个生命的边界联系(Grenzbezug)能够构成的基础,所谓生命的边界联系在这里是先于意义的、与外在的关系。这里的与外在的关系既可以是在实在空间(realräumlich)视角下的关系,也可以是着眼于想象的区域关系,这个区域是通过对有限身体的伸展和隐含地对可能空间的超越维度的筹划而形成的区域。身体的边界关联这些要素同时准备好了与之协作的要素,按照后者被如此把握的生命能够经验到暴力(Gewalt)。生命是置入在实在当中的,并且在实在中经验它的边界,这就指出了一种类似原暴力(Ur-Gewalt)的东西。原暴力之所以是一种暴力,在于生命总是已经在这种实际性当中,这种暴力总是已经发送给生命。同时,原暴力只能被看作是给予(Gabe):生命从自身的边界经验和对自身有限的经验发轫,通过构建生存论的时空关系,就其自身而存在。倘若没有作为给予的暴力,这样的生命当不可能存在,或者说,不存在人的生命。我们或许可以将这一点称为人类学的原事件。生命如何与原暴力的给予打交道,这当然是有所区别的。

二、朝向身体

与原暴力给予的根本的交道方式产生于朝向身体。朝向身体和边界身体的基底构成直接联结在一起:在对反阻实在的体验中边界身体把体验带回自身,并且通过对有限性和在时空视角下的外在构成的潜在知识,形成了中心体验的原初阶段。体验的中心化作为任何自我关联的条件是朝向身体之所以发挥作用的本质性要素。朝向身体的内在锚定或者说内在的边界身体之发生能够为自我关联所接受,依赖于朝向身体所提供的关键要素。内在的锚定是一种位置化。在位置化那里,与位置化进一步相关的定向性(由锚定而生发的方向)以及视角性与外在的时空的前构成分别关联且相对应。[1]

---

[1] 在边界身体中奠基的位置化和定向性正是扬·帕托契卡(Jan Patočka)所讲的"锚定"与"自身启动"(Sich-Einschalten)的原初形式。帕托契卡认为它们是两种首要的人的生存运动,只不过他对这两种运动的分析还是在其意义语境(Sinnkontext)中,例如可参见帕托契卡:《人类实存的运动:现象学论文集续编》(*Die Bewegung der menschlichen Existenz. Phänomenologische Schriften II*),内伦(Klaus Nellen)、涅梅茨(Jiří Němec)、什鲁巴日(Ilja Srubar)编,斯图加特,1991年,第139页。

1. 朝向身体的三重身体定位——位置化、定向性和视角性——说明了这样的事实:第一,体验经验自身为锚定的东西;第二,体验事实上可以从锚定过程中继续运动(fortbewegen),而锚定了的在(Verankertsein),即在大地上的在,不会由此让自身悖论地作为消失的东西而延置(verschieben);第三,通过自身锚定的延迟,体验能够做出切割,而且展示出,体验不仅可以设置停顿,而且能够构成距离。无论锚定化如何走向一个相对静止的状态,体验总是与之相应的、新的、有区别的。属于锚定之在的延置进而开启了一种可能性,那就是在锚定化和锚定之在之间建立起一种关系,并且以这种方式实行一种进入意义的延置,以及进一步的诸多延置,此时锚定之在以及与它的各种关联就被有意义地加以解释。

不只是朝向身体的位置化预设了体验的原初中心化(protozentrierung)。如果构成性的时空的外在没有预备,定向性和视角性是不可能的。在边界身体意义上构成的实在空间是一个场域,在进入其中的过程中定向性才能够延展开来。同样由边界身体开启的"尚未"的场域,也是体验把自身从这里置于那里的条件,是体验把自身目光投入彼处,以及在由想象丈量的延展中进行分割的条件。

朝向的身体是意义身体(Sinnleib)的前提,并且保存于后者之中,这是位置化、定向性以及视角性总是包含着不可还原为一的双重性的原因:位置化和定向性一方面标示这身体在定位的动态潜能中的定位,另一方面这一位置在远与近的意义"系统"中的解释掩盖了这一定位。而"视角"则是距离化的方向,是身体在它的每一个定位中允许的方向,同时也是在整全地看、听和触摸的场景中对距离之敞开所做的解释。不仅如此,随着进一步的延置,视角性还能够从它的身体性的奠基当中被抽取出来变为纯粹的意义"视角"。

2. 朝向身体不仅以边界身体为前提,它还对边界身体有所回应,并且以一定的方式被边界身体所触发。边界身体冲击着反阻之物并且回返到自身,这一体验是断然不会消解的。体验以这种方式自身中心化、聚集化,由此体验获得一种"此前"尚不具有的潜能。伴着这种潜能,生命更加激烈和持久地寻求自身的向外生存。这一潜能不仅为生命赋予了在更高程度上获得保证的位置,一个绝对的出发点,而且还让生命拥有造作的权能。在所有"定向"①的原点中而成形的自我(Ego)在向外生存的趋势中获得新的自身实现的方式:在就时间和空间场域所开启的可用能力的框架下,时间和空间的场域保证了(身体的)可移动性和对这种可移动性的把控。

3. 朝向身体意义上的构成作为对边界身体的有限性之在的经验反馈,也是对生命经验到的暴力之给予的回应。这一回应是反-暴力(Gegengewalt)的诞生,反暴力同时昭示着自身成形着的自我的位置。反暴力意味着,在实在的反阻性经验中自身返回的体验全部地投入到针对反阻性的自身主张之中。通过全部的投入,反馈也就是整体性的:在这一阶段的生命仅仅是如此行事,它不间断地意愿着整体,且要求获得全然的整体。对整体性的要求是对有限之在的边界身体经验的早发的补偿:生命试图把所有东西都据为己有,由此把自己从自身消逝的威胁中拯救出来。

4. 这种据为己有的意愿作为一种欲求(Begehren)构成了生命向外延伸的方向。这个方向并不是已有的东西。在定向性和视角性中展开着时间和空间,生命能够将自己起效着的渴望置入这展开的时空之中;生命在这种欲求结构的形成过程中也自己推动着时空的展开。和生命如何形成它的意志渴望和占有的意愿相应,生命在不需要真正支配其欲求的情况下,获取了运动朝向的结构形式。生命

---

① 胡塞尔:《纯粹现象学与现象学哲学的观念》第二卷,第158页。

的欲求在于对它者的支配，欲求自身不是在它的暴力中获得它者。在这里，先行的实在之给予只是回返式地展现出自身，给予自身不是被（欲求）占有的越来越多的东西，反倒是给予要求欲求作为对给予回应而展开。

朝向身体的展开因此也总是一种权力的实现。权力作为自我意愿（Ego-Willen）的权威机制，成为自身成形中的自我能够运用暴力的基础。因而，暴力，作为朝向身体意义上的自我行动，本身不是原初的，而是指回到边界身体意义上经验到的属于实在暴力的给予。后者将自我意愿的事实和它对权力的要求一并奠基于欲求结构的生长成形之中，而且最终唯有在反暴力的运用中生命对权力的要求才被实现，反暴力即是对实在的给予的暴力的回应。

5. 边界身体的结构和朝向身体的结构，就我们当前所发展出来的样貌，是相互指向对方的场域，但是我们却不可按照发生历史的事实来将两者平行化。这些场域毋宁说是历史性（Geschichtlichkeit）自身能够展开的前提。此处，文化的差异也得以展开。不同的文化指向不同的历史形式，不过这唯是基于，在这些文化形式中，边界身体和朝向身体各自获得不同的外显样式。因此，对这些不同样式的先验起源的分析，即分析边界的和朝向的身体性如何在跨文化的意义上形成，就成为一项本己的任务。尤其有趣的是，去研究历史性的初始样式是如何在朝向身体性中——尽管多数情况下朝向身体已经被意义身体所笼罩——变得清晰可见。奠基着的朝向身体自身明显地出现在众多史前的洞穴壁画中。身体的定位在"那里"，从定位中发出去侵袭猎物的欲望（空间性的展开以及对空间性的占有）和在图中被召入当场的猎物（非现在的未来：时间性）构成了一个统一体。在这个统一体中，欲求的朝向意义（Richtungssinn）如同闭锁了的箭头一样标记出生存外显（Existenzäußerung）的朝向。对未在当前的存在者的欲求催动着属于抓取意愿的单一方向上的运动,这构成了这一神奇的行为的基本规定。在这一意义上,任何支配欲(Herrschafttrieb),包括对技术充满权欲的掌控,都包含着这魔法似的要素,这个要素是朝向性身体意义上的欲求的原始"档案"(Dokument)。①

三、意义身体

意义身体既奠基于朝向身体之中,也奠基于边界身体之中。为了能够形成意义的组织结构(Gefüge)。一方面,向外生存的生命需要经历一次断裂;另一方面,由断裂而激起的生命自身的抛回也是必须的,恰如这两方面在边界身体中构成的那样。同样,只要自我的中心化、自我的运动性、向外抓取以及抓取能力实现的区块化形塑了生存的基本空间性,朝向身体的构成成果就是必不可少的。因此,边界身体和朝向身体——前者给外向生存划界,后者组织为了生命所生长出的场域——彻底化地在意义身体的领域中重现自身。

1.在朝向身体中试图扩展自身的权力趋势,通过实在反阻性方面的限制而被激起。这里,朝向身体的反暴力重新碰到反阻。朝向身体的自身实现的意图越有力地进行,这一反阻性对于朝向身体来说也就更加确然。但是,通过这样的反阻性,生命被新的东西所阻碍并且被抛回自身。生命重新经历着它向外延展能力的边界,只不过

---

① 格布泽(Jean Gebser)已然指出了魔法和技术的关系,见《起源与当下》(*Ursprung und Gegenwart*)[第一部:1949 年;第二部:1953 年],第一部:《不透明世界的根基》(*Die Fundamente der aperspektivischen Welt*),《格布泽全集》(*Gesamtausgabe*)第 2 卷,沙夫豪森,1986 年。他对魔法、神话和计算理性的思考通过这种方式进入到新的现象学语境之中(详见后文)。

这个边界现在已经经由朝向身体而被覆盖。但是这也就意味着,出口不再只是在朝向身体的新的构成中。特别是由于受到阻碍,权力意志的力量也会被削减。生命为这一问题找到的解决办法是,给它的权力要求找到一个升华了的形式。这里的升华是一条迂回的道路:如果朝向身体的意愿的直线道路被阻断,那么它就回转到直线的源头,把前冲的直线变成一个圆。这个圆环圈住一片领地。和朝向身体的生存所有的基本的时空性不同,这片领地是在宽度上赢得的一个新维度。这一维度由意义构成,只要对朝向身体的延展的阻碍挑起一种理解的要求(Verstehen),理解就能够找到(让我们)绕过阻碍的道路。这就是中间的维度,即人之生存的本己的周遭。在周遭环绕下,人的生存在使实在与之对峙的反阻性中坚守自身。这里,原初意义不再是在朝向身体的意义上作用于绽出的外显,而是起始于在自身中的聚集。

2. 意义的自身集中意味着对想象的东西的强化。空间的相位(Dispositionen)就像时间的相位那样(时间的相位在边界和朝向身体意义上不断具体化),经由想象力的行动,在很大程度上摆脱了现实身体(faktisch-leiblich)的边界位置和动态朝向的限制。意义的单一位置性(Unilokalität)使得体验,虽然保持在自身这里,却可以纯粹通过想象把自身置入那里,而无需在朝向身体的意义上的那里介入;体验还能够把它的这里相对化,并且由此建立起一个共同空间的起源。体验回返到自身以及作为生存的中间驻留地的圆圈结构的形成,同样完全地支配着时间性。

说到时间性,那么处在向外生存的意愿中心的就不再是未来的东西。过去的东西同样是属于完整当下生存的一个维度。这一过程反映在各种角色-叙事的形成之中,类似于空间方面的"这里-那里"关系的融合。在着眼于时间的叙事中,社会也给自己赋予稳定性和同一性。如果说，神怪传说（das Magische）是为了生命首要地在朝向身体意义上的延展而在的表达形式，那么神话（Mythos）就是对这一首要的基于意义的生命的标记。意义生命试图以集体的方式把自身扎根在新的时空结构的展开之中。

3.对种种中介性的组构从根本上说摇摆于游戏与严肃之间。究竟是游戏地还是严肃地，取决于离弃——对纯粹朝向身体的外向意愿的生命趋势的离弃——被转化的方式。如果阻碍被理解为从自身向外生存的意愿的压力中解放，那么生命则将自身释放到行动，这种行动圆环式地据有其目的于自身之中。即是说，这个游戏在意义构成身体的圆环运动之中重复了这一运动。游戏是就意义身体而被把握的生命的中介物之内的中介性。作为在生命的中介性之中的中介性，游戏成了一个符号，在作为部分的符号中生命的"整体"反映出自身。①

游戏首先反映出了生命的终极意向（Letztintention），这个意向也就是通过游戏的中介力量来回应实在的反阻；这一回应比朝向身体的延展意愿更为有力，而在朝向身体的延展意愿中展开的时空的可变换性尚不具备。基于此，任何在生命的意义中介性之内看起来没有目的的特殊中介，尽管就其自身看起来无涉权力和兴趣的要求，但是任何时候都能被最强的权力兴趣征召。效劳于权力图像并且想要实现自身权力的生命，运转在它的最高阶上：因为，为了这一目的而介入的中介形式总是纳入了许多东西，这些东西之中所有那些被

---

① 欧根·芬克（Eugen Fink）在没有对身体性关联进行详细研究的情况下，就世界内中介物的符号性进行了分析。符号特征与一种在其上的"整体"存在（Ganz-Sein）处在张力之中，后者被芬克称作"世界"。这个从未整体式地被给予的东西，只能在否定中被体验：在对生命支离破碎的经验中（作为碎片的符号），即在非所有（nicht-alles）之中。参见欧根·芬克：《作为世界符号的游戏》（*Spiel als Weltsymbol*），斯图加特，1960年。

此中介形式所掌控的内容都能在事实上被触及。如此这般的中介性要求从自身的位置想象地进入他者位置的可能性,同样还有进入他者之过去的可能性。而且这并不是为了理解他者,而是为了反过来操控他人,统治他者。朝向身体的延伸在这种情况下几乎完全被一种工具化了的同情所遮蔽了。

4. 为了操控和统治他人而与他人建立的中介关联显示出一种暴力形式。这种暴力形式形成于朝向身体和边界身体基础之上的意义身体之中。这一暴力形式不是取代了朝向身体在"物理"意义上的直接的暴力形式,而是让后者在最糟糕的意义上变得更加有效率,乃至这一点看起来似乎没有意义的加入都是可能的。如果理论(theoría)在其客体化的形式中作为反观是在同质化的基础上对他人的占有,那么理论在这个意义上已然是潜在的暴力。对这种潜力的技法化方式可以被滥用在对现实他者的摧毁上。在边界身体和朝向身体之上构成的暴力雏形正是意义暴力建立的基础,不过这一基础在意义关联中已经被遗忘。同样,那种把意义身体的结构强行征召,并且趋向于一种具体的释放(Auslösung)的暴力,也将朝向身体自身实行的意愿对它的影响(Ausprägungen),连同它的边界身体的锚定一道遗忘了。

5. 上述的讨论表明,如果对暴力的分析起始于作为意义现象的暴力,那么这一分析来的太晚了,错失了真正的暴力现象。暴力只有被看作边界身体的事实,被看作实在反阻之给予的时候,才算是在现象学上被掌握。这就意味着,想要真正和暴力照面,只是如同伦理学那样,在意义层面对暴力做出澄清还是不充分的。"有意义的",意味着通过现象学的途径——无论从头还是从尾切入——由意义出发去指出、去展示,另一个(不同于意义现象的)从边界身体出发对实在反阻的回应是如何可能的。这另一个回应不应陷入到朝向身体以及由朝向身体指挥的意义身体的驱使之中。这一回应可以是佛陀的道理,也可以是实践的悬搁。① 悬搁作为边界身体的回应,是一种先验-实践的施行。在向着自身边界的回返中展现出来的实在压迫中,这种施行做出了回应,这种回应扬弃了自身位置的意义关系。扬弃并非丢弃,而是首次赢得了本己的位置。生命在这个模式中不再需要任何暴力来守卫自己的位置。生命通过敞开给予,敞开作为生命自身的给予,把自身送回到它本己的位置。生命便就是如此。②

(王嘉新 译)

---

① 对此可参见拙文:"悬搁先于理论"(Epoché vor Theorie),载 R. 屈恩、M. 施陶迪格尔编:《悬搁与还原:现象学还原的形式与实践》(Epoché und Reduktion. Formen und Praxis der Reduktion in der Phänomenologie),维尔茨堡,2003 年,第 199-211 页。

② 本文是题为"交往人类学与人类应适"的研究计划之一部分,该研究计划受布拉格大学人文学部资助(FHS UK, MSM 0021620843)。

第四编

现象学的戏剧

富有阴影的国度[①]

——胡塞尔与海德格尔关于时间、生存与死亡的对话

> 自从我厌倦于寻求,
> 我学会了收获。
> 自从风儿作我对头,
> 我八面得风扬帆逐波。
>
> ——尼采:《快乐的科学》

(黑暗的舞台,黑暗的背景。一束光线照在舞台前部的两张头挨头摆放并已伸开的躺椅上。左边的躺椅基本上呈现着它的侧面,右边的躺椅则以正面朝向舞台前沿。在两椅之间有一张矮桌子,上面放着两只盛有半杯鸡尾酒的酒杯。

胡塞尔躺在左边的椅子上,他的大胡子就像一个由花白色的毛发制作的花圈,看上去比那些照片上的形象还要浓密一点,让人不免想起麦克·塞尼尔的粗鲁滑稽剧中那些明显戴着假胡子的粗犷男人们。他穿着蓝色的短袜和一件浅米色的几乎拖到脚踝骨的毛领浴衣,脖子上挂着一副望远镜,手上戴着露出手指

[①] 在德文里,我将标题小写成"schattenreich"。它有两层意思:一、作为名词,它表示"阴影之国"(Schattenreich):斯多葛学派的地点。二、作为形容词,它表示"富有阴影":斯多葛学派的主题。这里涉及光的极限问题以及夜晚和黑暗的"增值"问题,就是说,在一种极端意义上涉及光的形而上学的边缘,由此涉及欧洲的边缘,并且涉及解释学的边缘。

的羊绒手套。他将一副镍边眼镜架上鼻梁,并专心致志地阅读起一份报纸来。

在右边的躺椅上,海德格尔同样裹在一件浴衣里。这件浴衣与胡塞尔的大致同色,但长度还够不到膝盖,上面饰有规矩本分的西装领。海德格尔穿一双红色的、长至膝下的长筒袜,他的深色的梯形小胡子延伸到鼻翼两侧,显得非常醒目。他拿着一本已打开的、不太厚的书,并用锐利的目光盯牢对他来说只是虚构的一群观众。

胡塞尔把报纸合上,摘下眼镜,并将头向后仰,靠在躺椅上。过了一会儿。)

胡　塞　尔:时下有一种现象,似乎阴影在与日俱增。
海德格尔:我们或许已经用我们的思想带给这个世界一些光亮,但是这有用吗?
胡　塞　尔:我没有放弃希望(将头转向海德格尔),我们应当重新开始用哲学打发我们的时间。亲爱的海德格尔先生。
海德格尔:我们能够在这儿奢谈打发点什么,甚至时间吗?难道我们自身不是从时间里打发出来的吗?
胡　塞　尔:也许我们能够照亮一点阴影。我觉得有点儿冷(将浴衣裹紧)。
海德格尔:你知道,我害怕纯闲聊的那份舒适。(将书置于一旁,双臂交叉,有些激动起来)较高层次的精神聚会?为了能今天参与它,你就必须准备总是反对你自己,免得突然发现自己整个晚上都在保持沉默。无论如何也要说些什么,我们对一切都要不惜任何代价地说些什么。(有些火气地自言自语)没有不可言说、也无人言说的东西,一切都必须细加分说(zer-redet)。上帝作证,人们不难借助某种智慧的精明和哲学的准确性开采出所谓的科学的新东西——(用厌烦与轻蔑的语气)科学垃圾!人们本可以顺手将之扔到一个隐蔽的科学的脚注里,但是恰恰相反,人们却以此召开一些(嗬嗬!)科学会议。

胡 塞 尔:(用发自胸腔的、深信不疑的声音)现在需要对所有扼杀人的真正本质,即扼杀由个人自身责任组成的生活的肤浅态度做出强烈的反应,这个反应也包括针对生活的伴生现象,如美学家的艺术、专家的科学、传统教会的宗教等等,等等。没有一个世界对我们而言是单纯的,任何一个世界都是我们从无良心的利己主义出发,或者从真实的自由出发使它变成的世界。

海德格尔:我们的生活必须摆脱无约束性,不要打碎有一定程序的生活,不要片面地根据美学原则涂改已上好的颜色,不要有自诩为天才的举动,而要坚定地信任原初的、产生纯正影响的行为能力!(重新安静下来)我很乐意,尊敬的枢密顾问先生,同您一起考虑,是否我们能因此有所收获?只是我认为,这是幻想,就如同你思想中某些具有决定性意义的东西一样。

胡 塞 尔:我谢谢你的坦率。在所有我们于此处共同度过的时光里,我们的关系已经逐渐缓和起来。(在躺椅上坐起来,并转身朝向海德格尔)自从我们摆脱了实际生活,我们便不再像宇宙中的现实那样发生严重冲突了。在此期间,我们已经习惯于用一种在我们的实际存在中大概从未成功过的方式进行交谈。尽管我们在很多的、决定性的问题上依旧不一致,但如果我能忠实于过去折磨我的那些问题,我就已经很满足了。你知道,我至少已经放弃了让你理解本人主旨的幻想。(用手鼓掌)今天也一样!

海德格尔:(现在海德格尔也坐了起来,并注视着胡塞尔)难道我没有表明能够很好地领悟你的基本思想吗?只不过用了与你的想象不同的方式,但也许比你自己所能做到的还要清楚一点。

胡 塞 尔:我一直赞成这样的观点,即:他人决定性地促进了我们,即使我们还活着,而他们已不再在我们中间。(自言自语,用略显深意的影射口吻)他们其实没有死,我们热爱他们、崇拜他们。他们死了,不再做事了,不再与我们讲话了,对我们不再有要求了,但是当我们回想起他们时,我们便会感到,他们就在我们面前,在看着我们的灵魂,在同我们一起感觉,在理解、同意或者反对我们。(短暂停顿后)如此而言,他人的死亡对于我们来说从来就不是什么决定性的问题。

海德格尔:"死亡"是必须思考的问题,它涉及生存者的存在,而生存者就是会死者(die Sterblichen)。

胡 塞 尔:我们也是这样的人。

海德格尔:虽然你持守不死性之说(Unsterblichkeit)。

胡 塞 尔:加引号的"不死性"。

海德格尔:但它毕竟适合于一个非上帝的主体。

胡 塞 尔:……适合于这样一个主体,这个主体是我们人的日常生活的比较深的一维。那个被我们认作一般存在的主体只是一个最终产品,由意识完成的产品,但意识的诸种功能是不能被理解为它们的成果的。

海德格尔:这个层次较深的主体完全不同于层次较浅的主体:它只是

一种否定性的规定。它自身的内在本质又是什么呢？

胡塞尔：这个更深的、先验的主体，按照我的思想（用手指自己），即在阻止对它自身做出肯定性的规定。主体总是先于我们的，因为它是我们全部观点、意图、希望的起源。

海德格尔：我觉得完全有可能查清这个主体的来龙去脉。不过这样一来，你的哲学就必须同时炸碎，因为我与你一致认为，在你的思想范围里揭示不了这个主体的存在。

胡塞尔：我知道，这是我们的老的分歧点。

海德格尔：……并且是决定性的，因为它将你的思想引到了它的极限。

胡塞尔：不过按照我得到的印象，你在这方面似乎采用的是一个另外的前提。

海德格尔：更确切一点说？

胡塞尔：好吧，你的那个前提是：感觉首先生成于人类与世界的关系中。但在我看来，任何一种世界关系都是主体感性地享受生活的结果。

海德格尔：于是你设置了一个先于世界和无世界的主体，并以此为前提。

胡塞尔：一个无世界的主体只能从这个意义上去理解，即：世界关系在主体中构成自身，但这并不意味着此处所涉及的是一个同世界相分离的主体……主体以自身为前提。

海德格尔：对不起，我在你的话里只看到了你的以所谓的前提为前提的设计方案。

胡塞尔：每当某个东西进入我们的意识之光，这个东西便已在"对它的意识"的下层基础里预先成形，就是说走过了一段不属于这个世界的历史。

海德格尔：属于哪个世界？你指的是我们此时此刻所在的地方吗？

胡 塞 尔：你别开玩笑，让我们满足于谈论人世间的事物。

海德格尔：你的"先于世界"的主体难道不正是一类"高于世界"的东西吗？我没有说"后于世界"！

胡 塞 尔：当然不是，而是那个想看一看主体先于世界之层次的人。

海德格尔：看一看？！他在那儿应该看到什么呢？

胡 塞 尔：（不受影响地）谁想看一看，是的，看一看主体的先于世界的积层，谁就必须摆脱主体形成过程的最终产品，就是说，摆脱"我们究竟如何存在于这个世界"的问题。为了把握这个形成过程，他不可再生活在它的最终产品里面，而必须置自身于这个最终产品之上。

海德格尔：（带着揶揄的口气）我一直请求你，对此过程向我做一次详尽示范。

胡 塞 尔：今天是你开心取乐的一天，海德格尔！……那个时刻会到来的。

（两个人短暂沉默，目视前方，胡塞尔又用浴衣裹紧自己。）

胡 塞 尔：你也感到这样冷吗？

海德格尔：我感到非常舒服。

胡 塞 尔：（伸出手指在空气中试了试）风要是能稍微停一停就好了。

海德格尔：现在没有风。

胡 塞 尔：也许此刻正好没有，但下一个时刻又会来的。

海德格尔：这里没有风，不是这里。

胡 塞 尔：它会重新开始的……所有这类无意义的运动……。（用肯定的语气）先验的主体自身不是高于世界，而是先于，先于这个世界，倘若我们的世界关系是在主体那里才形成的话。

海德格尔:问题在于如何阐明同此主体有关的"先于"(vor)。这个"先于"的意义是什么?一个尚未弄清的、有关时间的难题在多大的程度上隐蔽在主体里?

胡 塞 尔:我赞同这样说:这个"先于"在时间的根源上指出了时间的问题。

海德格尔:是如何指出的呢?

胡 塞 尔:针对此问题,我提出一个解释:先验主体的原初维度可以通过一个"不死性"加以标识。

海德格尔:嗯,但是请你说得明确一点。

胡 塞 尔:你看:人们在这个世界上诞生出来,并度过他们的生存与死亡。我们共同体验他人如何死亡,最终也亲身(这意味着什么)体验死亡。所有这些体验,体验的意义,都是"意义生成"(Sinnwerdung)的结果。与我们在这个世界上所过的生活不同,"意义生成"的形成过程是在另一维中进行的,但是,这个过程同时也不外乎就是生活本身,因为生活是在这个过程中具有了它的形象(Gestalt)。这个过程有些像我们天天纠缠在其中的那些关系的隐蔽基础,一个通常总不会露出地面的多层矿山坑道。

海德格尔:这幅画面显然是不够说明问题的。

胡 塞 尔:日常生活,还有那些科学,都活动在时间里。我们有小时数、天数、年数,可以测量和计算最小及最大的时间间距。为什么我们能这样做?

海德格尔:此问题必须由你自己回答。

胡 塞 尔:我们能这样做,就是因为我们的主体本身有能力理解时间,是的,它用一种原初的方式构造出时间。这里强调一下,它不是那个只要我们延续生命,我们自身便是的主体。

　　　　　　这个主体也正是由于自己的时间性而成为一个更深的主体的最终产品。正是在这个更深的主体的深处才生成了由我们支配的,为我们约会所用的和作为一个客观上可以测度的存在而属于我们的时间。

海德格尔:你在这个主体里面发现了时间的起源……

胡　塞　尔:……在它的深层中,在作为先验主体的主体里面。在深处是黑暗,在黑暗处是问题。你想一想:在生活中我们同可以说是现成的时间单位打交道。时间在这儿就像一张有着固定行列的网,撒在丰富多彩的生活之上。我们不断地改变自己,但我们却用我们称之为时间的固定系统有顺序地整理这种改变。

海德格尔:你把有时间性的"此在"(Dasein)①,还原成一个刻板的固定形式。(离开躺椅站起来)不过,请继续往下讲(向右侧走几步,反剪双手,背朝胡塞尔与观众,眼望舞台的黑暗背景)。

胡　塞　尔:我们称之为时间的那个固定系统,只要它有自己的形成过程,它就不是刻板的。在正常同时间打交道时,这个形成过程对我们而言是隐蔽的。(回过头来望着海德格尔,然后往下说)它对我们而言是隐蔽的,因为它使我们有了同时间打交道的可能性(停顿片刻)……

海德格尔:请你往下说。

胡　塞　尔:在我们的生活中,我们知道开端和终端。确切点说,我们将开始与结束同一个本身没有开端和终端的系统联系起来,通过这种方式,我们知道,什么时候开始做什么,并且

---

①　海德格尔术语,此处指人的现实存在。——译者注

也知道,什么时候结束一个过程。(转向海德格尔)你在听我说吗?

海德格尔:当然,请你只管往下说。

胡塞尔:这样的系统是刻板的,因为它使一个明确的分配成为可能。同时,它又是活动的,因为它总是在主体的那个更深层次中重新构造自身。如此说来,这个先验主体便是无始无终的,因为:倘若开端和终端是以时间的存在为前提的,而时间要在主体中方能形成,那么主体自身便是"无时间的"(zeit-los)。

海德格尔:(不转动身体)而且因此是不死的。

胡塞尔:是的,是"不死的",只要不把"开端"与"终端"以及"生存"与"死亡"在我们生活用语中的意义加在它身上就行了。主体总是在前面(voraus)。

海德格尔:(转身朝向胡塞尔)对你而言,说明先验主体的"先在"(Vor-Sein)的实质性理由就在这里。

胡塞尔:是的,因为时间的产生同时是个框架,在这个框架内,以各种方式为我们而在的全部事物才会产生出意义来。

海德格尔:你在这里面看到了确定"先于世界的"(vor-weltlich)主体的理由?

胡塞尔:事实如此。

海德格尔:我们的世界关系以有限性)为特征。在这个关系中,所有的东西,如你所言,都有它的开端和终端。而开端和终端的形成则以对时间的体验为前提。但是,对时间之思,在达其终端时一定还是在思时间,你由此推断,时间是无限的。

胡塞尔:确切地说,是无终端的。有人将时间解释为一个连续性的

"现在顺序"(Jetztfolge),我知道,你就想把我塞到这类人中去。

海德格尔:然而我认为,这完全合乎你的见解。也就是说,你使通常的观点有效,而按照那类观点,一个"现在"便只是连着下一个"现在"而排列成行。

胡 塞 尔:任何瞬时的感性经验都有一个滞留范围(Breite)。一遍打铃的声音会滞留在我们耳中,尽管我们已在专心倾听下一遍的铃声。如果只存在一个纯粹由"现在瞬时"(Jetztmomenten)排列成的顺序,我们便不会有相互关联的感性经验,也就听不到音列,即听不到有着美妙旋律的音乐了。

海德格尔:尽管如此,你还是保留了一个固定的基本模式:
流近的未来——散布在场中的当下(按照我的理解)——流逝的过去!

胡 塞 尔:我说的是一个连续统一体,一个具有两面性的连续性。它的涌出源头活水的中心就是当期的现在(das jeweilige Jetzt)。(海德格尔重新背过身体,兴趣索然地望着空中;胡塞尔则大幅度挥动手臂进行讲演)在一个侧面,我们有"曾在"的连续统一体;在另一个侧面,我们有"未来"的连续统一体。(手举起,转向海德格尔)我用这个连续统一体换下对"现在瞬时"的单纯序列的表象,就是说:一个体验到的"现在"被一个新的"现在"继续推动,并由此经历一种改变。这种改变不是一次性的,而是会重复多次的,因为所有走在前面的"现在瞬时"都要同每一个新的"现在"体验一次移动。

海德格尔:(被逗乐了)你就只管使劲推吧……或许你最终还能说

服我。

胡塞尔：(不相信地)你说,你没有读过我对于时间意识的分析吗?

海德格尔：(装着没听清)什么分析?

胡塞尔：我以前在哥廷根大学的讲课,讲稿已在二十年代作为书出版了。

海德格尔：由你出版的吗?

胡塞尔：是的,啊,不是的! 这些讲稿是由另外的人出版的。

海德格尔：出版人是谁?

胡塞尔：这不重要,他反正也没做什么,书早已完成了。

海德格尔：我相信我知道谁是出版人。

胡塞尔：这是不重要的,我认为,他连原文都没读过。

海德格尔：但是他仍然写了篇序言。

胡塞尔：一页半纸! 仅此而已……也许根本就不是他写的。

海德格尔：你不喜欢这篇序言吗?

胡塞尔：我记不起来了,它太无关紧要了。

海德格尔：再问一遍,谁是出版人呢?

胡塞尔：这不重要。估计是这么一个人,我想为他发表点什么。

海德格尔：我相信我知道他是谁。

胡塞尔：噢? 那你为什么还要问? 他是谁?

海德格尔：他的名字起首为"Ha"(读作"哈")①。

胡塞尔："Ha"? 我不认识"Ha"。

海德格尔：不是"H-A",而是"H",后面加个"E"(读作"艾")。

胡塞尔：Ha,Ha,He-He,什么乱七八糟的? 没有人叫这个名字!

海德格尔：这个名字就叫作"海德格尔"(Heidegger)!

---

① 此处暗指字母"H",因为"H"在德语中也读作"哈"。——译者注

胡 塞 尔：(不相信地)海德格尔？(想了一下，然后用手指向海德格尔)你？(转过身体)你倒是真应该读读这本书！

海德格尔：我宁可写一本自己的书。

胡 塞 尔：我想起来了。我并不特别喜欢你的书。阅读它导致我睡眠不好，直到今天我也没有读懂它。

海德格尔：在写作时，我可始终只想着你。

胡 塞 尔：不胜荣幸。可是你事倍功半，得不偿失。你最好勤奋一点儿读我的书，而不是写你的东西。

海德格尔：也许我比你更能理解你的书。

胡 塞 尔：(稍微想了一下)这是不可能的！否则我就不需要在这儿给你补课了。回到工作中来！我说过，时间的连续统一体可以替换对"现在瞬时"的单纯顺序表象。就是说，新的"现在"将上一个"现在"往后推，并以此方式改变它，即让它的当下充盈在渐次退后时渐次排空自身。在这个推动过程中，在这个"变空"过程中，每一个"现在"仍保留它的原初瞬时的个性，即保留它与其它"现在瞬时"的相对位置。

海德格尔：你的连续统一体……

胡 塞 尔：这个连续统一体因此是一维，在此维中，每一个"现在"在流逝中被摄，同时它的与所有一同流逝的"现在"的相对位置得以保留。

海德格尔：哦，就像那些漂浮在河面上，相互间保持一定距离，并不断向下漂流的东西。(再次转身朝向胡塞尔)但这不过是一个对固定的规则次序的想象！

胡 塞 尔：一定是这样的，一定是这样的，否则我们如何能识别留在记忆中的体验呢？若非如此，又怎么可能记忆呢？时间构成就是一个刻板形式的构成,它使我们能够验证一些同一的东西。

海德格尔:但您是说,对一个时间连续统一体的表象不是以某个理论概念为前提的,而这个理论概念可被应用的可能性还未经检验;对吗? 在任何情况下,我们的日常生活经验都不认识这样的连续性。我们对时间的体验是断断续续的(嘲讽般)。我们并不沿循那些"现在瞬时"的一个单纯的、不断延续的顺序往下走。被体验的时间似乎是有间隙的。

胡塞尔:是的,是的,我知道。我知道。(指着海德格尔)你说的是在世界中的生活,(指着自己)但我却赞成连续不断的时间性,并借助此观点提出先验的深度之维。这个处于流动中的、原本刻板的连续统一体是无终端的,但却不是数学意义上的无限。它是无终端的,就像它是无开端的一样,然而它却是有限性的一种表现。

海德格尔:(惊讶地)什么意义上的?

胡塞尔:(站起来,绕着椅子踱步)一个虽然是在自己的时间性中构造自身,但仍然非常有时间性的主体是一个有限的主体。(带少许激情)它是有限的,因为它是贫困的,因为它不能赢得它所追求的一切东西,并且实际上也不能守住它赢得的东西,因为它仅仅以渴求的方式存在。所有的回忆都仅仅是一个曾经被充实的当下的淡色余辉。"充实的当下"(erfüllte Gegenwart)?! 实际上,不就是我们当下所经验之物中的那么一丁点被充实了吗?

海德格尔:你今天用一种强调的语气谈论这些东西。

胡塞尔:在过去的日子里,我们曾经思考过这些东西,现在我们已经远离这些日子了。但是,请你相信我,迄今这些问题仍在压迫我,这个老幽灵不让我脱身!我感到不安宁,这种不安宁以前总是抓住我。当然,我现在的不安宁在程度上已不像从前了,我就仿佛在观看自己从前的苦思冥想,只是看,只是看,感觉不到压力。

海德格尔:对此我不感到意外。(指了指挂在胡塞尔胸前的望远镜)你不希望永远只是作观众吧?

胡　塞　尔:(沉思地)很奇怪,就像人其实还是同一个人,但却在改变自身一样。

海德格尔:你总想做一个永恒的初学者!那么,这个不可充实的当下又是什么意思呢?

胡　塞　尔:意识的特性是:一次感性体验会从意识中滑出,而意识只会在一个"后摄"(Nachgriff)中抓住它,在一个不断弱化的后摄活动中。不过时间意识并非只有这一种特性,它还总是在"前摄"(Vorgriff)中抓住一些东西,这里指的是尚未被意识占有,或许也永远不会被意识占有的东西。

海德格尔:对此的理由……

胡　塞　尔:在于时间的起源。在那里,时间在当下的滞留范围内涌出。这个范围只拥有一个实际充盈的中心,这就是我们当期的具体感知体验。包围这个中心的是一个"晕圈",一个不断变弱的体验印象的外圆和那个模糊预示将要来临的新的充实可能性。一个主体不得不担心它的体验占有状况,它从不能有把握地实现它的计划。它除了是一个有限的主体还能是什么呢?

海德格尔:你的主体有救吗?

胡　塞　尔:挽救恐怕只与已发生的东西有关。通过合适的理论方法,可以保留住被意识主体体验的东西,可以将它置于光亮处,并作为可使用的财产保存起来。我们越是成功地侵入这个主体,侵入这个主体的经验宝库,这个保存就越是能得到强化。

海德格尔:你的实证主义和唯物主义!(不赞同地摇摇手。)

胡 塞 尔:对这个"实证主义者"头衔,我绝对感到自豪。至于唯物主义者嘛……

海德格尔:(激烈地)你在你的那个主体矿山里还能挖到其它东西吗?!如果你一层一层地铲平它,采掘它,由此使它作为认识显露出来的话。在你看来,"对先验主体的分析"就是露天开采,瞎剥离。被你硬拉到光亮处的东西是一些堆积起来的知觉层,僵化的主体体验,(带一种厌恶的表情)是霉菌已在上面涂画的干肉!

胡 塞 尔:(坚定不移地)用这种方式研究主体的人是在往回走,他一层一层地挖掘沉积的经验,并用这种方式反向走在"意义发生"(Sinngenesis)的路上。

海德格尔:这只是在证实我刚才的插话。

胡 塞 尔:……他走回去,但不是为了积聚物质,而是为了……理解他自己。

海德格尔:同宗之物的起源是差不多的。让我换种方式讲:对你而言,"先于什么"(Vor-etwas)的范围,就其最广义而言,即是:业经发生而已过去的"已成者"(Gewordenes)。

胡 塞 尔:前提是:我们的主体的"先在"只是在这样一个地方被发现,在这个地方,我们像船一样被锚固定在"存在"处,并自该处(da)起程往回走。

海德格尔:如果主体是"在前面"(voraus),你怎么能够指望在返回途中赶上它?

胡塞尔：真正赶上它是决无可能的。这里面不含人与某个被体验事物再次瓜分"当下"的意思。

海德格尔：与你不同，我将这个不引人注意的小词"先"(vor)同一个"尚未"(noch-nicht)联系起来，即将它同未来相结合。但是，即便在这种情况下，重点也仍然没有从"过去"转移到"将来"。传统的次序模式"未来－当下－过去"被推翻了。

胡塞尔：这点你必须给我解释清楚！我绝对渴望听到你的见解。

海德格尔：我愿意从我的思路开端说起。

胡塞尔：（环顾空中）这儿最好没有干扰气氛，这样你的阐释对我而言就是一种相当大的享受。

（海德格尔惊讶地望着胡塞尔，而胡塞尔则重新举起手来，像是在检测什么，并且将浴衣裹紧了一点。）

胡塞尔：你难道没有感觉到吗……？马上就要起风了！

海德格尔：我在这儿还没有体验到一丝风。

胡塞尔：你到这个地方的时间还没有我长。当然了，我不善于回忆自己，……但是，我预感到有风将至！（急切地）我们将需要我们全部的力量！

海德格尔：（揶揄口气）好好保暖，这样那个永恒的气息便不会将你抛到地上去。

胡塞尔：那倒不至于。我们还得准备抵御风，它可是不可避免的。风过后，安宁就会出现。……什么东西都干扰不了我。只有这个不确定性！你知道，我在想什么？

海德格尔：（揶揄口气）我觉得，你在这儿已成为一个真正的风哲学家。

胡塞尔：关于风的哲学还没有得到发展。你想要向我介绍你的思想之路，好吧，你就介绍吧！

海德格尔：在此思想之路的开端，有个问题在困扰我。这个问题就是：怎样才能在存在中认识我们人类自身一向所是的存在者。

（海德格尔和胡塞尔处于论战中）我们的"此在"的存在是什么？

胡塞尔：我所理解的同你一样多。好吧，继续说。

海德格尔：首先这里是否存在这个基本观点，即：任何人，只要他活着，就处于"在途中"状态？我们的此在就像我们所认识的那样，实际上我们只认识我们付诸实践的东西，（再次示意挂在胡塞尔身上的望远镜）却不认识我们看到的东西！我们将我们的"此在"作为一个尚未走到终点的事物来理解。如果它到达了那个地方，我们也就不再有认识的可能性。那么，在它到达终点之前，它如何能被认识呢？

胡塞尔：我曾尝试用假定"我们作为人的自我知觉就是那个更深主体的最终产品"的方法来解决这个问题。

海德格尔：我正想避免此道。只要我们活着，我们便有许多可能性，虽然这些可能性随着年岁的增长而日益缩小它们的范围。

胡塞尔：噢……

海德格尔：你怎么了？

胡塞尔：我们两人的情况都很糟。

海德格尔：你是什么意思？

胡塞尔：可怜的海德格尔，可怜的胡塞尔！对我们而言，生活已经结束了。

海德格尔：你是在说笑话。

胡塞尔：我没有寻开心的兴趣。

海德格尔：我们说好只谈人世间的事物。你别乱来。

胡　塞　尔：但是这符合我的情况。你不停地说我离开了这个世界,哈哈！现在我们两人都离开了它。

海德格尔：我是说：只要我们还活着。这个问题就这样算了吧！

胡　塞　尔：好啊,好啊。加把劲继续谈！

海德格尔：只要我们活着,认识的可能性对我们便是敞开的。这就是你通过指出原则上的不可充实性所要表述的观点,即："获得可能性"对我们而言意味着还有这样或那样的东西没有被充实。

胡　塞　尔：我们是有限的,因为我们的感性经验的充实可能性是连续不断而无终端的,因为对我们而言,"存在"和"能力"永远不可能彼此一致。

海德格尔：按照你的意思,这可能是对的。对我而言,我们的"此在"的有限存在建立在另一个基础之上。意识主体对你而言是有限的,只要感性经验场总是提供新的东西,总是提供多于实践者能够实现的东西。主体在这里是有限的,因为它总是跟在它的那些可能性后面跑。

胡　塞　尔：这只适合于按照自己的生活兴趣享受生活的主体,却不适合于这个主体先验的、向深处方向延伸的一维。可能性与现实性之间的差异对我们日常的体验的深层结构并没有影响。

海德格尔：是这样吗？为什么没有呢？

胡　塞　尔：因为可能性和现实性在这里合二为一,先验的主体就是它的可能性：它不再处于体验的现实区域中,而是将这个区域作为一个主观本身的区域。先验的主体不拟定计划,不采取行动,不同事物发生关系,不遭遇任何事物……

海德格尔：但是它在体验。你所说的"时间流逝"正好适合于你的先验主体:永远沿循这条路线:还不是现在——现在——不再是现在。是的,这特别地适合于主体,因为它就是,按照你的观点,首先创造时间结构的主体。

胡塞尔:(若有所思)这是切合实际的。

海德格尔:这个先验的主体以在自身中构造自己的时间结构为基础,但它自身却又是用此种结构的方式校正的,它也许不再像一般感性经验那样跟在后面走,因为在它里面已经存有那些能够被尾随的时间域。但它却仍然如同走在一条沿循它自己创造的时间结构的路上。

胡塞尔:(凝神思索)是啊,是啊,我自己曾谈及先验主体的一种原发性的调整方式。有关主体的活动过程怎么可能还有其它样式?

海德格尔:在我看来,人不是由于这个原因而有限的,不是因为他生活在无终端的经验可能性中,而是因为他能够意识到自身实际终端的可能性。这个可能性是一个彰显的可能性,因为它是一个完全属于人自身的可能性,因为它是一个极端的可能性。这个可能性表示:人在抵达他的终端之前便能够处于到了终端的状况。这个可能性也就是表示:能够跑在前面,直至终点。在"跑在前面"(Vorlaufen)的过程中,我跳过了"跑在后面"(Nachlaufen)的时间结构,并置自身于时间的真实起源处。

胡塞尔:(用手拍脑袋,并用一种无助的,同时又是生气的口气)是这样的,是的。但是我从未真正理解这个"跑在前面"。我知道,你已经数次谈到它了。

海德格尔:从我们聚在这儿起,我除了一遍又一遍地向你阐明此点外,什么事情也没有做。

胡塞尔：请你慢点说，好不好！你知道的，把我塞进他人的思路里总会令我感到很痛苦……有时我需要花费很大的力气才能重新组织好我自己的老想法。我常常需要几天的时间来重新调整自己。（下意识地从浴衣口袋里掏出一些经多次折叠，并捏皱的纸头，有些纸头散落到地上。）

海德格尔：再解释一遍：那个极端的可能性之所以是极端的，乃是因为它能够思考生命进程最后的静寂。如果生存随时备有各式各样的可能性，而极端的可能性又涉及生存本身，那么这个可能性就不再是其它可能性中的一个，而只是一个区别于全部为一个体而存在的可能性的可能性。

胡塞尔：在我获悉还有什么可能性对我开放之前，我自己怎么能面对自己的全部可能性呢？

海德格尔：这正好不是指一个人现在就把其生命之路上还没有向他敞开的所有可能性放到面前。我如果在趋向我的死亡的"跑在前面"的过程中抓到彰显的可能性，那么我便将"原本为我而在的可能性"无不由此而出的一维据为己有，而这个为我所有之维便是时间，我的现存"此在"的时间。

胡塞尔：能否再确切点？

海德格尔：我将自身同我的"不再存在"（Nicht-mehr-sein）的极端可能性联系起来，通过这个方法，我就将所有其它的可能性，即将使我为这个或为那个操心的可能性抛在后面。在这个"抛在后面"的过程中，我会知悉或可说是我的全部可能性的秘密移动。此类移动的形成环境是：可能性都只基于我的"此在"的一个确定结构而存在和展开。

胡塞尔：这是一个什么样子的结构？

海德格尔：我在说一个早已为人所知的东西。我将这个结构称之为

"操心"(Sorge)①,因为它表示了这样的意思:我们在这个世界上不是中立的,而是始终同一些东西,或同这个东西,或同那个东西有关系,我们力图得到它们,或是希冀保留它们。只要我们是在追求这个或那个东西,它们对我们而言就是涉及我们自身的。作为这样或那样的操心者,我们在操心什么事物时即在不言而喻地为自身操心。

胡塞尔:因此,我们如何同这些在一个生命过程中展示自身的可能性打交道,这是由统摄我们"此在"的操心预先规定的。

海德格尔:"操心"还对下述事实负责:这个或那个可能性终究会向我们展现自身。但是在多数情况下,此种操心,此种使操心的"此在"保持运转的操心却对我们隐蔽自身。操心使我们在某些事物处流连忘返,以至于我们自己不能把握理解操心。问题不在我们身上,这不是一个能用心理方法治疗的因素。因为操心自己预先把我们送到这个会操心的东西那儿。

胡塞尔:操心按照这种方式变成离我们最远的,而操心使之可能的东西,即被操心的东西则向前推进到近处,并占据着我们的生活圈。你就是这样想的吗?

海德格尔:是的。人是远处的生灵。没有远就没有近。只有通过那些本初的"远",事物的真实的"近"才会在人的心目中升起。

胡塞尔:(冷淡地)现在需要将"远"取来,放入"近"中。(走了两步,拿起望远镜,对着望镜看黑暗的背景,然后把望远镜重新放下来)昨天,或者是今天?我爬上了那边的一座小山。

---

① 海德格尔术语,也可译作"烦"。——译者注

海德格尔:(被逗乐了)你仍然沉溺于你的老嗜好。

胡 塞 尔:(不加掩饰的热情)是的,我以前是这样做的。

海德格尔:我以前总是希望为自己购置一辆摩托车。

胡 塞 尔:我想,你曾是一名滑冰运动员吧?

海德格尔:此一事与彼一事有什么关系呢?

胡 塞 尔:此一事与彼一事同样都是你不能再实际做的事。我有没有给你讲述过自己年青时的故事?

海德格尔:什么故事?

胡 塞 尔:我与望远镜的故事。

海德格尔:噢,听过了。不过再说一遍也无妨。

胡 塞 尔:我喜欢望远镜……我高度近视,你想必知道。

海德格尔:但望远镜无助于阅读。

胡 塞 尔:(沉思般)是的,无助于阅读。……还是回到故事中来。作为一个年青的学生,我曾得到一架蔡司望远镜。我仔细地检查它,并确定在透镜组中的一片透镜上有模糊斑点。我马上决定把它寄到位于耶拿市的蔡司公司,接着便收到了由当时的总经理(想了一下)亚伯教授写给我的一封邀我参加该研究所工作的邀请信。亚伯先生在信里这样写道:没有一个训练有素的质检员发现这个错误。

海德格尔:(带着故意做作的礼貌)不可置信。

胡 塞 尔:他还附加了一句话:你肯定会有一个光明的前途!

海德格尔:(挪揄地)那你为什么没有表示同意呢?

胡 塞 尔:我原本对望远镜不感兴趣。

海德格尔:我想,这是你的一个业余爱好。

胡 塞 尔:不,不,不是望远镜。我那时就预感到,物质与技术的东西不会令我感兴趣。但愿你这次能破例地明白我的意思。

海德格尔：对近景中的事物，你的眼光是很锐利的。

胡　塞　尔：（开心地）一言中的！

海德格尔：但这些望远镜对你而言不过是一种单纯的工具。

胡　塞　尔：为了延伸我的视线。就像现在！（又举起望远镜，并透过望远镜观看）这里看到的东西不多。

海德格尔：你在向暗处看呢。

胡　塞　尔：我就喜欢这样。

海德格尔：那么你就不要感到惊讶，如果你什么东西也看不到。

胡　塞　尔：（转过身来，没有放下望远镜，而是将它对准海德格尔）在亮光中望不远。不过，我对我之所见并不十分感兴趣。（把望远镜放下来）不，望远镜不是束缚我的东西。战争期间，我把自己所收藏的望远镜中的十八分之十四寄给了最高统帅部。

海德格尔：为此你还获得了一枚勋章。

胡　塞　尔：为此或为其它，我已不复知晓。这已经过去很长很长的时间了，并且实际上完全不值一提！（思索）望远镜使我能够以可视的方式显现一个藏在自身内部极深处的思想。

海德格尔：什么思想？

胡　塞　尔："将远的东西取来置于近处，同时仍然让远的东西留在远处"的思想。望远镜不仅是我的目光的延长，而且是我的思想一个助手……可怕啊，我们离题了。

海德格尔：起因于你将望远镜拿在手上。

胡　塞　尔：我们离题的次数越多，对我而言就越难于跟上你的解说。老年人是爱唠叨的，尽管他同时也是谨慎和习惯于自我克制的。年轻人是轻率冒失的，血气方刚的，他的生活节奏一开始就比较快。——赶快开始，快点。你想想！

海德格尔：实际上有必要远离这些东西,直至人不再看到它们而看到另外一些别的东西,这样便能从一个全新的角度看它们。

胡塞尔：(想了一想)你在谈操心之前,曾将在"跑在前面"过程中暴露出来的一维作为时间之维加以描述。操心与时间之间有什么关系?

海德格尔：用"操心"概念命名的结构将我们的"此在"的活动空间作为一个基本时间的活动空间打开。对"此在"而言,时间构成支配此在的操心。因此,操心原本是一个时间形式,而此时间形式则表明一个"此在"在世界中操心的方式方法。时间的基础,即原初的时间不是在一个更深的主体中构造成的,而是在操心中,并和操心一起构造成的。这里没有操心之后、之上或之下的领域,这里不再有"深度"的领域。

胡塞尔：(带着小孩子般的急躁)"跑在前面","跑在前面",它跟操心有什么关系呢?它能做什么呢?

海德格尔：抵达我之终点的"跑在前面"是一个极端的,同所有其它可能性不同的可能性。为什么?因为它使接触我的"此在"的、向来是具体的操心结构成为可能。现存的操心结构从它那一方面开启了时间的空间,而各种可能性则在这个时间的空间内得以展现。"跑在前面"之所以是极端的可能性,还因为它让时间的空间自身获得我的"此在"的时间性,而这个时间性则构成了我的可能性的一维,即构成了我的"此在"的延伸。总而言之,"跑在前面"开发了这样一个东西,这个东西预先赋予我的"此在"以自身特性。这个东西必须被赶上,以便你能体验它。

胡塞尔：这个自身特性在你看来就是时间的根基,对吗?

海德格尔：我是从这样的角度出发的:对"此在"而言,趋向其终端的

"跑在前面"表现出一种独特的可能性,即"此在"能够从整体上,并且能够在它的构成其时间性的操心结构中体验自身。

胡塞尔:"跑在前面者"是指一个现存的个体。只有个体能达到极端的可能性,即他的死亡的可能性。然而,在"跑在前面"的过程中,个体经验到的不是他自己的生活域,你也这么想吗,而是一个结构,一个不仅是他拥有其中一个部分的结构,就是说,一个由他同在他的生活环境里的其他人所分有的结构。这个结构抓住了个体,而个体则获得了这个结构。但是,在关联到另外的一些结构时,这个结构便重新是一个现存的结构,是众多结构中的一个。为了检验我的再理解,我尝试用具体事例扼要地重述一遍这些思想。(挥动手臂)让我们假定:我们现在站立在其中的灯光就是这样的现存的结构,一个"操心格式塔"(Sorgegestalt)。对我们而言,这灯光的实际存在是不言而喻的,毫无问题的。我们要与之打交道的是那些被灯光照亮的事物,我们的鸡尾酒,我的望远镜,也许还有你的漂亮翻领(抚摸海德格尔的浴衣翻领)。它们是在我们的"近"处的东西,"远"处则是灯光的光源。但这个光源却不是代表我们这些鸡尾酒、望远镜和翻领爱好者的。最起码从这个意义上不是代表我们的:如果我们只是将喝鸡尾酒、望远和守本分的可能性付诸实施的话。相对于所有在灯光中的可能性,或与这些可能性相比,灯光的光源根本就是另外一回事。我们只是在超越了所有仅向我们显示被照亮之物的可能性以后,才会转向这个光源。但是,在灯光外面的东西又是什么呢?外面是黑暗吗?(笔直伸出手臂,指着光束以外的地方。）

海德格尔：为了在你的例子范围内继续做一些有关的陈述，运用西方国家的形而上学就足够了。

胡塞尔：不，不，我不认为由此可以解决这个问题。还是请你将有关操心的时间结构的思路讲完。（猛地摆摆手，并中断话题）等一等！你没有感觉到，你真的没有感觉到它吗？在空气中的不安宁。它就要来了，它就要来了……

海德格尔：你在说什么？（两人向空中望去，过了一会儿。）

胡塞尔：对不起。今天我的思想真的有点儿不集中。

海德格尔：操心的现存结构是"此在"的现存时间性。它的这个时间性只在远离"充实可能性"的连续顺序表象的地方才是可把握理解的。（直接转向胡塞尔）基于此原因，我认为，一个以连续流逝的时间为准则的思考永远不能从"整体性格式塔"中理解我们的生存。你所说的有限性的证据，永久的充实需求，只不过是一个无休止的分期付款顺序。

胡塞尔：（激烈地摇头）不，不，不。我刚刚指出，全部主体的生活贯穿着一个统一化的趋向，对我而言，这个统一化还关联到一种生活，这种生活从它沉溺于事物而发生的变异中回收自身，并且赢得作为一个整体的自身。

海德格尔：对你而言，去那儿的路要通过全部西方人类史，尤其是要通过作为一门综合性科学的哲学史。

胡塞尔：按照我的意思，一个先验的理论是秘密针对作为一个统一的"意义格式塔"的西方哲学的。

海德格尔：你的理论还是脱离了生存的相互关系，并且将自己置于生存之上。我从来不能接受这样的思想，即认为：在这种情况下仍然有可能恰当地把握生存，更不要说有可能产生这些成长壮大中的格式塔了。只有生存可以征服生存,不是事物,也不是逻辑的价值与标准,并且不是理论上的标准。

胡 塞 尔:(用有些顽皮的神情将什么东西踢到一边,然后用夸张的动作,即高举着一根手指转向海德格尔,小心谨慎地,一字一顿地)每一次体验都能成为一次纯粹直观和把握的对象,而在此直观过程中,体验就是绝对的现实。

海德格尔:但却不再是处于实施状态的体验。

胡 塞 尔:(带挑战性的激情)能够直观的认识能力就是将知性带到理性的理性。这就是说,知性要尽可能地少一点,而纯粹的直观要尽可能地多一点。(冷静一点)当你也在这里看到时间的问题时,你是完全正确的。为能分析一次体验,必须要保证它的内容得到保存,尽管它已经过去了。我一直在反复研究这个问题:记忆是如何储存体验并将它提供给理论把握的。就在昨天,或者是在今天,我为此又一次写了一个东西。我一定是把它带在身边。(在口袋里翻找,一些纸头掉到地板上。然后弯下腰在地板上继续寻找)你别傻站在这儿!请你帮助我整理一下我的手稿!
(两个人在地板上爬来爬去。)

海德格尔:你一开始就应该养成更有条理一点的习惯!

胡 塞 尔:哈!已经找到了(把一张纸拿起来,并放在灯光下)你能看见它上面写的是什么吗?(把纸递给海德格尔。)

海德格尔:(瞄了一眼)这是一份将樟脑丸放入一件带皮镶边的冬季大衣里的账单。

胡 塞 尔:那是一件漂亮的大衣,对我这儿倒是很有用的。去那儿找,去那儿!(继续找)你们不要把收藏的宝贝放在地上,蛀虫和锈蚀会在那儿吃掉它们。我这个唯物主义者!怎么偏偏摊上我呢！你把它翻过来，你把这张纸翻个面！有什么在上面？上面有什么？

海德格尔：是。上面有……

胡　塞　尔：嗯，什么？你就照上面读！

海德格尔：（读）"亲爱的海德格尔先生……"（中断）这是一封给我的信，这是一封给我的信的草稿！

胡　塞　尔：一封你也许从未收到的信。过去了，过去了！现在你也不需要再读了，你把它递过来！（从海德格尔手中抢过这张纸）你最好继续找！

海德格尔：你听着，你的全部分析证明：将一次体验对象化的那个"自我"已不再属于该次体验的"当下"了，就像你自己刚才承认的那样！这点确实是有决定性意义的。

（胡塞尔向后靠在躺椅上。）

海德格尔：如果生命发展的内在意义恰好是它的时间性，那么原初体验和后续观察在时间上的断裂便足以剥夺该体验活动的内在意义。这就好像你希望展示一下什么是"唱"，并且（将一张纸高高举起）为此目的出示了一张唱歌之人的图像。难道理论立场本身就一定不是更成问题的吗？难道就没有必要去找到一种进入方式，来无时间差地将应揭示者对象化吗？难道就一定要以应揭示者的时间性衡量自身，并在揭示它的状态下与它（可以说是）同行？

胡　塞　尔：我非常清楚地看到一个处于匿名状态的"原当下"（Urgegenwart）的问题，因为它不会变为对象性的。起揭示作用的反思来得太晚了。在意识的时间基础上，哲学意义上的反思遇到了一个不可逾越的极限。

海德格尔：这不是再一次清楚地标明了：主体是跟在它的"充实"后面

跛行,并且是在哲学反思的情况下得到加强的吗?而此哲学意义上的反思就是回到"曾在",回到已经发生的主观存在的堆积层中,回到主体的露天矿山的那些堆积的、分离出来的"当下"中。这不是再一次清楚地表明,反思总是在事后寻求一层接一层地发掘这个主体吗?这样一个哲学意义上的"爬回到已形成的主体深处"使得起源变成可见的。这个起源使人想起遥远的银河外星系的运动:我们现在借助技术仪器看得到银河外星系,但是它们自身,如科学已证实的那样,在数百万年前就已经消失了。

胡塞尔:科学不就是让我们有可能同已发生的事物联系起来吗?即便是预言,也都产生于已发生事物的基础上。

海德格尔:但是这里涉及的问题是:"此在"本身不是通过科学就可把握理解的。我想说的是,不是通过理论的途径。

胡塞尔:不过,请你还是把话讲得明白一点,为什么不行呢?

海德格尔:理论总是将需要询问的东西放在自己面前。可是我们的生命却恰好不是这种东西:它已经流走了。只要生命还在享受生活,它就没有走到终端。现在我们需要走到这个诊断的前面。

胡塞尔:如何走?

海德格尔:通过我们与生命同行,由此在一定方面超越它的方法。生命彰显什么,我们就实施什么,就是说,站在可能性之中,这样我们便与生命同行了。如果我们超越了它的各式各样的可能性,并相应地实施了一个唯一被彰显的可能性,即领先跑到生命终端,我们便超越了生命。我们在这种"跑在前面"的超越中才赶上了生命。

胡塞尔:赶上?

海德格尔:"赶上"意味着:我们不仅仅与它同行,而且还了解它的整体。但只有在它的终端,即在死亡处,我们自身所是的生命才可在整体形态上被把握。并且只有在此意义上,我们才能谈论一个"返回",即返回到我们曾作停留的地方。这种熟知情况的把握,这种返回,不是发生在理论之路上,而是某一次生活实施的结果。

胡 塞 尔:(固执地)但是理论不也是一次生活实施吗?

海德格尔:那当然,但却是那种在认识生活自身方面没有什么用处的生活实施。理论亦以操心的某种结构为基础。操心标明了我们如何存在于这个世界的方式,即它标明了代表我们能力的某种样式的一维!这个操心是一个完全确定的可能性,它使我们有可能把握在它周围的可能性,从理论上讲,我们不仅在用某种眼睛看世界,而且也在用某种方式同它打交道。

胡 塞 尔:这意味着什么?

海德格尔:"能力"的范围对我们是敞开的。如果没有开放这个范围的可能性,便不会有这个范围。这个范围使我们有才智引导视线和采取行动。此类活动处在这个具有开拓性的基础可能性的光亮之中,它们的极限也位于其中。(向上方示意)想想你的灯!理论立场作为这样一个面向其它可能性的可能性,作为一个敞开的能力范围的可能性,它也是一个操心的结果。它可以说就是操心的脉冲(Impuls)。但是,如果一个操心结构打开了某个时间维,这个理论立场也就拥有了它的特定的,可以调整"此在"的操心和时间性。

胡 塞 尔:你现在听到它了吗?

海德格尔:我能听到什么?我什么也听不到。

胡 塞 尔:你还没有听到?……空气中的嗡嗡声……

海德格尔:(揶揄地、轻视地)它一定又是你的不甘寂寞的、喜欢引人注意的先验主体。

胡 塞 尔:这个声音非常清楚,非常近……(两人向着黑暗方向倾听了一会儿)……但是还没到!

(海德格尔惊讶地看着。)

胡 塞 尔:还没到。你所说的操心在你看来有何内容?操心应能反映理论立场的特征,它是怎样建立它的时间性的?

海德格尔:嗯,理论立场取决于对已知认识的操心,它随着近代哲学和科学的开始而得到加强。

胡 塞 尔:是的,知识就是希望得到保险的财产。我想通过"返回到先验主体的明证性"的方法,在科学的证词中达到安全性和确定性。一个确信无疑的明证性有着彰显的特征,即:它的显而易见的事实构成绝对不会被想象为"非存在"(Nichtsein)。

海德格尔:你早先同现实有一种断断续续的联系。

胡 塞 尔:对,对,你太了解我了。你知道吗,作为一个年轻人,那时我在柏林读大学,我有过如下体验:一天我顺着大街走,有个迷人的姑娘从一门中向我招手示意,一个明确的眉目传情,这使我欣喜若狂。(海德格尔转动着眼珠向上看)我已讲述过这个体验吗?

海德格尔:(只是点了下头。)

胡 塞 尔:她就是如此向我示意的。我向她靠近,当我走到足够近的地方时,我看到,她只是一个服装模特儿。我站在一个蜡像馆跟前!我早就是近视眼了。……你,你能想象我当时的失望吗?

海德格尔:我首先要面对你的老生常谈。

胡　塞　尔:(没有听到这个评语)疑惑、失望,这种感觉后来总在不断地烦扰我。

海德格尔:"对生活的信任已经死了,生活本身就是走向疑问。"

胡　塞　尔:中心感到不安的人用特殊的方式保障自己。他离开这个大世界,并建造了他自己的,以自身为中心的世界。不过,我还曾学习如何对此进行再认识。

海德格尔:认识什么?

胡　塞　尔:就是认识世界并非终结于我的鼻尖。(重新举起望远镜,并对准海德格尔。)

海德格尔:这点我们大家都知道。

胡　塞　尔:因为我吃不准,"理论对保险的追求"对你而言是什么意思?

海德格尔:使理论行为成为可能的操心,在我看来,具有为已知认识而操心的特征。所以我指的是一个特定的操心,即围绕一个认识的操心,而这个认识就是要保障我们的认识活动的认识。这种操心就像每一个"操心格式塔"那样设立了一维,在此维中一开始就规定,每次遇到的东西处于何种可以说是"预先的兆头"(Vor-Zeichen)下。操心的结构规定遇到时间的方式,并规定在它开启的那一维里起统治作用的时间节奏。操心审视我们称之为时间的媒介物,时间由此首先在这些审视中形成。

胡　塞　尔:在作理论调整的情况下又当如何准确解释。

海德格尔:时间在"为已知认识而操心"里恰好被平均化为"现在瞬时"的一个单纯顺序。

胡塞尔：啊哈，正是点到位了！这些又一次对准了我的时间观！

海德格尔：时间在"为已知认识而操心"里被客体化为一个时间连续统一体的表象，这个时间连续统一体没有始端和终端，它的所有的部分都可以测量。

胡塞尔：我早就说过嘛！

海德格尔：这个思想在近代已经表现在：笛卡儿将诸多意识行为作为一种"集"（Mannigfaltigkeit）把握，作为一种仅仅被"行为的自我"（das Ich der Akte）捆在一起的单纯事物的集合。但在此"集"中绝没有提及出生与死亡之间的时间延伸。（向胡塞尔示意）你……

胡塞尔：谁？我？

海德格尔：你虽然试图表明，时间连续统一体的客体性是如何首先在主体的深处建立起来的。但是，即便是这个解释也还是要听从那个居支配地位的、为已知认识而操心的指令。是的，它甚至把操心推为最高的领导。

胡塞尔：好吧，好吧。

海德格尔：因为对一个连续统一体的表象在这里并不成为问题。

胡塞尔：好吧，好吧。

海德格尔：相反，为了固定这个表象和在它那儿得到完全的安宁，我们需要寻找一个最后的、绝对的基础。

胡塞尔：好吧，好吧，非常漂亮。这个老胡塞尔是近代迷途上可怜的党派追随者，是的，作为所有走此道之人中的最糟糕者，这是因为他自以为唯独他一人发现了真正的终极原因，并由此还能为"整体"（Ganze）加冕。（想站起来，并保持一张被痛苦扭曲的脸。）

海德格尔：（无动于衷）最危险的却是……

胡 塞 尔：此刻最危险的是我站不起来了，请你帮帮我！（海德格尔想扶他一把，但两人都向后倒下去。）

胡 塞 尔：白费力气。这个背啊，完全僵硬了。讨厌的冷风！

海德格尔：（仰卧在躺椅子上）将"对被认识者的认识"固定下来的空想确确实实地堵住了通向在认识里面被先期知觉的时间的进口，即堵住了通向使时间的平均布置成为可能的那个操心的进口。并且，这个"对已知认识的操心"从来不能掌握自身，因为它总是领先于自身的。

胡 塞 尔：（平躺在椅子上，从他的手势动作中我们不知道他是要重新站起来，还是想强调他的话）甚至连我也把操心视为理论立场的动力，确切地说是在这个意义上而言的，即：生命利用理论作为一种功能，以便通过理论回到自身中去。但这又能说明什么呢？我也认为，对生活来说，科学的发展涉及生活自身的问题。

海德格尔：不对。我们之间的差异是带根本性的。在你看来，我们的生活的一次重组只是一个理论优化过程的结果，就是说，让科学返回去同原初的动机结合在一起。这些原初的动机使科学产生出来，但它们自身却没有充分得到实现。

胡 塞 尔：科学的实际发展阉割了在科学性方面的原初主导思想，因为科学忘记了这个思想源自于先验主体之功效。

海德格尔：人们忘记了理论是固定在自身以外的地方的，我们在这方面是一致的。但是你试图借助理论的一个改良意义更新生存。与此相反，我却认为理论本身的意义是可缺省的，它奠基于被我称之为"对已知认识的操心"的那个东西中。

胡 塞 尔：但愿是这样。

海德格尔:(重新坐起来)如果是这样,而确实就是这样,那么理论虽然也是生活实施的一种方式,但却不适用于照亮自身,不适用于照亮它在生活中的固定状态及生活自身。理论固定在一个特定的操心中,它自身只是局部性的,并且绝对没有你宣布归它所有的那种万能的力量,此外它也不适合于我们从生活本身出发理解生活:倒是理论以主导它的操心的意义为前提解释一切。

胡塞尔:(休息片刻后做深呼吸,轻轻地叹了口气)我很晚才认识到,不可以仅仅在最终固定理论的意义上理解我所作的测量先验主体深度的试验。由此而显示出来的东西便会是先验主体自身的生活,如:它是怎样分层次地发展的,又是怎样超出自身发展的。少见啊,今夜竟然没有一颗星星。

海德格尔:我们所是的生命只能用一种方式把握,即将生命解释为受操心主导的东西,而我们的"此在"的每一个确定的时间性都是在操心的作用下产生的。

胡塞尔:(用一个急促的手臂运动打断海德格尔的讲话)到时间了!(不费劲地一步跳起来。)

海德格尔:我不理解。

胡塞尔:现在请你听"风的哲学"的第一部分(转向观众,用有力的声音):

> 我们抵抗着风,
> 就在我们跳入它的中心的地方。
> 我们体验着它,
> 不管是在它之中,
> 还是在它之上,

>这样它就不再逼迫我们,
>这样它就对我们显示自身,
>尽管我们以前从未见过它。

海德格尔:(无动于衷,坐在地板上继续往下说)一个"此在"的现存时间性同时也是"此在"的历史同一性,因为正是这个同一性首先打开"此在"生存于其中的时间维。反过来讲,如果"此在"特意抓住给予它的时间维以时间延伸的可能性,那么"此在"的生存便是真实的、历史性的,而它的历史性则是它自身的"时空"(Da)。人是"此在"的时空,即是有历史性的,所以他成为一个"人民"。这条路并不经过理论。

胡 塞 尔:(带着疑惑的神情望着海德格尔,过了一会)如果操心的统一的"意义格式塔"保证了我们的同一性,而我们因此便受制于这个同一性,那么我们如何能正确地对待其它并非在我们的"操心格式塔"中成长起来的同一性?

海德格尔:(迟疑了一下后回答)"此在"的时空只有在一个人民接受这个时空的存在,并且变得具有历史性的情况下才是存在的。这个时空自身从来不是一个"普遍的东西",而是具体的"这个东西"和一个"独一无二的东西"。人民总是被抛进他的时空里。

胡 塞 尔:我再问一遍:如果每一个自己的"操心格式塔"就是每一个自己的历史,此外如果操心的赶上使得接受自己的历史性成为可能,那么我们如何去理解这个不是我们的历史的历史,它的"操心格式塔"因而也不是我们所共有的历史?对我们自身历史的理解在内涵上要多于对我们自身历史的单纯反映,但我们如何达到这种理解呢?(急迫地)难道,难道我们当初不是不得不眼睁睁地看着人类受迫害,而其受迫害的原因只是有几个人觉得已经认识到了他们自己的同一性在什么地方,并且希望保持这种反对他人的同一性吗?

(海德格尔沉默无语。)

胡塞尔:(过了一会儿)我们大家的"坐视"不就是基于我们过分信任光这个错误吗?不,我们不再毫无疑问地同光的明亮打交道。要对西方国家有关光的形而上学加上一些限制,即要限制我们对光的过分信仰,我们已开始很好地理解这一点。为了弄明白光的存在到底是怎么回事,我们希望推进到光的发源处。当我们这些寻光者在探索从光那里弄清楚光的生成过程,并且还站在光中观察阴影时,我们便不会信赖这个光了,更何况这个阴影自身似乎并不是不同于光的东西。

(胡塞尔从锥形光束照在舞台上的光圈内一步跳出,进入黑暗。在他跳的过程中灯光突然熄灭,舞台在一个短暂时间内保持黑暗,然后灯光慢慢地亮起来。现在只有海德格尔位于光圈内。)

海德格尔:(搞糊涂了)我看见,我知道你还在那里……

胡塞尔:(在黑暗处)是的。但是,你不仅应该从你的位置出发知道这一点,而且还应该从你的位置出发知道我的位置正好不在你的位置周围。

海德格尔:(过了一会儿,清醒过来,想了一下,唱着朗诵)

拿吧,抛吧,隐藏吧,
让那跳跃存在吧。

自遥远的回忆，

跳入无根无据的领域。

（面向胡塞尔）这种跳跃是极端的抛出，就是从"准备从属于"态（Bereishaft zur Zugehörigkeit）跳入"占为己有而成自身"态（Ereignis）①。我在较晚期的思想中想对此说些什么呢？在我的较晚期的思想中，你在听吗？（停顿一下，站起来）一个观点上的"转向"，这个观点实际上曾经首先是与我的位置相关联的。对这个位置的早期思考，即对"此在"的存在的思考，对我而言，只是跳跃前的助跑。而这个跳跃呢？它首先让我知道我的位置所在。"此在"所在的地方因此就不再是那个操心，不再是那个作为中介而使"此在"同其自身维度相联系的操心，不再是那个在"跑在前面"的过程中被"此在"据为己有的操心。（跟跟跄跄地在灯光圈中找来找去，几乎是祈求般地）这个"跑在前面"转变为"跳跃"，这个跳跃再度将死亡带入"此在"，并因此能通过一种极端的方式测量出"此在"所在的地方。只有这样，我们才能体验"人是一个会死者"这句话所表达的意思。他之所以是一个会死者，就是因为他能够死亡。"死亡"就意味着：有能力作为死亡而死亡。

胡 塞 尔：（从黑暗中出来，用一种空泛的幽灵般的声音）我们互相理解吗？风暴已经来临，让所有的风吼叫吧！！我们不被他人所理解，而我们也不理解他人。我们彼此都是阴影，阴影的国度一定是富有阴影的。这些阴影就是我们还在生

---

① 有译作"成己"、"本成"、"本有"等。——译者注

存着的人类！必须建立这样的观点:我们让自己不费劲地在空间内移动,但恰恰是阴影在锻炼最大的强力。我们这里的情况呢？这里的事情不仅仅涉及生死以外,而且关系到生死本身。

海德格尔:(无助地四下张望。)

胡　塞　尔:(带恐吓性的口气)这儿没有保持一段安全距离的战情报告者,这儿到处都在激烈地交火!(再度走进灯光)你也应该跳一下,跳过你的影子。对我最后的话你有什么看法？

海德格尔:需要继续将死亡拉进"此在",并把它关在"此在"之中,以便体验"此在"的极端延伸。……这个跳跃使"此在"变成一个"中间"(Zwischen)。但这样一来,"此在"就不再将时间性同自身相联系,而这个时间性则"转"过来作为"在中间"(In-zwischen)而成为一个时光的空间之维(zei-traeumliche Dimension),成为一个时光的活动空间。在此时光活动空间的"在中间"里,"此在"不再自己占有它的时间性,它作为"时空之在"(Da-sein)而成其自身。

胡　塞　尔:哈!你现在把你的王牌打出来了! 遁点[①]"此在"反转过来变成一个"时空之在",而这个"时空之在"则体验到自身是"占为己有而成就"的。我不相信,这个"时空之在"回答了我刚才的提问。此处却是再度出现了这个问题:极端的推进将"此在"从寻找者已经抵达的地方挖出来,因此这种解救最多是这样一个从属于每一个自身历史的历史。但是我如何走到全然不同的历史中去呢,或者我应该说,走

[①] 遁点(Fluchtpunkt),透视图中的一点,所有朝一个方向平行延伸的直线在此点中合并起来,外显为一根线。——译者注

到其他人的死亡中去呢？

海德格尔：我反问一句：在你思想中的什么地方涉及到这个问题？在你沿循这个方向进行思考的地方，或许是在你足够奇特地想从你的先验自我分析的角度出发而让一个共有的世界基础成为可信之物的地方，你动用了你的唯心主义结构。

胡塞尔：不过，我总是反复地碰到我在我的理性主义范围内只能作为非理性而让其成立的极限。只有一个真正的理性才能挽救一个坏理性造成的损害，我是这么想的，并且看见其它可能性只在败坏的理性中，这个败坏的理性将思想深刻的讲话密封起来，并让自己舒适地呆在非理性主义和神秘主义中。然而这个所谓的非理性越来越成为我思想中的一根刺。很晚很晚时我才看到，非理性主义包藏着新的机会。我思想中的这些不定性留下继续前进的余地，也就是说，它们要求开辟其它的、新的方向。

海德格尔：驻留在思想中的东西是道路。思想崇尚建设奇妙的道路。（向前看）我们不是目标，我们只是一个进程。

胡塞尔：现在我发现，为个体而思的观点未必是为"绝对地奠定认识"服务的，它甚至也从来没有同主观主义捆在一起。我现在问自己，比以往更强调地问自己："我们是个体"这句话中包含着什么？仅仅因为个体的存在，仅仅因为我们总是个体，所以每一个"我们"，每一个所谓的"一般"才是成问题的。

海德格尔：我们各自面临死亡。

胡塞尔：是否因为我们正处于使我们的历史成为可能的过程中，我们便已是完全真实的个体，每一个"我们"自身？这对于确定我们的世界位置而言够用吗？

海德格尔：我们当然是作为个体处于这个过程中，我们同时还借助这个可能性体验到我们的历史性的极限。因此，我们是自由的，我们能够理解"另外的东西"，如其他的人民、其他的文化，而不是把它们当作我们自己的历史的延伸。我们没有关在自己的历史中。

胡塞尔：如何评价这个理解？带着问题敞开自身就够了吗？为了接近"另外的东西"，我们不是应该不再成为个体吗？

海德格尔：你的意思是什么？

胡塞尔：现在到时间了。请你听"风的哲学"的第二部分：

> 我们跳进风里，
> 由此我们跳进自身。
> 当然我们也从自身跳出，
> 所以我们才在跳跃中得到我们自身和他人。

海德格尔：（疑惑地望着胡塞尔。）

胡塞尔：个性化：这不是以强化利己主义为目标的。在利己主义的活动形式里，我决不可能是我自身（ich selbst）。在对自身历史性的占有中不是还隐藏着一个"自我中心主义"吗？难道不需要非常合适地占有自己的历史，同时还能释放它吗？但这不是通过免除债务的途径，不是在否定自身的意义上，而是通过制止这种对我们的历史性的观察方式，同时保持（Einbe-halten）这个观察，就是说，取消由上述观察方式把我们安置于其中的中心地位……

海德格尔：从你那儿我听到了新的令人担忧的东西。

胡塞尔：同时，这种取消不是通过理论实现的，是的，它完全不是思想的行为。它表示了光的一次休息,它将一个阴影移植到我们的自身理解之光和理解世界之光中。

海德格尔:"草原都在诅咒太阳,

　　树木的价值因此就在你们阴影身上。"

胡　塞　尔:但是,"世界深深,

　　深于白昼所思。"

　　连我也读过尼采的东西。

　　我们放弃我们的同一性,此做法将我们带到一个极限,那些原初不在我们历史的可能性周围的可能性就在此极限旁敞开自身。这是些新的、对我们继续起作用的、因而应该未被我们的历史彻底改变、未被吸收进来的可能性。它们的实际上的基础一定还是阴影。这个阴影不是光的投影。相对于我们所理解的光照范围,这个阴影是"另外的东西",我们的理解是不可能赶上它的。

海德格尔:这对于我们历史的时间性有什么意义?

胡　塞　尔:接近这个"另外的东西"就是一个无终端的历史。这不是将"自身的"与"异己的"平整化为一个中立的第三者的平均主义意义上的无终端,而此"无终端的接近"也不完全是由于"理解"未曾有过一次结束的原因。

海德格尔:而是?

胡　塞　尔:"接近"是无终端的,因为"阻碍"总是在中断我们的理解,(海德格尔用两个拳头敲打胸脯)而需要理解的东西则在阻碍的基础上各自新建成形。在这类阻力里,"另外的东西"的"不同之在"(Anderssein)总是在重新预示自己即将来临。因此,仅仅将阻碍清除出道路的要求就太廉价了。阻碍即是警告者,它们用强力迫使我们注意到我们的目光的局限性。但是,这种对阻碍的无穷尽的指摘也是证明我们存在的有限性的证据。我们是在用一种深化的方式讨论原初的问题:我们的光照范围接触到了既不因光而产生,也不由光去体验或者由光去驯服的阴影区。光的这个矛盾性包含一个"限界",这个"限界"恰恰是为那些"有限的人"建立的。"会死"正好意味着对一种压力的体验,这种压力就是我们必须连续不断地带着我们的理解冲向,冲向另外的理解。但这个事实本身却不是理解的要素。

海德格尔:死亡是"隐蔽着的藏匿者"(Bergend-Verbergende),在死亡这里汇集了"存在"的最高隐蔽性(Verborgenheit)。

胡 塞 尔:这个规定难道不是由光去思考的吗?用你的术语讲,难道不是由"解蔽"来思考的吗?这个解蔽难道不是以一个还未被承认的对光的信仰为基础吗?

海德格尔:这些话从你的嘴里说出来,我感到很吃惊。

胡 塞 尔:(把手套脱下来,并扔到地上)我改变自己,但仍然还是原来那个人。(蹦跳着原地转了一圈)我也许真的是,并继续是永恒的初学者,自然是其它意义上的初学者,而不是你所认为的"初始"意义上。

海德格尔:在最初开始时,人们相信我们会完成某个要在最后才可被获知的东西。真正的开始如果作为一种跳跃总是一次"跳在前面"(Vorsprung),在此"跳在前面"过程中,所有的到场者(Kommende)都被跃过,尽管它们处于被遮蔽状态。这个"开始"已经隐蔽地包括了"结束"。

胡 塞 尔:情况可能是这样的:我在我的开端系列里也信仰这个无终端顺序的"思想造型"(Denkfigur)。我怀疑的是将第一个与最后一个终端合并在一起的终端。那些将我包括进去的跳跃具有另外一种本质。

海德格尔：这个跳跃……

胡　塞　尔：这个跳跃是一次向着开端的跳跃，一次向着我们的开端，但却没有达到的跳跃。是我们中断了它的作用……我们带着痛苦体验到了钉在我们脑袋上的跳板。

（两人沉默了一会儿。）

胡　塞　尔：（四下张望）风停了，安静出现了。啊哈，我们已经有多少次试图不用强化光亮之法逃避死亡了！然而，当我们将光的阴影边缘作为不同于光的东西储存下来时，作为在世之人的我们却会更多地想起我们的有限性。然后……然后也许这个光便能照亮新的地方（在说最后几句话时，舞台背景一点点亮起来，原来照亮胡塞尔和海德格尔的灯光则渐渐变弱）。

海德格尔：对于我们这里而言，它来得太晚了。

胡　塞　尔：是的，我们，你和我，再没有渴望了。贪欲和好奇沉寂了。风和眼睛止歇了。我们的"命运"（Los）充当永恒者（Zeitlose）。对我们而言，光不再一直被阴影所包围。也许我们只因为如此才能自由地说话。现在我们已经高于事物了。对吗？（休息片刻）你看看，我们的周围是不是亮了点儿？（两个人转过身去。背景沉浸在不明确的乳色光中，前台成黑暗的。胡塞尔和海德格尔就像黑色的剪影一样被衬托出来。）

海德格尔：由此我们自身完全陷入夜晚的阴影。

胡　塞　尔：明天是新的一天。

海德格尔：是否也对我们而言，这还得加以证明。

胡　塞　尔：我们，夜晚的产物，进行夜间会谈的我们。

海德格尔:夜晚的家伙,比黑暗还要黑暗。
胡　塞　尔:新的一天将不过如此。
海德格尔:是消逝踪迹的阴影阿拉贝斯克[①]。
胡　塞　尔:安静,请你别动。

(刘小龙、王民　译)

[①] 阿拉贝斯克(Arabeske),芭蕾舞中的一种舞姿:两手张开,一腿直立,另一腿与之成直角向后伸。——译者注

汉斯·莱纳·塞普教授访谈录

黄子明、张任之

问：塞普教授，您是《胡塞尔全集》的编者之一，是《欧根·芬克全集》的主编，也参与《施泰因全集》的编辑，还主持编辑几部重要的现象学国际系列丛书，如 Orbis Phaenomenologicus（《现象学世界》），Phänomenologie. Texte und Kontexte（《现象学：文献与语境》），Ad Fontes. Studien zur frühen Phänomenologie（《回到源初：早期现象学研究》）等，同时也是布拉格查理大学中欧哲学研究所的负责人，能请您概述一下您过去在现象学方面所从事的研究及组织工作吗？

塞普：我在现象学领域的工作涉及现象学的整体工程，正如它在"现象学运动"中已经历史地实现出来并且还在继续展开的那样。对此我特别关心现象学立场的界限和边缘问题，也就是说，现象学的立场凭借什么同另一种或者所有其它立场划清界限。正是现象学表明了，所有思想概念都是基于一种"原促创观念"（Urstiftungsidee），它引导理论的具体展开。虽然这些"原促创观念"对于最真实意义上的理论立场来说给予了尺度（maß-gebend）①，但其自身在这个立场之内却大多保持着晦暗不明，正如胡塞尔在他后期的关于欧洲科学发展的《危机》中所指出的那样。它们保持着晦暗，因为它们处于一种

---

① 形容词"maßgebend"字面意思是"给予尺度的"，通常译为"决定性的"、"权威性的"，塞普教授在这里强调它从构词上显示出来的本来含义，故按其字面意思翻译。以下脚注皆为译者注。

理论的开端;可以说是它们照亮了一种理论的研究领域,但它们本身并没有被它们自己产生的光所照亮。由于这些原促创处于理论的边缘,它们更多地涉及人类实存的运动(Bewegung der menschlichen Existenz)①,这种运动相关于对其自身以及对其在世界中的位置的原促创,而不是涉及那种由此产生的理论的运动,这种运动已经将这种自我相关性融入由其构成的法典中。

虽然现象学已经揭示了这种原促创与继续促创(Fortstiftungen)的结构,但现象学本身在其众多的现象学立场上恰恰还服从于这一结构。因此,一门现象学的现象学(或现象学的哲学)就与这样一种任务有关,即在意义谱系中重构各自的实存的体验视角,在其中一种(现象学的)理论产生出来。因此问题是要在各种不同的现象学进路中找到一个统一的契机:即这样的事实,也就是现象学理论以及现象学在它的运动中的多样性展示出对人类实存运动隐含的反思,而这些是在跨文化背景下进行的。这个目标从根本上指引着我所有的现象学兴趣——出版物、书籍系列的创立,以及座谈会和会议的组织。

问:在目前活跃着的现象学家中,您应该是对早期现象学运动最有精研的了,能请您谈谈当前早期现象学研究的基本状况以及它的价值吗?

塞普:对早期现象学的研究长期以来居于次要地位。相反,根据人们在(欧洲)哲学史上经常遭遇到的模式,认为只有"大人物"有话可说

---

① 语出捷克哲学家扬·帕托契卡(Jan Patočka),参见帕托契卡:《人类实存的运动:现象学论文集续编》(*Die Bewegung der menschlichen Existenz. Phänomenologische Schriften II*),内伦(Klaus Nellen)、涅梅茨(Jiří Němec)、什鲁巴日(Ilja Srubar)编,斯图加特,1991年。

的这样一种看法占主导地位。因此人们将哲学思考的发生归结于少数人身上；而发生运动本身就这样没有落入视野。

然而正是以慕尼黑-哥廷根派为代表形式的早期现象学现在首次被理解为一场运动，一种知识社会学模型，这种模型实际上已经克服了在封闭自足的个人立场和学校教育（这基本上只是同一枚硬币的正反面）二者之间进行的狭隘抉择。对于一场共同完成的运动当然需要一个共同的基点，这个基点已经见诸形式的目的中，即在与诸体验境遇（Erlebnisdispositionen）及其相关内容有关的那种研究的基础上达到哲学的认识。尽管存在这种张力，人们在共同性中注意到，每个哲学思考者在存在论上锚定的哲学起点是不同的。换句话说，如前所述，正是在早期现象学中不仅示范性地展示了现象学研究所发现的并在概念上带来的东西：将每一种理论锚定在人类实存的运动中；并且在创造共同体的尝试中，人们意识到本己的概念（和为其奠基的、"促创"这概念的实存的经验）的边界，以及因此意识到与他人交流的必要性。

因此非常欢迎今天年轻的研究者无成见地投入到对早期现象学的研究中，因为这表明了对他人以及他人成果的开放性。而且，由于理论静观（theoría）的运动总是具有社会意义，这种研究也会对一般社会概念，对理论之外的生活，即哲学和科学之外的生活产生影响。这也正是胡塞尔的目标：借助于革新后的理论——在一个开放的、无止境的过程中——来改造社会实践（praxis）[①]。

[①] 这里的"theoría"和"praxis"用的是希腊语的拉丁文拼写形式。在希腊语中"theoría"相当于德语的"Zuschauen"，即"静观"，"praxis"对应于德语的"Tun"，即"行动"。塞普教授使用这种形式既可以强调"theoría"和"praxis"在词源上本来的相对立的含义，又可以凸显现象学赋予传统静观意味的"理论"以新的运动的内涵。

问：您目前所在的布拉格查理大学人文学院以高度国际化、综合性办学为宗旨。除了现象学专业领域之外，您的教学活动和研究兴趣还延伸至多项跨学科、跨文化的研究，比如您对东亚文化以及禅宗的研究。可以说，您的研究课题非常丰富。您认为这种将西方哲学与其它学科、其它文化研究相结合的新型研究模式会发展成为与传统哲学研究方式平行的重要趋势吗？

塞普：我对其它学科和其它文化的兴趣都源于同一个基本观点：对世界的态度——无论是就其理论的还是就其实践的本性而言——都与各个特定的独特-样式（einzig-artigen）的实存境遇相关联，它们都基于现象学上可揭示的经验。如果现象学的核心工作是澄清原促创过程，那么现象学就是一种能够将理论概念（哲学和科学的多样性）以及非理论和前理论的世界构成（文化的多样性）的实存条件课题化的理论。这就是为什么现象学早期就与其它学科建立了关联，并且后来成为跨文化课题的一个重要场所的原因。然而在跨文化性本身成为其研究对象之前，现象学事实上就已经是跨文化的了，比如当现象学在日本被接受时，西田几多郎就已将西方和东方的思想融合在了一起。

总体上可以说，在 19 世纪现象学直接的前史之后，"交互的"（inter）或"在……之间"（zwischen）[①]就通过现象学成为其特别重要的话题。因此，现象学通过将自身存在和非自身存在结合起来思考，告别了在相对主义（真实的规定被瓦解成不相关的元素）和普遍主义（一切的真实都从属于一个规定它们的优先性的东西）之间非此即彼

[①] 拉丁语词"inter"相当于德语的"zwischen"，意为"在……之间"，与其它词合成后常见的译法有"交互……的"、"跨……的"、"……间的"。"inter"在文中多次出现，译者根据语境和参考通常的译名，在这几种译法之间选择调整。

地做抉择:人类的实存是在自身中聚拢的,正如它同时又是对自身偏离的;它是停泊于自身之中的中心,并且同时也是边缘域,或者更确切地说是从自身中向外延展的行为。主体性不再站在现实的对立面,而是交织于其中。行为者因此不再是自主的主体,而是处于关系中的主体。通过将这个中心解读为"相关性"(Korrelativität)(胡塞尔)或"共创性"(Konkreativität)(罗姆巴赫)①,中心转向它的边缘,转向他人的深度和自身的深度。因此,个体的或社会的位置不仅由其中心决定,而且首先的是由其边界决定:这个位置只是"相对绝对的"(relativ absolut)(舍勒),因为它的边界表明对本己的肯定(向心的)并且超越它向外延伸(离心的)。同时地作为中心和边界,是"交互学科"和"交互文化"概念中"交互性的"所隐藏的更深层次的含义。那么值得注意的是,不仅现象学仔细考查了"交互性"的难题,而且它的可能性条件本身自始至终就是这种"交互性"思想。因此,强调这一点也是一门现象学之现象学的任务。

问:您最近重点发展和从事的"家园学"(Oikologie)②属于当前西方学术界的前沿领域,也是一个跨学科的学术领域,中国读者对之还比较陌生。您能介绍一下这项研究吗?您最初的研究动因是什么?您说过,"家园学是哲学的哲学",那么在现象学以及欧洲现代哲学的发

---

① 参考海因里希·罗姆巴赫:《起源:人类与万物的共创性哲学》(*Der Ursprung. Philosophie der Konkreativität von Mensch und Natur*),弗莱堡,1994年。

② "Oikologie"(家园学)是一个新兴词汇,希腊语词"oîkos"相当于德语的"Haus",即"家"、"居所",与这个词同源的还有"Ökologie"(生态学)和"Ökonomie"(经济学)。Oikologie 殊为难译,这里采用的"家园学"来自倪梁康教授的建议。塞普教授所发展出的"现象学的家园学"试图"把经济学(Ökonomie)相关项与生态学(Ökologie)相关项关联在家园学(Oikologie)这一统一概念之下",从而避免"经济学与生态学之间本身成问题的对立"。参考汉斯·莱纳·塞普:"现象学家园学的基本问题"(Grundfragen einer phänomenologischen Oikologie),2011年。

展历程中,家园学将会处于什么位置?

塞普:基于现象学基础上的哲学的家园学试图重新描绘社会性与个体性的关系。它反对两种广为流传的观点:一种认为个体的东西是社会的东西的衍生物,另一种将作为个人空间的家园(Oikos)与作为公共领域的城邦(Polis)截然区分开。与此相对的是对个体的两种模式的区分:一种是,个体实存作为个体的,其自身统觉实际上是特定社会文化的结果,另一种则是,个体的东西(das In-dividuelle)[①]原则上先于社会的东西。在这里,个体或不可分者(In-dividuum)是被分离之物的典范(在列维纳斯的"分离"的意义上):事实上,是"我"(并且没有人能代替我)在呼吸、吃饭、睡觉等等。那么就要追问,是什么使得根本上分离的个体性(In-dividualität)社会化,答案就是,这种调解是通过"家园"(Haus)来实现的。可以说,家园是这样一种设置,通过它,身体性(因为个体的不可分的实存是一种身体性地被把握的实存)来试验其社会化能力。例如,对于本己身体,初步的观念和行为模式从内部和外部形成,而对于家园,它们被再生产,并且通过语言和一般想象权能被"社会化"(家园是"第二身体",就像身体已然是"第一家园")。简而言之,家园是两种"内存在"(Insein)之间的中转站,第一种是被描述为纯粹身体性的内存在,另一种则已经在一个世界背景下运作,也就是"在世界之中存在"(In-der-Welt-sein)。比如海德格尔只认识到后者。然而问题在于,人们从后者出发再也无法获得前者。二者的交接处正是我们在不同的文化中理解为"家园"的东西,而在城市建设文化中,它显然始于由石头筑成的、

[①] 拉丁语词"In-dividuelle"相当于德语的"Unteilbare",字面意思是"不可分的",塞普教授在这里强调个体作为不可分的存在。

指向永恒的圣所(例如安那托利亚的哥贝克力石阵,英国的巨石阵)。

在这种情况下,文化的条件,人类作为"文化构成"的存在,也就是定居生活所担当的特别的角色(作为一种变形,无定居的游牧生活也包括在内),本身就存在问题,这涉及到一些问题,比如说,在欧洲,哲学和科学的"原促创"(Urstiftung)在多大程度上以一种定居文化为前提,与此相关的,哲学上关于"原因"(Grund)和"论证"(Begründung)的话语,对(知识)拥有(Besitz)的追求,还有"理论"(Theorie)和"实践"(Praxis)的概念,以及作为"理论的实践"的理论(theoría)的发现(胡塞尔)等等,意味着什么。① 从这个意义上讲,家园学也是一种哲学的哲学。它不是以某个"文化"的概念为前提的"文化理论",而是要去澄清"文化之物"本身。

从这几点说明中已经可以得出结论,家园学是现象学的一个必然成果。如果现象学表明了一种转向"交互性的"视野转变,那么家园学的问题就是,这一主题视野是如何在意义谱系上实现的,在关于"中心","向心"和"离心","内部"和"外部","绝对"和"相对"等等的意义偏移中,哪些条件直接构成了这个视野的基础。澄清这一点将是现象学的家园学哲学的任务。当然,这项澄清工作可以扩展到所有哲学运动,那将会有一种对哲学的家园学哲学,相应的还有对各种科学、宗教和艺术的家园学哲学。如果在现象学中产生出这样的洞察,即那种在身体性中奠基的、自身定向和表现着的人类实存运动支撑着理论概念,那么让运动本身在场所构成(Ortbildung)的指导观点下成为课题就只是一个步骤了。家园学的动机就在于现象学之

---

① "Stiftung"(促创)本义为"建立","Grund"(原因,根据)本义为"土地","基础","Begründung"(论证)本义为"建立","为……奠基","Besitz"(占有,占有物)词根来源动词"sitzen"(坐,占据)。列举这些词汇的本义及其在哲学文化上的引申义意在从语词的构成和使用上揭示欧洲哲学和科学与一种定居文化的密切关联。

中,家园学是现象学固有的内在成果。

在所有这一切中,家园学的视角是基于立足点的变化:人们不再只是置身于某种"内部"(在某种社会、政治、哲学、科学、宗教的整体情况之中),而是通过悬搁从自己的家园中走出,可以自由地在它们的意义谱系中分析自己和他人的世界,从而展示出,"它们已经生成并且是如何生成的"。对此,问题不是采用一种自由浮动的"客观的"立足点,主要因为作为一种特定视角的客体化态度也是家园学澄清的主题。相反,这毋宁是通过重新构造(re-konstituiert)其发生进程来衡量一种时空整体情况的发生发展。

问:您曾经多次来访中国高校进行讲座及交流活动,也有大量作品在中国被翻译出版,中国当下的哲学及现象学研究给您留下了什么印象? 最后,您想对中国读者说点什么?

塞普:在华语世界中,特别是在广州中山大学,以及短时间在北京、香港和台湾的经历,让我印象深刻地体会到,我的朋友和同事们是如何以高超的专业知识和巨大的干劲成功地建立起生气蓬勃的现象学研究和思考的中心,这些中心承担起了卓有意义的现象学翻译和研究工作,并激励着年轻一代进行现象学的思考。未来的可预计的投入还不止于此。因为对于保持着蓬勃活力的现象学来说,有两件事是至关重要的:对于传统进行编撰和分析性的维护,以及现象学专业研究的创造性发展。

此外,如果通过对现象学思考的充分理解的应用来增强对所有生活表现的典型核心内容及其边界的意识,那么在生活世界的、科学的和宗教的领域中社会组织会有很大的潜力。这种意识将成为文化内和文化间的均衡(Ausgleich)的先决条件,舍勒谈到过这种均衡,它包括将自身传达给他人,在自身中为他人提供一个场所,从而通过他人的目光加深对自身的体验。现象学在这里成为对一种态度的修养(Kultur),这种态度以基于实存的交流来应对自我中心主义的分界。以这种方式实现的均衡并没有消解各个独立性,相反,它加强了它们,但是把它们的自我中心倾向还原为实体化。因此,这种均衡致力于一种稳定的不平衡①,一种在不同世界通道之间的相互约束的协议。导入这种平衡似乎是提供给我们的思考和社会行动的唯一可能的东西,只有它可以确保人类在其个体性中生存下来。

我认为,这对于像中国文化这样一种重要的文化来说是一个适宜的导向,因为中国文化拥有一段如此丰富的、可堪回顾的、关于均衡策略思考的本己历史,而今天现象学已在其中如此强劲地开启。因此,现象学思考的最内在的意义邂逅了中国世界观的本质特征,这样,在这个现象学作为家园学与中国文化的中心哲学内容相遇的地方,已经有了均衡的端倪,并且是关于对均衡的思考本身的。更清楚地阐明这些问题,将会是东西方现象学或家园学研究的一个强劲动力。

塞普先生,非常感谢您接受我们的采访!

---

① 参考约瑟夫·H. 赖希霍夫:《稳定的不平衡:未来生态学》(*Stabile Ungleich-gewichte. Die Ökologie der Zukunft*),法兰克福,2008年。

文 献 来 源

1. Husserl über Erneuerung. Ethik im Schnittfeld von Wissenschaft und Sozialität, in: Hans Rainer Sepp und Hans-Martin Gerlach (Hrsg.), *Husserl in Halle. Spurensuche im Anfang der Phänomenologie* (*Daedalus. Europäisches Denken in deutscher Philosophie*, Bd. 5), Frankfurt am Main u. a.: Peter Lang 1994, S. 109 – 130.

2. Werte und Variabilität. Denkt Scheler über den Gegensatz von Relativismus und Universalismus hinaus?, in: Ram Adhar Mall und Notker Schneider (Hrsg.), *Ethik und Politik aus interkultureller Sicht* (*Studien zur interkulturellen Philosophie*, Bd. 5), Amsterdam/Atlanta, GA: Rodopi 1996, S. 95 – 104.

3. Ego und Welt. Schelers Bestimmung des Illusionscharakters natürlicher Weltanschauung, in: Christian Bermes, Wolfhart Henckmann und Heinz Leonardy (Hrsg.), *Vernunft und Gefühl. Schelers Phänomenologie des emotionalen Lebens*, Würzburg: Königshausen und Neumann 2003, S. 81 – 91.

4. Widerstand und Sorge. Schelers Antwort auf Heidegger und die Möglichkeit einer neuen Phänomenologie des Daseins, in: Gui-

do Cusinato（Hrsg.）, *Max Scheler*. *Esistenza della persona e radicalizzazione della fenomenologia*, Milano: Franco Angeli 2007, S. 313 - 327.

5. Edith Steins Position in der Idealismus-Realismus-Debatte, in: Beate Beckmann und Hanna-Barbara Gerl-Falkovitz（Hrsg.）, *Edith Stein. Themen, Bezüge, Dokumente（Orbis Phaenomenologicus Perspektiven*, Bd. 1）, Würzburg: Königshausen und Neumann 2003, S. 13 - 23.

6. Sein, Welt, Mensch. Eugen Finks implizite Kritik an der phänomenologischen Reduktion in der Sechsten Cartesianischen Meditation, in: Susanne Fink, Ferdinand Graf und Franz-Anton Schwarz（Hrsg.）, *Grundfragen der phänomenologischen Methode und Wissenschaft. Eugen-Fink-Colloquium 1989*, Freiburg i. Br. 1990, S. 111 - 120.

7. How Is Phenomenology Motivated? in: Thomas Nenon and Philip Blosser（Eds.）, *Advancing Phenomenology: Essays in Honor of Lester Embree（Contributions To Phenomenology*, vol. 62）, Dordrecht: Springer 2010, pp. 35 - 44.

8. Welt-Bild. Elemente einer Phänomenologie der Grenze, in: *Idee, Rivista di filosofia* 62/63（2006）, pp. 139 - 153.

9. Verendlichung als Tiefenstruktur der Krisis, in: Helmuth Vet-

ter (Hrsg.), *Krise der Wissenschaften-Wissenschaft der Krisis*？： *Wiener Tagungen zur Phänomenologie*：*im Gedenken an Husserls Krisis-Abhandlung*（1935/36 -1996）（Reihe der Österreichischen Gesellschaft für Phänomenologie, Bd. 1), Frankfurt a. M. u. a.： Peter Lang 1998, S. 59 - 73.

10. Intencionalidad y apariencia. En camino hacia la clarificación de la afinidad entre la actitud fenomenológica y la actitud estética, in：Roberto Walton (ed.)：*Fenomenología III* (Escritos de Filosofía [Buenos Aires]), 27/28, 1995, pp. 181 - 196 (ins Spanische übers. von R. L. Rabanaque). 德文稿将收在他的新书 *Leben*. *Phänomenologie der Epoché II* 中。

11. Homogenisierung ohne Gewalt? Zu einer Phänomenologie der Interkulturalität im Anschluß an Husserl, in：Notker Schneider, Dieter Lohmar, Morteza Ghasempour und Hermann -Josef Scheidgen (Hrsg.), *Philosophie aus interkultureller Sicht*. *Philosophy from an Intercultural Perspective* (Studien zur Interkulturellen Philosophie, Bd. 7), Amsterdam/Atlanta, GA：Rodopi 1997, S. 263 - 275.

12. Zen und Epoché, in：Hisaki Hashi, Werner Gabriel und Arne Haselbach (Hrsg.), *Zen und Tao*. *Beiträge zum asiatischen Denken*, Wien：Passagen 2007, S. 51 - 66.

13. Phänomenologie als Oikologie, Auf Deutsch erschienen in：Jan

Giovanni Giubilato (ed.): *Die Lebendigkeit der Phänomenologie. Tradition und Erneuerung | The Vitality of Phenomenology. Tradition and Renewal* (*libri nigri*, Bd. 72), Nordhausen: Traugott Bautz, 2018, S. 276-294.

14. Grundfragen einer phänomenologischen Oikologie, in: *AUC Interpretationes. Studia Philosophica Europeanea* 1 (2011), S. 217-241.

15. Erde und Leib. Orte der Ökologie nach Husserl, in: Carlo Ierna, Hanne Jacobs and Filip Mattens (Eds.), *Philosophy, Phenomenology, Sciences. Essays in Commemoration of Edmund Husserl* (*Phaenomenologica*, vol. 200), Dordrecht et al.: Springer 2010, pp. 505-521.

16. Das maskierte Selbst. Zu einer oikologischen Phänomenologie der Person, in: Dean Komel (Hrsg.), *Phainomena* 19: 74/75 (2010), S. 3-19.

17. Law and World: Gerhart Husserl in Conversation with his Father, Memorial Lecture 2012, Husserl-Archiv Leuven, April 2012.

18. Gabe und Gewalt. Gedanken zum Entwurf einer leibtheoretisch verankerten Anthropologie, in: Cornelius Zehetner, Hermann Rauchenschwandtner und Birgit Zehetmayer (Hrsg.),

Transformationen der kritischen Anthropologie. Für Michael Benedikt zum 80. Geburtstag, Wien: Löcker 2010, S. 133 – 146.

19. Schattenreich. Husserl und Heidegger über die Zeit, das Leben und den Tod. Production: Hans J. Ammann.-City Theater of Freiburg, Germany, première on Dec. 12, 2000; also presented at Castle Freudenberg near Wiesbaden on Sept. 22., 2001, and in Prague on May, 14., 2002. Spanish version: *Reino de sombras, de sombras lleno, Husserl y Heidegger sobre el tiempo, la vida y la muerte* (transl. Javier San Martín and Antonio Zirión), produced by Roberto Briceño.-Teatro Ocampo, Morelia / Michoacán, México, Sept. 23.-24.-25., 2009).

编 后 记

汉斯·莱纳·塞普先生（Hans Rainer Sepp,1954— ）是德国当代著名现象学家，也是目前国际上最重要的早期现象学运动的研究专家以及卓越的国际现象学研究的组织者与推动者。

塞普先生于 1982-1992 年任职于德国弗莱堡大学的胡塞尔档案馆，与托马斯·奈农（Thomas Nenon）一起编辑出版了《胡塞尔全集》第 25 卷（《文章与讲演（1911-1921 年）》，多特雷赫特等地：1987 年）、第 27 卷（《文章与讲演（1922-1937 年）》，多特雷赫特等地：1989 年），还主编了《埃德蒙德·胡塞尔与现象学运动》（弗莱堡：1988 年）这部经典研究文集。其间于 1991 年在德国慕尼黑大学师从著名现象学家埃贝哈特·阿维-拉勒芒（Eberhard Avé-Lallemant）完成博士学业，博士论文题为《实践与理论——胡塞尔对生活的超越论现象学的重构》（弗莱堡：1997 年）。自 1996 年起至今，塞普先生执教于捷克布拉格查理大学，并创建了布拉格帕托契卡档案馆（Jan Patočka-Archiv），且一直担任负责人，现在还担任中欧哲学研究所所长（布拉格），以及欧根·芬克档案馆（Eugen Fink-Archiv）馆长（德国弗莱堡），并主持《欧根·芬克全集》的编辑工作等。在此期间，塞普先生于 2004 年在德国德累斯顿工业大学和捷克布拉格查理大学获得大学教授资格。此外，塞普先生还参与编辑考证版《施泰因全集》，且长期担任国际舍勒协会（MGS）谘议委员会委员，并担任国际慕尼黑现象学研究会（FMPI）创会主席等，同时主编有《现象学世界》（*Orbis Phaenomenologicus*），《现象学：文献与语境》

(Phänomenologie. Texte und Kontexte)、《回到源初：早期现象学研究》(Ad Fontes. Studien zur frühen Phänomenologie)等各类丛书七套,实质性地推动着国际范围内的现象学研究。

近年来,塞普先生在图像艺术现象学、跨文化哲学研究等方面用力甚勤,先后出版了《图像:悬搁的现象学I》(维尔茨堡:2012年)、《论边界:跨文化哲学之导引》(诺特豪森:2014年)、《想象之物的哲学》(维尔茨堡:2017年)、《生活:悬搁的现象学II》(维尔茨堡:2019年)等著作,还在身体性现象学研究的基础上,创造性地提出了现象学的家园学,在国际现象学界产生了积极影响。

"家园学"是对Oikologie一词的翻译。此词殊为难译,有译者译为"家庭学",有译者译为"家居学",有译者译为"家乡学",也有朋友建议译为"栖身之学"、"居所论"或"家论",等等。编者这里所采用的"家园学"来自业师倪梁康教授的建议。倪老师在1994年的一篇书评中曾说:"'经济学'(economy)和'生态学'(ecology)在古希腊语中实际是一对同义的概念,它们的共同词首'eco-'在古希腊语中意味着'家'。如果我们把地球看作是人类的家,那么在今天的理解中,经济学的意义应当是'家园学',生态学的意义应当是'家园学'。无论从这两个词的字面意义看,还是从两种学说的理论内涵上看,生态学的问题都要比经济学的问题更根本、更关键:若无'家园',谈何'家政'?"(倪梁康:"生存的危机与哲学的责任——兼论V.荷斯勒及其生态哲学",载其著:《会意集》,北京:东方出版社,2001年,第156页)。

塞普先生所发展出的"现象学的家园学"试图避免经济学和生态学之间的对立,并追问"经济学和生态学是如何奠基在一门家园学之中的"。在其"现象学家园学的基本问题"一文中,塞普先生有清晰的说明:"如果我们把经济学(Ökonomie)相关项与生态学(Ökologie)

相关项关联在家园学(Oikologie)这一统一概念之下,那么能够避免的就不只是经济学与生态学之间本身成问题的对立。此外,这个囿于客观关系的视角还包含着一种可能,即:通过对家(oikos)为之而存在的主体生命的考察,这一视角将得以拓展和完善;或者说,只有被纳入到主体生命之下时,家园学的完整意义才会存在。"(参阅本书所收录的该文)

编者曾于 2007 - 2009 年在 Erasmus Mundus "德法哲学在欧洲"项目(欧盟)框架下,在塞普先生的指导下完成硕士论文,其后一直得到先生的学术指导。差不多在五年前,编者就起意编选塞普的中文文选。这里的十八篇文字是编者从塞普先生历年来发表的 150 余篇论文中精选出来的,所选的文章很多都有多种语言的翻译,选目也得到了塞普先生本人的首肯。全书按照主题分为四个部分:

第一部分 现象学思想史,主要包含 6 篇文章,是塞普先生对于胡塞尔、舍勒、海德格尔、施泰因、芬克等早期现象学家的专门研究。这些文章所论及的主题重要但大多在汉语学界被关注不多;

第二部分 对现象学的反思,主要包括 6 篇文章,涉及塞普先生对于现象学基本方法的一些批评性思考,同时也涉及对跨文化哲学研究的现象学反省。

第三部分 现象学的家园学,主要收入 6 篇文章,均为塞普先生近作。涉及现象学的家园学的基本问题、法权现象学、身体现象学、人格现象学等诸多方面,是塞普先生本人对现象学的独特发展。

第四部分 现象学的戏剧,收入了塞普先生创作的以胡塞尔和海德格尔为主角的戏剧,该剧曾于 2000 - 2002 年在弗莱堡、布拉格等地多次公开演出。

可以说,全书既收录塞普先生多年来对于现象学的精深研究专论，同时也收录其本人对现象学的反省和发展，较为全面地反映了塞普先生的现象学工作。

我们编选这部文集庆贺塞普先生的六十五生日，并借此方式感谢塞普先生长期以来对于现象学研究的推动以及对中国现象学研究的支持。编辑出版此文集的设想最终能够实现，首先要感谢诸位译者的鼎力支持！就读于或曾就读于中山大学哲学系的宋文良、王明宇、吴瑞臣、吴嘉豪、蔡勇骏、崔春秋、李明阳等诸位研究生分别对照原文通读了本文集的各篇译文。李志璋、李明阳、段喜乐统一了本文集的格式并通读全书稿。在此一并致谢！

还要特别感谢商务印书馆的陈小文先生和关群德先生在出版方面的大力支持和帮助！

本文集的编译工作也是国家社科基金重大项目（编号：17ZDA033）的阶段性成果。

张任之

2019 年 1 月于中山大学

图书在版编目(CIP)数据

现象学与家园学/(德)汉斯·莱纳·塞普著;靳希平等译.—北京:商务印书馆,2019
(中国现象学文库·现象学原典译丛)
ISBN 978-7-100-17715-3

Ⅰ.①现… Ⅱ.①汉… ②靳… Ⅲ.①现象学 Ⅳ.①B81-06

中国版本图书馆 CIP 数据核字(2019)第 153022 号

权利保留,侵权必究。

中国现象学文库
现象学原典译丛
现象学与家园学
塞普现象学研究文选
〔德〕汉斯·莱纳·塞普 著
张任之 编
靳希平、黄迪吉 等译

商 务 印 书 馆 出 版
(北京王府井大街36号 邮政编码100710)
商 务 印 书 馆 发 行
北京艺辉伊航图文有限公司印刷
ISBN 978-7-100-17715-3

2019年8月第1版　　开本 880×1230　1/32
2019年8月北京第1次印刷　印张 12⅝
定价:42.00元